小波变换的开关电流技术实现与应用

李目 吴笑峰 著

科学出版社

北京

内 容 简 介

本书较为系统地介绍了小波变换的开关电流技术实现理论和方法及其应用。全书共 13 章,主要内容包括:小波变换的开关电流技术实现基础,小波变换的模拟滤波器综合理论,小波函数的时域和频域逼近,小波变换的单开关电流积分器实现,小波变换的级联和多环反馈开关电流小波滤波器实现,小波变换电路在心电图检测、电力系统谐波检测、模拟电路故障诊断和信号包络提取中的应用等。本书不仅涉及目前国内外模拟小波变换实现的最新研究成果,而且包括作者长期从事小波变换的开关电流技术实现理论与方法研究所取得的科研成果,内容丰富、深入浅出。

本书可作为高等院校电气工程、自动化、电子信息工程、通信工程和计算机科学与技术等相关专业研究生和高年级本科生的教学参考用书,也可以供相关领域的工程技术人员和科学研究工作者参考。

图书在版编目(CIP)数据

小波变换的开关电流技术实现与应用 / 李目,吴笑峰著 . —北京:科学出版社,2017.3

ISBN 978-7-03-051878-1

Ⅰ. ①小⋯ Ⅱ. ①李⋯ ②吴⋯ Ⅲ. ①小波理论-应用-电流-技术 Ⅳ. ①O441.1

中国版本图书馆 CIP 数据核字(2017)第 035558 号

责任编辑:陈 婕 纪四稳 / 责任校对:郭瑞芝
责任印制:吴兆东 / 封面设计:蓝 正

科 学 出 版 社 出版
北京东黄城根北街 16 号
邮政编码:100717
http://www.sciencep.com
北京厚诚则铭印刷科技有限公司 印刷
科学出版社发行 各地新华书店经销

*

2017 年 3 月第 一 版 开本:720×1000 B5
2023 年 1 月第五次印刷 印张:14 3/4
字数:290 000
定价:108.00元
(如有印装质量问题,我社负责调换)

前　言

人们通常具有这样一个共性,就是在日常的生产、生活中观察事物时,往往不自觉地对有变化、无规律的现象产生浓厚兴趣,继而形成原始的探究冲动与欲望。如何从变化的事物中探究其规律,并由规律分析出事物的内在实质,是人们认识客观世界最朴实的辩证思维过程。微观定量地描述这种思维过程的利器和有效的方法之一是小波分析。小波分析是 20 世纪 80 年代后期兴起的应用数学分支,被认为是傅里叶分析发展史上里程碑式的进展。享有"数学显微镜"美誉的小波变换(WT)以其良好的时频局部化特性被广泛地应用于信号分析、图像处理、模式识别、语音分析、方程求解和分形力学等领域并取得了具有科学意义和应用价值的重要成果,而其新的理论与应用仍在不断探索中。随着小波分析理论的不断发展和应用领域的不断拓展,小波变换的硬件实现成为国内外学者和工程技术人员共同关注且亟须解决的问题。

小波变换的硬件实现主要有两个途径,即数字电路实现和模拟电路实现。采用数字电路如可编程逻辑器件(FPGA)和数字信号处理器(DSP)等通用器件实现小波变换的研究较多,设计实现过程相对简单,相关技术也比较成熟。由于模拟电路实现小波变换在功耗、体积和实时性方面具有明显优势,小波变换的模拟电路实现成为当前研究的主要方向。在模拟电路实现小波变换中,方法主要有两种,即时域法和频域法。时域法是基于小波变换定义,设计相应单元电路实现小波变换,该方法中单元电路设计较复杂,特别是小波函数发生器设计较困难。当前的主流方法是频域法,即通过设计冲激响应为不同尺度的小波函数或小波逼近函数的模拟滤波器组实现小波变换,该方法主要包括两个步骤,即小波函数逼近和小波滤波器设计。其中,小波函数逼近是为了获得可电网络综合实现的系统传递函数,研究高精度的逼近算法成为其主要发展方向;小波滤波器设计的主要任务是滤波器结构设计和滤波器电路设计。研究灵敏度低、功耗小、动态范围大、非理想性影响小和电路结构简单的小波滤波器成为主要目标。开关电流(SI)作为一种新的模拟取样数据信号处理技术,具有电路结构简单、无需运算放大器、求和运算容易、与数字CMOS 工艺完全兼容且时间常数由元件参数比和时钟频率控制等特点,现已成为模拟滤波器设计实现中的重要研究课题。因此,采用开关电流滤波器实现小波变换成为当前模拟小波变换研究的热点。

本书的内容是作者近年来在小波变换的开关电流技术实现与应用方面所取得科研成果的归纳与总结,主要利用函数逼近算法、开关电流技术和模拟滤波器设计理论,围绕模拟小波变换实现过程中小波函数逼近和小波滤波器设计及模拟小波变换应用进行研究与探讨。希望本书可以为读者提供有关小波变换的开关电流技术实现理论与方法学习方面的参考。本书共 13 章,其中,第 1 章简要介绍模拟小波变换的研究意义及研究概况;第 2 章主要介绍小波变换的开关电流技术实现基础;第 3 章介绍小波变换的模拟滤波器综合理论;第 4 章研究小波函数的时域逼近方法;第 5 章研究小波函数的频域逼近方法;第 6 章研究小波变换的单开关电流积分器实现方法;第 7 章研究小波变换的级联开关电流小波滤波器实现方法;第 8 章研究小波变换的多环反馈开关电流小波滤波器实现方法;第 9 章研究小波变换电路在心电图检测中的应用;第 10 章研究小波变换电路在电力系统谐波检测中的应用;第 11 章研究小波变换电路在模拟电路故障诊断中的应用;第 12 章研究小波变换电路在信号包络提取中的应用;第 13 章总结全书研究成果,并对进一步研究方向进行探讨和展望。

　　　作者的研究工作和本书的出版得到了国家自然科学基金(61404049、61274026)、湖南省教育厅优秀青年基金(14B060)、湖南科技大学科学研究基金(E51525)和广西精密导航技术与应用重点实验室基金(DH201512)等项目的资助,在此表示衷心的感谢。同时对关心和指导本书出版的合肥工业大学何怡刚教授,桂林电子科技大学李海鸥教授,湖南科技大学周少武教授、谭文教授、王俊年教授、吴笑峰教授、席在芳副教授、吴亮红博士表示由衷的谢意。

　　　小波分析和模拟电路设计方面的理论与应用正在蓬勃发展,这些领域中的许多理论技术和方法还不完善,小波变换的开关电流技术实现与应用研究领域中还有很多理论与工程技术问题需要进一步深入探索与研究,加之作者水平有限,书中疏漏或不足之处在所难免,恳请专家和读者批评指正。

目　　录

第 1 章　绪　　论

1.1　引　　言

随着科学技术的飞速发展,人类社会已进入信息时代。实时获取、传输和交换信息成为当今人们重要的社会活动和促进经济发展的重要动力,同时,信息技术的水平也成为衡量一个国家或地区经济发展程度的重要指标。信号是承载信息的载体[1,2],人们需要获得信息,首先需要获取信号,然后采用合适的方法对信号进行分析和处理,提取其中的有用信息[3]。"横看成岭侧成峰,远近高低各不同",人们通过从不同角度认识和分析信号达到认识客观世界的规律与本质并使之能被科学利用的目的。伴随着信息技术和计算机技术的快速发展,信号处理技术被越来越广泛地应用于科学研究、技术开发、工农业生产、国防和国民经济的各个领域。与此同时,为了适应科学技术的日益进步和满足不断增长的应用需求,信号处理技术自身也在不断地完善和发展,新的信号分析理论和技术不断涌现。众所周知,信号分析方法是寻找一种简单有效的变换,使信号包含的重要特征在变换域内显现出来[4]。其中,最基本的信号分析方法为傅里叶变换(Fourier transform,FT),它将信号展开成一系列不同频率正弦信号的线性叠加,获得信号不同频率成分的强弱和能量在频率域的分布。经过几十年的发展,从数学角度来看,傅里叶变换已有丰富的内容和许多行之有效的方法。由于傅里叶变换的核函数是正弦函数,它在时域上是无限的而非局部的,不能同时在时-频域对信号进行分析,反映的是信号的整体特征,在时域和频域上的分辨率是不变的,所以傅里叶变换只适合于处理平稳信号。对于瞬变的、非平稳信号的分析,需要了解时域信号局部时段上所对应的局部频域特性,傅里叶变换的局限性就凸显出来。为此,在傅里叶分析的基础上,一系列新的信号分析理论和方法出现。其中,典型的有 Gabor 变换、短时傅里叶变换(short time Fourier transform,STFT)、时频分析等。虽然这些方法相对于传统傅里叶变换在时-频域局部分析能力上有所提高,但从本质上讲,它们还是属于单一分辨率的信号分析方法。鉴于以上原因,具有多分辨率分析特点的小波变换(wavelet transform,WT)[4,5]应运而生。自此,一种在时间和频率都具有表征信号局部特性能力的理想数学工具诞生,它对信号进行处理时不但不会"一叶障目",而且能够做到"管中窥豹,可见一斑",被冠以"数学显微镜"的美誉,并迅速成为众多学科领域信号分析处理的主流工具。

小波分析的起源可以追溯到 20 世纪 10 年代。1910 年,Harr 最早提出规范正交基,但当时并没有提出"小波"这个词汇,所以,Meyer 认为小波分析萌芽期为 1930～1980 年。直到 1981 年,Stormbeg 对 Harr 系进行了改进,证明了小波函数的存在性。随后,法国地球物理学家 Morlet 首次提出了"小波分析"的概念,并对其做了大量创造性研究。1984 年,Morlet 在分析地震数据时提出将地震波按一个确定函数的伸缩、平移系展开,并发展了连续小波变换的几何体系。1985 年,Meyer 等通过选取连续小波空间的一个离散子集,得到一组离散的小波基,并通过离散子集的函数,恢复了连续小波函数的全空间。1986 年,Meyer 证明了小波正交系的存在。1987 年,Mallat 提出了以多分辨率分析为基础的 Mallat 算法,取得了小波分析理论方面的突破性成果。1988 年,Daubechies 构造了具有紧支撑的有限光滑小波函数 db 小波簇,同时,她在美国 *Pure & Applied Mathematics* 杂志上发表了 87 页的长篇学术论文,该论文被公认为是小波分析的经典纲领性文献。1992 年,Daubechies 出版了小波分析的学术性著作 *Ten Lectures on Wavelet*,书中系统地论述了正交小波的特性、泛函空间的小波刻画和正交小波基逼近通论及技巧等问题,在世界范围内产生了深远的影响,由此将小波分析的理论发展与应用推向了高潮。小波变换属于一种时间和频率的局部变换,其窗口形状、时间窗和频率窗都可以改变,在时频域都具有表征信号局部特征的能力,有效地克服了傅里叶变换和短时傅里叶变换的不足,实现了对非平稳信号的多尺度细化分析。近年来,各个领域的科学家和工程技术人员对小波分析理论的发展和实际应用研究表现出了极大的热情,取得了许多令人瞩目的成就,使其成为信号处理领域的前沿课题,同时,也催生了许多新课题和新的研究热点,如快速小波变换、非常规小波变换、脊波变换和曲波变换等,进一步促进了小波分析的快速发展。小波分析的发展历程充分体现了不同学科、不同研究领域学者的学术思想相互碰撞迸发出的"绚丽火星"。众多科学家、数学家和工程师共同创造的小波分析理论,也充分反映了大科学时代不同学科领域之间相互渗透、相互融合、"你中有我、我中有你"的必然趋势。正是基于小波变换与应用不断发展这一理念,本书对小波变换的模拟开关电流技术实现理论与方法及其应用进行一系列的探索与研究。为了便于更好地理解小波变换的开关电流技术实现与应用研究的目的和意义,下面简要介绍小波变换硬件实现研究的背景和小波变换实现研究的现状。

1.2　模拟小波变换的研究意义

小波分析理论与应用是相辅相成、紧密联系的。不断发展的小波分析理论指导小波分析广泛应用于工程实际,同时,小波分析在各领域的应用又促进小波分析理论的发展。伴随着微型计算机的发展和普及,传统的小波分析是在微型计算机上结合软件来实现的,借助微型计算机上成熟的接口技术和日益人性化的编程软件,简单、快捷地实现对信号的小波分析与处理。然而,随着小波分析在工程应用领域的不断拓展,从不同的角度对小波分析的实现方式和手段提出了新的要求,此时,传统的微型计算机结合软件方式的局限性也就暴露出来。一方面,小波分析技术已广泛地应用于生物医学信号处理、移动通信和工程信号检测等领域,而在这些领域中,小型化、微功耗和便携式的设备研制是重要的内容和主要发展方向。例如,植入式心脏起搏器、穿戴式脑电图分析仪、移动式心电和肌电检测仪、便携式谐波检测器、便携式故障诊断仪和移动通信设备等,系统功耗和体积是此类型设备需要考虑的关键因素,显然,微型计算机结合软件的小波分析实现形式不能满足功耗和体积的要求。另一方面,小波分析的应用已经涉及军事电子对抗与武器的智能化、计算机网络战中的信息隐藏、地震勘探数据处理、大型机械设备故障诊断、雷达和声呐信号分析等领域。以上特殊应用中,信号分析和处理的快速性与实时性是至关重要的。例如,迅速对敌方电磁信号做出反应并实施反制;实时检测网络中的隐藏信息,获取敌方情报;分辨分层的地层和矿床结构,处理地震勘探数据并准确发出预警;监测大型机械设备的运行状态,实时诊断故障,避免重大安全事故;分析捕获的雷达和声呐信号,快速确定目标位置和速度等。然而,由于小波变换的计算量大、运算时间长,微型计算机结合软件方式难以满足实时性需求。此外,传统小波变换实现形式不能制成一体化集成系统。随着微电子技术和集成工艺的发展,模数混合集成电路和系统芯片(system on chip,SoC)已成为当今集成电路发展的趋势,而传统小波变换实现方式与该潮流不相适应。综合以上几点可以看出,传统的小波分析实现形式已不能满足现实应用需求,亟待研究新的小波分析实现方法摆脱这种困境。近年来,国内外科学家和工程技术人员正在努力寻求一种简便的方法进行小波变换的计算,试图避免复杂、烦琐的数学计算,满足现实需求。

　　针对小波变换的低压、低功耗、实时性和可集成化的应用需求,研究小波变换的硬件电路实现方法成为必然趋势。目前,小波变换的硬件实现电路主要分为两大类:数字电路和模拟电路。相比模拟电路实现小波变换,数字电路实现小波变换的设计比较简单,可借用现有的可编程逻辑器件(FPGA)或数字信号处理器(DSP),结合计算机软件来实现,可利用的成熟数字电路模块和子程序比较多,而且,数字系统在灵活性、可编程性、抗干扰性和可测性等方面表现优良,因此,近十年来,小波变换的数字电路实现取得了大量卓有成效的研究成果[6-14],成为国内外小波变换硬件实现的主要方法。然而,随着小波变换应用领域的不断拓展,一些新的应用环境对小波变换实现提出了新的、更高的要求,也对数字电路实现小波变换的方式提出了新的挑战。例如,小波变换以其良好的时频域局部特性,被广泛地应用于生物医学信息处理,成为生物医学与信息技术的交叉学科研究中十分活跃的课题。生产的医疗电子设备采用小波变换对采集的医学信号进行分析和处理,获取医学信息,指导临床诊治。其中,典型的设备有可植入式心脏起搏器、移动式心电检测仪和穿戴式脑电检测仪等。另外,小波变换也被应用于工程信号检测设备中,用于检测工程信号中的奇异信号,常见的设备如用于电力系统谐波分析的便携式谐波检测器、对设备故障进行检测与诊断的手持式故障诊断仪等。这些设备和仪器的共同点是微型化和便携式,因此它们都不能携带很大的电源或不便于充电。为了延长其使用时间,减小其功耗是首要面对的问题。于是,采用芯片面积小、功耗低的电路成为解决能耗问题、延长其工作时间最直接的方法。然而,面对模拟信号处理,数字电路实现小波变换时需要附加 A/D 器件,实现模拟信号到数字信号的转换,此时,系统的体积和功耗随之增加。为了定量地比较模拟电路和数字电路之间的功耗,2006 年 Haddad[15]对植入式心脏起搏器前端部分中模拟与数字传感放大电路的功耗进行了对比研究,其中,模拟传感放大电路主要由模拟带通滤波器组成,数字传感放大电路主要由 A/D 变换器和数字滤波器构成。研究结果表明,在不计数字滤波器功耗的情况下,数字传感放大电路的功耗(即 A/D 变换器的功耗)远高于模拟传感放大电路的功耗。同时,考虑到集成电路工艺和技术的发展,作者也对未来 A/D 器件的功耗变化进行了预测,预见在未来几十年内,模拟传感放大电路相对数字传感放大电路的功耗将仍然保持强劲优势。由此看来,小波变换的数字电路实现方式不能满足低功耗和微型化设备发展的需求,也制约了小波变换在相关领域应用的进一步发展。此外,由于 A/D 器件的存在,模拟信号与数字信号的转换过程中容易产生波形畸变和信号传输延迟,降低系统的处理精度和速度。综合上述原因,研究小波变换的模拟电路实现技术具有重要的实际意义和应用价值,将对小波变换在低功耗、微型化和高频、高速电子设备中的应用起到推动作用。

模拟电路实现小波变换,首先需要选择合适的模拟实现技术。本书拟采用滤波器技术实现小波变换,所以主要分析模拟滤波器的选型问题。其原则是选择低压、低功耗、高速率、宽频带、结构简单和易于模数混合集成的滤波器类型。滤波器技术从 20 世纪 20 年代开始,至今已走过了近百年的历程。随着微电子技术和集成工艺的进步,滤波器设计这个古老的学科领域仍然生机盎然,保持长新和不断发展的势头。纵观滤波器的发展史可知,滤波器经历了从无源滤波器到有源滤波器两大发展阶段,而有源滤波器从不同角度又可细分为电压模滤波器和电流模滤波器、连续时间滤波器和离散时间滤波器等。最早的无源 RLC 滤波器具有噪声小、Q 值(品质因数)高的特点,但电感和电容体积大、重量大且无法集成[16]。随后,有源 RC 滤波器在集成运算放大器出现后得到迅速发展,但不足也很明显。首先,电路需要大容量电容,不易集成,而大电阻又占用较大的芯片面积,使大规模集成面临很大困难,最致命的是与 MOS 集成工艺不兼容。其次,滤波器的特性参数与 RC 时间常数有关,但精准的集成电阻和电容难以实现[17]。为了解决大规模集成的问题,70 年代,电压模式开关电容滤波器被提出[18,19],它本质上属于取样数据系统,通过开关电容模拟电阻,使之能单片集成。由于电压模式开关电容滤波器开关电容的电路特性取决于电容的比值和时钟频率,而集成元件的比值可以做到很精确而不受制造工艺误差、温度和信号电平波动等因素的影响,自提出以来就得到了迅猛发展,在通信和信号处理系统中获得广泛应用。然而,随着模数混合信号集成电路的发展,要求系统的模拟电路部分具有标准数字 CMOS 集成工艺,但是,开关电容电路中需要设计特殊的双层多晶硅结构实现线性浮置电容,这种结构与标准数字 CMOS 工艺不兼容[20]。另外,集成电路集成密度的日益加大,标准电源电压越来越低,开关电容上的最大电压摆幅也随之减小,从而减小了电路的最大动态范围,电路性能难以保证。开关电容和其他电压模电路在适应数字 CMOS 工艺技术上遇到了困难,使电流模技术重新复苏并焕发生机。不同于电压模电路以电压为信号变量,电流模电路以电流为信号变量,它可以解决电压模电路所遇到的一些难题,在速度、带宽和动态范围等方面获得了更加优良的性能。因此,在高频、高速信号处理领域,电流模式的电路设计方法正取代电压模式的传统设计方法,将现代模拟集成电路的发展和应用推进到一个新阶段。70～80 年代,跨导线性电路[21,22]、电流传输器电路[23]、跨导电容电路[24,25]、对数域电路[26,27]等电流模式连续时间电路相继被提出,在音频、视频及其他高速模拟系统中得到了广泛应用。然而,在离散时间电路应用中,电压模开关电容电路长期以来是唯一的选择,但开关电容电路与现代集成电路在低压、低功耗、低造价和集成工艺兼容性等方面的发展要求不相适应。所以,电流模式离散时间电路兴起成为必然。

1989 年 Hughes 等[28]提出了一种新的模拟取样数据信号处理技术,即开关电流技术,改变了长期以来开关电容电路是实现取样数据系统唯一选择的格局,一经问世就引起广泛关注并取得迅速发展。开关电流电路属于电流模取样数据信号处理电路,利用了 MOS 晶体管在其栅极开路时通过存储在栅极氧化电容上的电荷维持其漏极电流的能力。与同属离散时间系统的开关电容技术相比,开关电流电路以电流信号为处理对象,在集成电路工艺中的电源电压降低时,信号电流的动态范围不会因此受到直接影响。另外,开关电流电路不需要线性浮置电容,完全符合标准的数字 VLSI CMOS 工艺[29-32],并且,开关电流电路没有运算放大器,不存在由于运算放大器的非理想性影响设计精度问题,电路结构也更简单,实现求和运算也更容易。特别重要的一点是,开关电流电路继承了开关电容电路中时间常数由元件参数比和时钟频率决定的优点,可通过控制晶体管的宽长比或时钟频率得到精确的滤波器膨胀系数,该特性非常有利于多尺度小波变换的实现。由此可见,开关电流电路设计实现小波变换是比较理想的选择,研究小波变换的开关电流技术实现将促进小波分析理论和小波变换应用的发展,同时,对开关电容电路、开关电

流电路和模数混合集成电路及系统芯片的设计与应用具有重要的理论意义和实际
参考价值。

1.3　模拟小波变换的研究概况

随着小波分析理论与工程应用的结合日益紧密,小波变换已被广泛地应用于
信号分析、图像处理、语言识别、数据压缩和故障诊断以及非线性科学等领域,成为
众多学科共同关注的焦点[4]。原则上讲,传统上能使用傅里叶分析的地方,现在都
可以用小波分析取代,因此,小波变换的硬件实现问题自然也就成为学者研究的热
点课题。迄今,国内外小波变换的硬件实现已经取得了不少的研究成果。其中,数
字电路实现小波变换方面的研究比较活跃,已有相当数量的研究成果被报道。相
对而言,模拟电路实现小波变换的研究要滞后很多,其主要原因在于模拟小波变换
电路的结构相对复杂得多,设计难度较大,模块电路通用性小,灵活性差;模拟电路
设计时需要在速度、功耗、增益、精度和电源电压等多种因素间进行折中处理;模拟
电路对噪声、串扰和其他干扰敏感得多;模拟电路的自动化设计程度比较低,使设
计需要结合经验人工进行等,这些因素都限制了模拟小波变换电路的发展[33]。但
是,数字小波变换系统必须通过转换接口与外部世界联系,存在功耗、体积和实时
性等方面的“瓶颈”,刺激了模拟小波变换的研究和发展。近20年以来,小波变换
的模拟实现也取得了很大的进展,特别是模拟集成电路设计新理论和新技术的不
断涌现以及人工智能技术的飞速发展,为模拟小波变换的进一步发展提供了新的
契机,新理论与新技术的引入和不同学科知识的相互借鉴与交融,使新背景下的模
拟小波变换研究呈现勃勃生机。

目前,按其实现原理来分,小波变换的模拟实现方法主要可分为两大类:时域
法和频域法。为了更好地理解和区分这两类方法,首先给出小波变换的数学定义:
设 $\psi(t)(\psi(t) \in L^2(\mathbf{R}))$ 为小波函数或小波基,信号 $f(t)$ 在尺度 $a \in \mathbf{R}$ 和位移 $b \in \mathbf{R}^+$
时的连续小波变换为

$$W_f(a,b) = \frac{1}{\sqrt{a}} \int_{-\infty}^{\infty} f(t) \psi^* \left(\frac{t-b}{a}\right) \mathrm{d}t, \quad a > 0 \qquad (1.1)$$

式中, $\psi^*(t)$ 为 $\psi(t)$ 的共轭。

1. 时域实现法

由式(1.1)可以看出,时域连续小波变换实现系统包括三个基本单元:小波函
数发生器、乘法器和积分器。其系统结构如图1.1所示。小波函数发生器产生不
同尺度和位移的小波函数,并与输入信号经乘法器相乘,最后送到积分器进行积分
运算实现连续小波变换。

图 1.1　时域连续小波变换系统结构图

基于时域实现原理,1995 年 Moreira-Tamayo 和 de Gyvez[34] 首次提出了基于幅度调制技术的连续小波变换电路实现方法。利用信号调制原理产生小波链,其小波链类似于不同尺度和位移的小波簇,然后将小波链和输入信号相乘后再进行积分运算实现连续小波变换。由于调制过程中不能自动产生不同尺度和位移的小波簇,所以实现时需要不断调整主频,但是主频的变化会改变小波函数的幅度和低通滤波器的截止频率。因此,在实际应用时需要设计一组不同主频的单元电路,其设计过程和电路结构变得复杂。

1998 年,金吉成和田逢春[35] 利用开关电容滤波器的特性构造了一个小波函数发生器。该系统结合了数字存储器、D/A 转换器和开关电容滤波器,能够方便地产生不同尺度的小波信号,为实现小波变换提供基本单元。后来,胡沁春等[36] 采用开关电流电路设计实现了连续小波变换。利用开关电流技术设计时域法中各单元电路,丰富和发展了时域法实现连续小波变换的方法。

从总体上分析,时域法实现连续小波变换具有原理简单、运算速度快的特点,但是,由于系统需要的功能单元电路比较多,包括分频器、低通滤波器、乘法器和积分器等,而且对每个单元电路的性能要求比较高,否则得不到预期结果,所以,系统的设计难度大,单元电路结构比较复杂。近些年来,时域法实现小波变换的研究比较缓慢,取得的突破性研究成果比较少。

2. 频域实现法

时域法是以连续小波变换的时域定义为基础的,而连续小波变换的频域法是以其频域定义为基础的。设输入信号 $f(t)$ 的傅里叶变换为 $F(\omega)$,小波函数 $\psi(t)$ 的傅里叶变换为 $\hat{\psi}(\omega)$,则 $f(t)$ 的连续小波变换频域表达式为

$$\mathrm{WT}_f(a,b) = \frac{\sqrt{a}}{2\pi} \int_{-\infty}^{\infty} f(t)\hat{\psi}^*(a\omega)\mathrm{e}^{\mathrm{j}\omega b}\,\mathrm{d}\omega \tag{1.2}$$

由式(1.2)可以看出,信号的连续小波变换在频域可看成频率特性为 $\hat{\psi}(\omega)$ 且品质因数 Q 恒定的不同尺度带通滤波器对信号进行滤波处理后的结果。频域连续小波变换系统结构图如图 1.2 所示。

随着滤波器技术的不断发展和日趋成熟,基于滤波器的频域法实现小波变换研究取得了可喜的成绩。频域法是根据小波变换在频域相当于一组不同中心频率的带通滤波器在不同尺度下对信号进行滤波处理,因此,小波变换实现转化成了恒

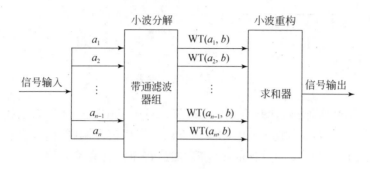

图 1.2　频域连续小波变换系统结构图

Q 值的带通滤波器组设计问题,有效地避开了时域法中不同功能单元电路的设计。这种实现方式生动地体现了信号处理中时域和频域可交替使用的思路。由于频域法实现小波变换的设计方案比较多、灵活性强,可实现的小波函数种类也较多,且相应滤波器设计技术成熟,所以,相关研究比较活跃,取得的成果也比较多。

　　1993 年 Edwards 和 Godfrey[37]首次提出了基于复解调技术的连续小波变换实现方法,并研制了模拟音频小波变换芯片。从此,开启了频域法实现连续小波变换的研究热潮。该方法的基本原理是首先通过高斯带通滤波器组对信号进行滤波,然后对滤波后的各个频带按照其采样频率与带宽成正比的原则进行采样实现小波变换。为了避开相对复杂的不同中心频率和带宽的恒 Q 值带通滤波器设计,在信号滤波器之前,将带通滤波器的频谱搬移至低频段,用频率特性相似的低通滤波器代替带通滤波器,滤波后又将信号频谱搬回至原中心频率处,并将各部分求和实现信号重构。通过巧妙地采用频谱搬移方式,将复杂的恒 Q 值带通滤波器设计转化为简单的低通滤波器设计,有效地简化了系统设计。

　　随后,Edwards 和 Cauwenberghs[38]在原来研究的基础上,提出用模拟反向器和多路传输器替代乘法器增大电路的线性动态范围,提高了小波变换电路的性能。Chen 和 Harris[39]利用 Laguerre 存储器构造了 Laguerre 小波,并采用 Laguerre 结构低通、高通和全通滤波器设计实现了 Laguerre 小波变换,频率范围达 10Hz～20kHz,适合于音频信号处理。Justh 和 Kub[40]利用 CMOS 器件设计实现了连续小波变换,其主要设计思路是采用 MOSFET 作为电阻对压控振荡器(VCO)的控制电压进行分压,达到控制振荡频率的目的,并通过给 MOSFET 提供可调偏流,实现环路增益补偿。国内学者黄清秀等[41]、黄娇英等[42]、戴媛媛等[43]和胡沁春等[44]先后分别采用对数域电路和开关电流电路设计实现了连续小波变换,将基于频域法的小波变换电路设计进行了推广。

　　以上小波变换实现方法中都没有直接设计带通滤波器,而只设计了相应的低通滤波器,其主要原因是满足频率特性要求的低通滤波器易于实现。虽然上述小波变换实现方法在一定程度上推动了模拟小波变换的研究,也为小波变换的模拟电路实现技术发展奠定了良好的基础,但是它并未成为当前模拟小波变换实现的主流方法。

随着开关电容技术和电流模技术的快速发展,模拟滤波器设计方法不断推陈出新,且日臻成熟,滤波器整体性能也在不断提高,使直接设计带通滤波器的频域法重新成为研究的重要方向。此外,随着小波分析技术在工程应用领域的不断拓展,传统频域设计方法的局限性也逐渐显现出来,催生出新的频域设计方法。例如,为了满足工程应用中的某些特殊信号处理要求,一些表现出良好性能的小波函数如 Marr 小波、Morlet 小波等得到了越来越广泛的应用,然而,已有的传统频域法设计实现的小波函数主要集中在高斯类小波,电路结构和设计方法也不具有通用性,因此,难以满足现今小波变换的实际应用需求。基于以上原因,新的频域法设计实现小波变换研究蓬勃开展起来。新频域法的最基本特征是利用新的模拟电路技术设计小波带通滤波器组实现小波变换。

1994 年 Lin 和 Ki 等[45]首次采用直接设计带通滤波器的方法设计实现了小波变换,提出了基于开关电容带通滤波器的小波变换实现方法,并将其应用于听觉系统的语音分析与识别,频率范围达 200Hz～6.4kHz。该方法基于通道的设计思想,采用 36 个开关电容二次节积分器和 32 个开关电容求和增益放大器构建 32 个滤波器通道实现小波变换。开关电容滤波器的时间常数通过精确控制电容比或时钟频率获得,但电压模开关电容技术自身的局限性限制了其发展,特别是开关电容网络的工作速度受到 MOS 运放和电容电荷转移的限制,一般仅应用于音频领域,而且,文中也没有明晰地给出小波滤波器网络综合方法。1998 年,田逢春和金吉成[46]提出了采用线性模拟滤波器实现连续小波变换的方法,通过构造小波滤波器网络提供快速实现小波变换的新途径。这种设计理念相对于传统频域法是一种突破,明确地给出了模拟小波滤波器的综合实现方法。文中分析了可综合实现的小波滤波器网络冲激响应的逼近,并研究了网络阶次和采样间隔的确定问题;以常用的 Marr 小波为例,采用最小二乘法获得了比较满意的逼近函数,并证明了所提方案的可行性。然而,该方法只是对小波函数的逼近问题进行了研究,并没有给出具体的模拟小波滤波器电路设计和实现方法。

2001 年,荷兰代尔夫特理工大学的 Haddad 和 Serdijn[47]在基于复一阶系统(CFOS)的模拟 Gabor 变换滤波器设计的基础上,首次比较系统地提出了小波变换的模拟滤波器实现理论与方法,并将其应用于医疗电子器件中的心脏起搏器研制。采用动态跨导线性电路设计了冲激响应为小波基的级联结构滤波器,通过控制动态跨导线性电路单元节中的电容值或偏置电流获得不同尺度小波函数实现小波变换。在此后的十多年里,参照该设计思路的小波变换实现新方法不断涌现,使小波变换的模拟滤波器实现成为主流方法,相应的理论与应用研究也得到很大发展。

概括起来,目前,小波变换的模拟滤波器实现研究主要从以下三个方面开展。

1)小波函数的时域和频域逼近

由电网络综合理论可知,只有因果的、稳定的滤波器才可以硬件实现。换句话说,线性滤波器的有理传递函数的所有极点位于复平面的左半部。然而,常见的小波基不是因果函数,不能通过网络直接综合实现,因此,研究小波基的逼近成为小波变换的模拟滤波器实现首先需要解决的问题。文献[48]提出了一种具有广泛意义的频域逼近方法。采用帕德(Padé)逼近法直接求得小波基的有理频域逼近函数,并采用对数域电路设计了冲激响应为小波基的高阶小波滤波器组实现小波变换。其中,Padé逼近的基本思想是对于给定的一个形式幂级数,通过构造一个有理函数,使其泰勒(Taylor)级数展开为尽可能多的项与原级数相吻合。该方法的提出对模拟小波变换器件的设计理论发展具有重要的指导意义,开始了探求将数学领域的逼近理论应用于小波函数的逼近问题。文献[49]在此基础上,更加详细和系统地对小波函数的Padé逼近和小波滤波器综合方法进行了描述,并给出了小波函数的通用频域逼近步骤和滤波器状态空间优化方法,使该论文成为小波变换的模拟滤波器实现中最经典的文献。文献[50]和[51]根据上述设计思想,通过Padé逼近获得模拟滤波器的频域传递函数,采用开关电流技术设计了相应的模拟带通小波滤波器实现小波变换,并通过实验验证了该方法的可行性。

Padé逼近法对于小波函数的有理分式逼近,无疑是行之有效的方法,所以在模拟小波滤波器设计中得到广泛应用。但它也存在以下不足:①该方法不能自动获得稳定的的小波频域逼近函数,例如,在选择的泰勒级数展开点处获得了高精度的逼近性能,但此时小波逼近函数可能是不稳定的,因此,必须权衡小波函数逼近精度和稳定性;②Padé逼近中有理分式的分子和分母多项式的次数难以选择,选择不合适可能导致系统不稳定,次数选择过大,小波函数的逼近精度较高,但对应的模拟滤波器系统结构变得复杂,体积和功耗又可能不符合要求,选择的次数过小,逼近精度达不到预期目标;③Padé逼近法只能从频域获得小波逼近函数,然而,常用的小波函数一般给定的是时域函数,因此,在使用Padé逼近法时,需要先将小波时域函数通过拉普拉斯变换转换成频域函数后再进行逼近。如果选择的小波基没有显式解析表达式,则事先要获得该小波基的时域拟合后再进行拉普拉斯变换,使整个求解过程变得复杂。最后,Padé法逼近某些振荡型小波函数时(如Morlet小波)存在收敛问题,逼近效果不理想。文献[52]针对上述Padé逼近法的不足提出了改进方法,但仍然存在不少缺点,例如,依旧在频域进行间接逼近且逼近精度不高,影响了模拟小波滤波器的性能;由于小波函数的包络不统一,所以,其逼近过程难以标准化;没有讨论小波函数的不同延迟时间对逼近精度的影响等。

2005年,Karel等[53]提出了一种新的小波函数时域逼近方法,即L_2逼近法,并针对小波函数的不同延迟时间对逼近精度的影响进行了研究。自此,拉开了小波函数时域逼近研究的新"序幕",相关研究也随之蓬勃开展起来[54-63]。相比 Padé 逼近法,L_2 逼近法具有如下优点:首先,该方法是通过 L_2 范数测量小波函数与逼近函数之间的精度,目标精度容易控制;其次,小波函数与逼近函数在整个时间段具有相同的逼近效果;再次,L_2 逼近法可直接应用于时域小波函数的逼近,而无需将时域小波函数通过拉普拉斯变换转化到频域再逼近,且逼近精度高于 Padé 法。文献 [60]将该逼近方法应用到对数域模拟小波滤波器设计中,取得了比较好的效果。然而,L_2 逼近法同样存在如下不足:首先,L_2 逼近是一种局部最优算法,算法容易陷入局部最优解;其次,该算法的收敛对初始点选择极为敏感,因此,需要结合其他算法或通过实验方式来选择好的初始点,使算法收敛至最优解,从而导致求解过程相对烦琐。

针对上述逼近方法的不足,研究小波函数的时、频域优化逼近新方法对模拟小波变换器件设计具有重要的理论意义。

2)模拟小波滤波器的结构设计

模拟小波滤波器的性能不但与小波函数的逼近精度有关,而且也与小波滤波器的结构有关,同一小波函数的不同结构的小波滤波器表现出相异的性能。因此,小波滤波器的结构设计对小波变换实现具有重要意义。目前,连续时间滤波器设计中的结构比较丰富,包括级联、梯形和多环反馈结构等。但是,离散时间滤波器特别是开关电流滤波器设计中主要采用的是级联结构[44,50-52,61-64]和梯形结构[65-69]。虽然这几种结构的开关电流滤波器设计比较简单,电路相对易于实现,然而,根据滤波器设计理论可知,这些结构存在诸多不足,例如,梯形滤波器虽然有低的通带灵敏度,但是该结构只能实现位于虚轴上的传输零点;级联滤波器虽然能够实现任意传输零点,但其灵敏度高,特别是在高阶或高 Q 值滤波器设计时,该结构的滤波器对元件变化的灵敏度可能超出可容许的范围。因此,研究灵敏度低、结构简单、可实现任意传输零点的开关电流小波滤波器结构十分必要。

3)模拟小波滤波器的电路设计

模拟小波滤波器的结构选定后,接下来就是选择合适的结构单元设计滤波器电路。选择滤波器的基本结构单元决定了滤波器的类型,同时也与滤波器的性能密切相关。目前,小波滤波器的基本结构单元主要采用积分器,包括 OTA-C 积分器[70-76]、电流镜-电容积分器[77-79]、对数域积分器[48,49,54,58,60,80-83]、开关电容积分器[84]和开关电流积分器[85-93]等。其中,OTA-C 积分器的时间常数取决于元件参数的绝对值,使其滤波器频率特性的精度和稳定性难以满足系统的需要;电流镜-电容积分器的实质仍是一种跨导-电容积分器电路;对数域积分器的时间常数与热电压 V_T 成正比,容易引起滤波器频率特性不稳定,另外,该积分器为了获得晶体管的 I-V 指数特性,要求晶体管工作在亚阈值区,致使系统的偏置电流不能太大,所以,滤波器的工作带宽受到限制。对于开关电容和开关电流积分器,由于该类型滤波器的时间常数由时钟频率或元件参数比决定,所以,滤波器可达到较高精度,且可通过调节时钟进行调谐。但是开关电容积分器中由于运算放大器存在的非理想性影响滤波器的设计精度。综合现有文献分析,以开关电流积分器为基本单元的开关电流滤波器设计比较多,开关电流微分器应用于滤波器设计却鲜有报道。然而,开关电流微分器具有良好的噪声抑制特性和稳定性[29],因此,采用开关电流微分器为基本单元设计小波滤波器对实现小波变换器件具有实际意义。另外,采用开关电流积分器结合多输出电流镜电路实现多环反馈结构开关电流滤波器中的前馈和反馈系数可简化网络结构,且能够方便地调节系数大小实现新滤波器设计。

总之,小波变换的模拟滤波器实现理论与方法研究还很不成熟,只是取得了一些阶段性的成果,其理论研究还有待进一步深入,尤其是基于开关电流滤波器的小波变换实现理论与方法研究才刚刚起步,其应用可以说还是一片"处女地",因而,研究小波变换的开关电流滤波器实现理论与方法及其应用,对模拟小波变换器件的研制与应用具有重要的理论意义和实际价值。同时,对小波分析理论的发展与工程应用具有很好的推动作用。

1.4 本书的主要内容与结构安排

小波分析由傅里叶变换发展而来,但又比傅里叶变换在刻画时频局部化方面更具优势。虽然小波分析的历史较短,但发展十分迅速,小波分析理论与方法越来越受到各学科领域学者和工程技术人员的广泛关注,并取得了令人瞩目的研究成果。但是,随着小波分析理论的不断深入发展和应用领域的不断拓展,小波变换的硬件实现问题成为该领域重要的研究课题之一。本书以小波变换的模拟开关电流滤波器实现为基点,对开关电流滤波器设计实现小波变换的理论与方法进行了一系列的探索与研究,并以工程实际应用为背景,研究了开关电流小波变换电路的典型应用。

本书共 13 章,主要研究内容和结构安排如下:

第 1 章首先阐述模拟小波变换的研究背景和意义,并以工作电压、功耗、实时性和工艺水平等为定性指标,详细地阐明模拟电路特别是开关电流技术实现小波变换的优势;其次,综述模拟小波变换实现的发展历程和国内外研究现状,并对相关研究成果的特点和作用进行简要分析,重点分析模拟滤波器设计实现小波变换研究的三个方面,并针对这三个方面研究内容,指出目前研究中存在的问题及解决问题的思路;最后,简略介绍本书的主要研究内容和各章节结构安排。

第 2 章首先简单介绍小波变换理论的基本知识,包括小波变换产生和发展的历史背景、基本定义和小波基的性质与分类及小波基的选择依据等;其次,介绍开关电流技术的基础理论,包括开关电流积分器一阶节和二阶节电路、开关电流微分器一阶节和二阶节电路、开关电流双线性积分器电路及简化符号等;最后,着重介绍模拟滤波器综合理论知识,包括高阶级联结构模拟滤波器综合理论与方法、高阶多环反馈结构模拟滤波器综合理论与方法。

第 3 章介绍小波变换的模拟滤波器综合理论基础。首先,从线性系统理论出发,结合小波变换的定义介绍小波变换的模拟滤波器实现原理;其次,研究模拟小波变换的滤波器设计的四种方案,并对这些方案的结构和特点进行分析;最后,以小波变换的模拟滤波器实现的核心问题为出发点,详细阐述小波变换的模拟滤波器实现步骤。这些内容都是研究小波变换模拟电路实现与应用的重要理论基础。

第 4 章提出小波函数的时域逼近法。首先,对小波函数的逼近理论进行分析与研究;其次,以小波函数逼近理论为基础,提出实小波的傅里叶级数逼近法和基于差分进化算法的实、复小波函数时域通用逼近方法,并对提出的两种小波函数时域逼近方法进行数学建模与分析,同时给出所提方法的详细求解步骤和过程,通过将所提方法分别应用于高斯小波和复 Morlet 小波的时域逼近中,仿真结果验证所提方法的有效性;最后,研究小波函数的时域逼近中关联参数的选择问题,分析各参数选择对小波函数逼近精度和电路网络结构的影响,为逼近过程中参数的设置提供理论依据。

第 5 章提出小波函数的频域逼近法。首先,以简化电路网络结构为目标,提出基于函数链神经网络的小波函数频域逼近方法,该方法可获得分子多项式简单的频域传递函数,简化小波变换电路结构;其次,提出小波频域函数拟合法,通过小波函数的频域特性拟合传递函数,获得较高精度的小波变换电路系统的频域传递函数;最后,提出基于奇异值分解算法的小波函数频域逼近方法,通过将提出的频域逼近法应用于高斯小波和复 Gabor 小波的逼近中,仿真实验结果验证所提方法的有效性。

第 6 章提出一种小波变换的单开关电流积分器实现方法。以某一带通滤波器的网络函数为研究对象,首先证明其为小波基的容许条件和稳定性条件,然后以单个开关电流积分器二阶节为基本单元设计冲激响应为小波基的带通滤波器,通过调节电路时钟频率获得不同尺度小波函数实现小波变换。仿真实验结果表明,该方法实现小波变换具有设计精度高、滤波器结构简单、无需进行小波函数逼近而直接实现等特点。

第 7 章提出小波变换的级联开关电流小波滤波器实现方法。首先,提出串联结构实、复小波滤波器设计方法,其中实小波函数分别采用奇数阶和偶数阶模型进行逼近,并分别设计基于开关电流积分器和微分器的小波滤波器,复小波函数的实部和虚部分别采用时域通用优化逼近法获得实部和虚部逼近函数,并采用开关电流积分器分别设计实部和虚部滤波器电路;其次,提出并联结构实小波滤波器设计方法,通过采用小波函数逼近模型的变形形式求得小波逼近函数,以开关电流积分器为基本单元设计并联结构小波滤波器,通过将所提出的方法应用于 Marr 小波、高斯一阶导数小波和复 Morlet 小波滤波器设计中,仿真实验结果验证所提方法的正确性和有效性。

第 8 章提出小波变换的多环反馈开关电流小波滤波器实现方法。首先,提出多环反馈结构实小波滤波器设计方法,采用模拟退火算法和开关电流反相微分器提出一种多环反馈 IFLF 结构实小波滤波器设计方法,通过利用模拟退火算法求取实小波逼近函数,以开关电流反相微分器为基本单元设计实现实小波滤波器;其次,采用函数链神经网络和开关电流双线性积分器提出一种精简多环反馈 FLF 结构开关电流实小波滤波器设计方法,利用函数链神经网络获得分子多项式简单的实小波逼近函数,并以开关电流双线性为基本单元设计多环反馈 FLF 结构开关电流小波滤波器;最后,采用复小波函数的共极点逼近方法获得复小波逼近函数,提出一种共享结构开关电流复小波滤波器设计方法,利用复小波函数的共极点逼近模型获得复小波函数的实部和虚部逼近函数,并采用开关电流双线性积分器设计实现共享复小波滤波器。仿真实验结果表明,所提出的多环反馈开关电流滤波器实现实、复小波变换方法具有灵敏度低、电路结构简单、灵活性强和设计相对容易等优点。

第 9 章研究开关电流小波变换电路在心电图检测中的应用。针对心电图检测中小波变换实现方法的局限性,提出基于开关电流小波变换电路的心电图检测方法。首先,分析基于小波变换的检测心电图原理和方法;然后,提出基于开关电流小波变换电路的心电图检测方法,并设计相应的功能电路。实验结果验证该方法能够较好地检测出心电图信号,具有与纯软件方法很接近的效果。同时,该方法能够满足低压、低功耗、实时性和小型化的心电图检测应用需求。

第 10 章研究开关电流小波变换电路在电力系统谐波检测中的应用。首先,介绍基于小波变换的尺度-幅值谐波检测方法;然后,分析基于开关电流小波变换电路的谐波检测原理,并以 Morlet 小波为例,设计相对应不同谐波频率的多尺度 Morlet 小波滤波器实现小波变换。仿真实验结果表明,所设计的小波变换电路能够准确、快速地检测出不同频率的整次和非整次谐波。该方法对于研制微型化、低压、低功耗便携式谐波检测仪具有参考价值。

第 11 章研究开关电流小波变换电路在模拟电路故障诊断中的应用。针对小波变换在模拟电路故障诊断中的应用,设计分数阶小波变换电路,并提出基于分数阶小波能量的故障特征提取方法。以 Sallen-Key 带通滤波器和四运放高通滤波器为被测电路,分析分数阶小波能量故障特征提取过程,并对故障特征提取进行仿真研究,仿真实验结果验证所提方法的有效性。仿真实验结果表明,所提出的应用于模拟电路故障诊断的小波变换电路诊断方法不但可以应用于模拟电路故障诊断仪研制,同时也可以用于模拟电路的内建自测试结构设计。

第 12 章研究开关电流小波变换电路在信号包络提取中的应用。提出基于复解析分数阶小波变换电路的信号包络提取方法。首先,设计开关电流复解析分数阶小波变换电路并进行仿真分析;然后,以语言信号包络提取为例,提出基于复分数阶小波变换电路的包络信号提取方法,并采用设计出的复分数阶小波变换电路对语音信号的包络进行提取实验。仿真实验结果表明,所提出的方法能够很好地提取出语音信号包络;同时,所设计的复分数阶小波变换电路也能够应用于移动通信设备和小型便携式高速故障诊断仪器研制中。

第 13 章是结束语。总结全书所介绍的研究成果,并指出有待进一步研究的方向。

参 考 文 献

[1] 赵光宙. 信号分析与处理[M]. 北京:机械工业出版社,2006.

[2] 李亚荣. 信号分析与处理[M]. 北京:中国铁道出版社,2007.

[3] 杨育霞,许珉,廖晓辉. 信号分析与处理[M]. 北京:中国电力出版社,2007.

[4] 唐晓初. 小波分析及其应用[M]. 重庆:重庆大学出版社,2005.

[5] Mallat S. A Wavelet Tour of Signal Processing[M]. New York:Academic Press,1999.

[6] Hung K C, Huang Y J, Truong T K, et al. FPGA implementation for 2D discrete wavelet transform[J]. Electronics Letters,1998,34(7):639-640.

[7] Chilo J, Lindblad T. Hardware implementation of 1D wavelet transform on an FPGA for infrasound signal classification[J]. IEEE Transactions on Nuclear Science,2008,55(1):9-13.

[8] Desmouliers C, Oruklu E, Saniie J. Discrete wavelet transform realisation using run-time reconfiguration of field programmable gate array (FPGA)s[J]. IET Circuits, Devices and Systems,2011,5(4):321-328.

[9] Bahoura M, Ezzaidi H. FPGA-implementation of discrete wavelet transform with application to signal denoising[J]. Circuits, Systems and Signal Processing,2012,31(3):987-1015.

[10] Zhang C J, Wang C Y, Ahmad M O. A pipeline VLSI architecture for fast computation of the 2-D discrete wavelet transform[J]. IEEE Transactions on Circuits and Systems,2012,59 (8):1775-1785.

[11] Bahoura M, Hassani M, Hubin M. DSP implementation of wavelet transform for real time ECG wave forms detection and heart rate analysis[J]. Computers Methods and Programs in Biomedicine,1997,52(1):35-44.

[12] Guo J C, Liu Y, Li X P, et al. The realizations of fast wavelet transform algorithms based on DSP[C]. IEEE Canadian Conference on Electrical and Computer Engineering,2003:2005-2008.

[13] Huang C T, Tseng P C, Chen L G. Analysis and VLSI architecture for 1-D and 2-D discrete wavelet transform[J]. IEEE Transactions on Signal Processing,2005,53(4):1575-1586.

[14] Huang C T, Tseng P C, Chen L G. Flipping structure:An efficient VLSI architecture for lifting-based discrete wavelet transform[J]. IEEE Transactions on Signal Processing,2004,

5(4):1080-1089.

[15] Haddad S A P, Serdijn W A. Ultra Low-Power Biomedical Signal Processing: An Analog Wavelet Filter Approach for Pacemakers[M]. Berlin: Springer, 2009.

[16] 秦世才, 贾香鸾. 模拟集成电子学[M]. 天津: 天津科学技术出版社, 1996.

[17] 李远文, 胡筠. 有源滤波器设计[M]. 北京: 人民邮电出版社, 1986.

[18] Fried D L. Analog sample-data filters[J]. IEEE Journal Solid-State Circuits, 1972, SC-7: 302-304.

[19] Gregorian R, Martin K W, Temes G C. Switched-capacitor circuit design[C]. Proceedings of the IEEE, 1983, 71(8): 941-966.

[20] Toumazou C, Lidgey F J, Haigh D G. Analogue IC Design: The Current Mode Approach [M]. London: Peter Peregrinus Ltd., 1990.

[21] Gilbert B. Translinear circuits: A proposed classification[J]. Electronics Letters, 1975, 11 (1): 14-16.

[22] Hart B L. Translinear circuit principle: A reformulation[J]. Electronics Letters, 1979, 15 (24): 801-803.

[23] Sedra A S, Smith K C. A second-generation current conveyor and its applications[J]. IEEE Transactions on Circuit Theory, 1970, CT-17: 132-134.

[24] Sun Y C, Fidler J K. Structure generation of current-mode two integrator loop dual output-OTA grounded capacitor filters[J]. IEEE Transactions on Circuits and Systems, 1996, 43 (9): 659-663.

[25] Sun Y C, Fidler J K. Structure generation and design of multiple loop feedback OTA-grounded capacitor filters[J]. IEEE Transactions on Circuits and Systems, 1997, 44(1): 1-11.

[26] Frey D R. Log-domain filtering: An approach to current-mode filtering[J]. IEE Proceedings G, Circuits, Devices and Systems, 1993, 140(6): 406-416.

[27] Perry D, Roberts G W. The design of log-domain filters based on the operational simulation of LC ladders[J]. IEEE Transactions on Circuits and Systems, 1996, 43(11): 763-774.

[28] Hughes J B, Bird N C, Macbeth I C. Switched currents—A new technique for analog sampled-data signal processing [C]. IEEE International Symposium on Circuits and Systems, 1989: 1584-1587.

[29] Toumazou C, Hughes J B, Battersby N C. 开关电流-数字工艺的模拟技术[M]. 姚玉洁, 刘激扬, 刘素馨, 等, 译. 北京: 高等教育出版社, 1997.

[30] Hughes J B, Moulding K W, Richardson J, et al. Automated design of switched-current filters[J]. IEEE Journal of Solid-State Circuits, 1996, 31(7): 898-907.

[31] Hughes J B, Macbeth I C, Pattullo D M. Switched-current filter[J]. IEE Proceedings G, Circuits, Devices and Systems, 1990, 137(2): 156-162.

[32] Hughes J B, Moulding K W. Switched-current signal processing for video frequencies and beyond[J]. IEEE Journal of Solid-State Circuits, 1993, 28(3): 314-322.

[33] 苏立, 何怡刚. 连续小波变换 VLSI 实现综述[J]. 电路与系统学报, 2003, 8(2): 86-91.

[34] Moreira-Tamayo O,de Gyvez J P. Analog computation of wavelet transform coefficients in real-time[J]. IEEE Transactions on Circuits and Systems,1997,44(1):67-70.

[35] 金吉成,田逢春.用开关电容滤波器构成的小波函数发生器[J].重庆大学学报(自然科学版),1998,21(1):39-42.

[36] 胡沁春,何怡刚,郭迪新,等.基于开关电流技术的时域连续小波变换实现[J].电子与信息学报,2007,29(1):227-231.

[37] Edwards R T,Godfrey M D. An analog wavelet transform chip[C]. IEEE International Conference of Neural Networks,1993:1247-1251.

[38] Edwards R T,Cauwenberghs G. A VLSI implementation of the continuous wavelet transform[C]. IEEE International Symposium on Circuits and Systems,1996:368-371.

[39] Chen D,Harris J G. An analog VLSI circuit implementation of an orthogonal continuous wavelet transform [C]. IEEE International, Electronics, Circuits and Systems, 1998: 139-142.

[40] Justh E W,Kub F J. Analog CMOS high-frequency continuous wavelet transform circuit [C]. IEEE International,Symposium on Circuits and Systems,1999:188-191.

[41] 黄清秀,何怡刚.瞬时缩展模拟 CMOS 高频连续小波变换电路[J].湖南大学学报(自然科学版),2004,31(3):21-23.

[42] 黄娇英,何怡刚,赵新宇.一维模拟芯片设计[J].湖南大学学报(自然科学版),2002,29(3):98-101.

[43] 戴媛媛,何怡刚,晏进喜.用对数域电流模式电路实现连续小波变换[J].电路与系统学报,2005,10(1):50-52.

[44] 胡沁春,何怡刚,李宏民,等.基于开关电流的连续小波变换实现[J].湖南大学学报(自然科学版),2005,32(5):66-70.

[45] Lin J,Ki W H,Edwards T, et al. Analog VLSI implementations of auditory wavelet transforms using switched-capacitor circuits [J]. IEEE Transactions on Circuits and Systems,1994,41(9):572-583.

[46] 田逢春,金吉成.用线性模拟滤波器实现连续小波变换[J].重庆大学学报(自然科学版),1998,21(5):35-40.

[47] Haddad S A P,Serdijn W A. Wavelet transform with dynamic translinear circuits for cardiac signal characterization in pacemakers [C]. IEEE International Symposium on Circuits and Systems,2001:396-400.

[48] Haddad S A P, Verwaal N, Houben R P M, et al. Optimized dynamic translinear implementation of the Gaussian wavelet transform[C]. IEEE International Symposium on Circuits and Systems,2004:145-148.

[49] Haddad S A P,Sumit B,Serdijn W A. Log-domain wavelet bases[J]. IEEE Transactions on Circuits and Systems,2005,52(10):2023-2032.

[50] 胡沁春,何怡刚,郭迪新,等.基于开关电流技术的小波变换的滤波器电路实现[J].物理学报,2006,55(2):641-647.

[51] 胡沁春,何怡刚,郭迪新,等.小波滤波器的开关电流电路设计与实现[J].仪器仪表学报,

2006,27(9):1116-1119.

[52] 左圆圆,何怡刚.基于开关电流电路的小波变换实现[J].电路与系统学报,2011,16(4):35-39.

[53] Karel J M H,Peeters R L M,Wetra R L,et al. An L_2- based approach for wavelet approximation [C]. IEEE Conference on Decision and Control and European Control Conference,2005:7882-7887.

[54] Karel J M H,Haddad S A P,Hiseni S,et al. Implementing wavelets in continuous- time analog circuits with dynamic range optimization[J]. IEEE Transactions on Circuits and Systems,2012,59(1):2023-2032.

[55] Karel J M H,Peeters R L M,Wetra R L,et al. Wavelet approximation for implementation in dynamic translinear circuits[C]. IFAC Word Congress,2005.

[56] Karel J M H,Peeters R L M,Wetra R L,et al. L_2-approximation of wavelet functions[C]. Benelux Meeting on Systems and Control Conference,2005:128.

[57] Ensandoust F,Gosselin B,Sawan M. Low- power high- accuracy compact implementation of analog wavelet transforms[C]. IEEE Northeast Workshop on Circuits and Systems,2007:185-188.

[58] Karel J M H. A Wavelet Approach to Cardiac Signal Processing for Lowpower Hardware Application[D]. Maastricht:Maastricht University,2009.

[59] Zhao W S,He Y G. Realization of wavelet transform using switched- current filters[J]. Analog Integrated Circuits and Signal Processing,2012,71(3):571-581.

[60] 李宏民,何怡刚,郭杰荣,等.用平衡式对数域积分器实现连续小波变换[J].湖南大学学报(自然科学版),2007,34(6):24-27.

[61] 赵文山,何怡刚.一种改进的开关电流滤波器实现小波变换的方法[J].物理学报,2009,58(2):843-851.

[62] 龙佳乐,何怡刚,张建民.用开关电流技术实现小波变换的改进方法[J].信息与控制,2007,36(4):441-444.

[63] 胡沁春,黄立宏,何怡刚,等.Morlet 小波变换的开关电流模拟实现[J].湖南大学学报(自然科学版),2009,36(2):58-61.

[64] Tong Y N,He Y G,Li H M,et al. Analog implementation of wavelet transform in switched- current circuits with high approximation precision and minimum circuit coefficients[J]. Circuits,Systems and Signal Processing,2014,33(8):2333-2361.

[65] Song I,Roberts G W. A 5th order bilinear switched- current Chebyshev filter[C]. IEEE International Symposium on Circuits and Systems,1993:1097-1100.

[66] de Queiroz A C M,Pinheiro P M. Bilinear switched- current ladder filters using Euler integrators. IEEE Transactions on Circuits and Systems,1996,43(1):66-70.

[67] de Queiroz A C M,Pinheiro P R M. Exact design of switched- current ladder filters[C]. IEEE International Symposium on Circuits and Systems,1992:855-858.

[68] de Queiroz A C M,Pinheiro P M. Switched-current ladder band-pass filters[C]. IEEE International Symposium on Circuits and Systems,1994:309-312.

[69] Schechtman J, de Queiroz A C M, Calôba L P. Switched-current filters by component simulstion[J]. Analog Integrated Circuits and Signal Processing,1997,13(3):303-309.

[70] Gurrola-Navarro M A,Espinosa-Flores-Verdad G. Analogue wavelet transform with single biquad stage per scale[J]. Electronics Letters,2010,46(9):616-618.

[71] Gurrola-Navarro M A,Carrasco-Alvarez R. On-chip wavelet denoising system implemented with analogue circuits[J]. Electronics Letters,2013,49(9):592-594.

[72] Casson A J,Rodriguez-Villegas E. Nanowatt multi-scale continuous wavelet transform chip [J]. Electronics Letters,2014,50(3):153-154.

[73] Casson A J,Rodriguez-Villegas E. A 60pW G_m-C continuous wavelet transform circuit for portable EEG systems[J]. IEEE Journal of Solid-State Circuits,2011,46(6):1406-1415.

[74] Casson A J, Yates D C, Patel S, et al. An analogue bandpass filter realization of the continuous wavelet transform[C]. The Annual International Conference of the IEEE Engineering in Medicine and Biology Society,2007:1850-1854.

[75] Casson A J,Rodriguez-Villegas E. An inverse filter realization of a single scale inverse continuous wavelet transform[C]. IEEE International Symposium on Circuits and Systems,2008:904-907.

[76] Zhao W,Sun Y,He Y. Minimum component high frequency G_m-C wavelet filters based on Maclaurin series and multiple loop feedback[J]. Electronic Letters,2010,46(1):34-36.

[77] Laoudias C, Psychalinos C. 1.5V complex filters using current mirrors[J]. IEEE Transactions on Circuits and Systems,2011,58(9):575-579.

[78] Laoudias C,Psychalinos C. Universal biquad filters using low-voltage current mirrors[J]. Analog Integrated Circuits and Signal Processing,2010,65(1):77-88.

[79] Laoudias C, Psychalinos C. 0.5V wavelet filters using current mirrors[C]. IEEE International Symposium on Circuits and Systems,2011:1443-1446.

[80] 李宏民,何怡刚,胡沁春,等. 基于对数域模拟 CMOS 连续小波变换电路的谐波检测方法 [J]. 中国电机工程学报,2007,27(31):57-63.

[81] 李宏民,何怡刚,唐圣学,等. 基于对数域连续小波变换电路的心电图 QRS 波检测[J]. 中国生物医学工程学报,2008,27(1):8-12.

[82] Li H, He Y, Sun Y C. Detection of cardiac signal characteristic point using log-domain wavelet transform circuits[J]. Circuits, Systems and Signal Processing, 2008, 27 (5): 683-698.

[83] Akansu A N, Serdijn W A, Selesnick W. Emerging applications of wavelets: A review[J]. Physical Communication,2010,3(1):1-18.

[84] Grashuis M. A Fully Differential Switched Capacitor Wavelet Filter[D]. Delft: Delft University of Technology,2009.

[85] Zhao W S,He Y G,Sun Y C. SFG realization of wavelet filter using switched-current circuits[C]. IEEE 8th International Conference on ASIC,2009:37-40.

[86] Li M,He Y G. Analog VLSI implementation of wavelet transform using switched-current circuits[J]. Analog Integrated Circuits and Signal Processing,2012,71(2):283-291.

［87］ Li M，He Y G. Analog wavelet transform using multiple-loop feedback switched-current filters and simulated annealing algorithms［J］. International Journal of Electronics and Communications（AEÜ），2014，68（5）：388-394.

［88］ Li M，He Y G. Implementing complex wavelet transform in analog circuit and singular value decomposition algorithm［J］. WSEAS Transactions on Circuits and Systems，2015，14（45）：380-388.

［89］ Li M，He Y G. Design and implementation of wavelet transform circuits using adaptive genetic algorithms and analog filters［C］. International Conference on Advanced Computer Science and Electronics Information，2013：123-126.

［90］ Li M，He Y G. Analogue implementation of wavelet transform using discrete time switched-current filters［C］. Electrical Engineering and Control Conference，2011：677-682.

［91］ 李目. 小波变换的开关电流技术实现与应用研究［D］. 长沙：湖南大学，2013.

［92］ 李目，何怡刚. 基于改进差分进化算法的连续小波变换电路［J］. 微电子学，2012，42（4）：497-501.

［93］ 李目，何怡刚. 基于开关电流双线性积分器的 IFLF 小波滤波器设计［J］. 电路与系统学报，2013，18（2）：191-195.

第 2 章　小波变换的开关电流技术实现基础

2.1　小波变换理论基础

2.1.1　小波变换的产生

　　信号分析简而言之就是寻求一种有效的变换,使信号包含的重要特征在变换域中显示出来。傅里叶变换(FT)无疑是信号分析中最完美、应用最广泛的数学方法,它将复杂的时域信号变换到频域,通过频域特性去分析和表示时域特性,因而,在平稳信号的分析和处理中起着重要的作用[1]。然而,日常生产实际中许多信号是非平稳的甚至在某些时间点是突变的,如语言信号、音乐信号等,有时人们恰恰需要了解某个时间段内的时域信号所对应的局部频域特性,此时,傅里叶变换是无能为力的,只能"望而兴叹",因为它反映的是信号在整个时间段内的频域特征,没有提供任何局部时间段内的频率信息。为了探求信号在局部时间段的频率特征,人们开始了具有时间和频率分辨率的分析方法研究。

　　1946 年,Gabor 在 Gabor 变换的基础上提出了短时傅里叶变换(STFT)。通过把信号划分为很多小的时间间隔,然后对每个时间间隔进行傅里叶变换,获得该时间间隔的频率特征[2,3]。其短时傅里叶变换的时-频窗示意图如图 2.1 所示,由图可知,窗函数确定后,时-频窗的大小和形状都是固定的,且与频率无关。然而,短时傅里叶变换的时频分辨率是由窗函数的时频窗口大小决定的,窗函数选定后其时频分辨率也就确定了,因此,窗函数的选取非常关键。通常为了提高时频域分辨率,希望窗口的时宽和频宽都很小,但海森堡测不准原则指出这两者是不能同时达到极小值的。由此可见,短时傅里叶变换虽然在局部分析能力方面比傅里叶变换强,但自身还是存在以下缺陷:①短时傅里叶变换的时间窗选定后,分辨率就固定了,如果要修改分辨率就必须更换时间窗;②窗函数的平移本身不能构成基,使得时频分析的计算量很大;③由于时间和频率都为连续表达,连续窗口傅里叶变换结果具有很大的冗余性。从实质上来看,短时傅里叶变换只是一种具有单一分辨率的分析方法,若要调整分辨率,则必须重新选定窗函数。此外,Gabor 基离散时不能构成一组正交基,使数值计算不方便[2]。因此,短时傅里叶变换对于非平稳信号的局部化分析是不理想的。

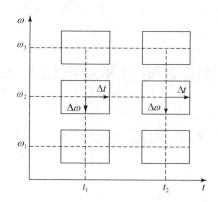

图 2.1　短时傅里叶变换时-频窗示意图

　　针对傅里叶变换和短时傅里叶变换的不足,小波变换应运而生,它不但继承和发展了短时傅里叶变换的局部化思想,而且克服了时频窗口大小不随频率变化和缺乏离散正交基的缺点,使之成为分析非平稳信号的理想工具。1984 年,Morlet 提出了真正意义上的小波分析的概念。随后,Meyer 证明了小波正交系的存在。1987 年,Mallat 提出了多分辨率分析的概念。次年 Daubecies 在小波专题讨论会上作了主题演讲,并撰写了著名的小波专著 *Ten Lectures on Wavelet*。至此,小波分析的理论发展和实际应用被推向一个高潮,成为科技界共同关注的焦点。

2.1.2　小波变换的定义

　　设 $\psi(t) \in \mathrm{L}^2(\mathbf{R})$,信号 $f(t)$ 在尺度 a 和位移 τ 时的小波变换为

$$\mathrm{WT}_f(a,\tau) = \frac{1}{\sqrt{a}} \int_{-\infty}^{\infty} f(t)\psi^*\left(\frac{t-\tau}{a}\right) \mathrm{d}t = \langle f(t), \psi_{a,\tau}(t)\rangle, \quad a>0 \quad (2.1)$$

式中,$\psi^*(t)$ 为 $\psi(t)$ 的复共轭;$1/\sqrt{a}$ 为能量归一化因子;$\mathrm{WT}_f(a,\tau)$ 为小波变换系数。若 a 和 τ 为连续变化的值,则式(2.1)称为连续小波变换。其对应的频域表达式为

$$\mathrm{WT}_f(a,\tau) = \frac{\sqrt{a}}{2\pi} \int_{-\infty}^{\infty} F(\omega)\hat{\psi}^*(a\omega) \mathrm{e}^{\mathrm{j}\omega\tau} \mathrm{d}\omega \quad (2.2)$$

式中,$F(\omega)$ 和 $\hat{\psi}(\omega)$ 分别为 $f(t)$ 和 $\psi(t)$ 的傅里叶变换。

　　由小波变换的定义可知,小波变换和傅里叶变换同属积分变换,只是小波基不同于傅里叶变换的基函数,小波基具有尺度 a 和位移 τ 两个参数,能实现将一个一维的时间函数 $f(t)$ 映射至二维时间-尺度函数 $\mathrm{WT}_f(a,\tau)$;并且,小波基还具有自身的特点。下面对小波基进行定量分析。先令小波基 $\psi(t)$ 进行伸缩 a 和平移 τ 后得到小波簇为

$$\left\{ \psi_{a,\tau}(t) = \frac{1}{\sqrt{a}} \psi\left(\frac{t-\tau}{a}\right), \quad a>0, \tau \in \mathbf{R} \right\} \tag{2.3}$$

在时域中,设小波基 $\psi(t)$ 的窗口中心为 t_0,窗口宽度为 Δt,则 $\psi_{a,\tau}(t)$ 的窗口中心和宽度分别为

$$\begin{cases} t_{a,\tau} = at_0 + \tau \\ \Delta t_{a,\tau} = a\Delta t \end{cases} \tag{2.4}$$

同理,在频域中,设 $\hat{\psi}(\omega)$ 为 $\psi(t)$ 的傅里叶变换,其频域窗口中心为 ω_0,窗口宽度为 $\Delta\omega$,$\psi_{a,\tau}(t)$ 的傅里叶变换为 $\hat{\psi}_{a,\tau}(\omega)$,则有

$$\psi_{a,\tau}(\omega) = \sqrt{a}\, e^{-j\omega\tau} \hat{\psi}(a\omega) \tag{2.5}$$

其频域窗口中心和宽度分别为

$$\begin{cases} \omega_{a,\tau} = \dfrac{1}{a}\omega_0 \\ \Delta\omega_{a,\tau} = \dfrac{1}{a}\Delta\omega \end{cases} \tag{2.6}$$

由式(2.4)和式(2.6)可知,小波基的时频域窗口中心和宽度都随尺度的变化而改变,这点与短时傅里叶变换的窗口固定不变是截然不同的。在分析低频信号时,尺度 a 增大,其时间窗宽度相应加大,时间分辨率变低,而频率窗宽度变窄,频率分辨率变高;在分析高频信号时,尺度 a 减小,时间窗宽度减小,时间分辨率提高,而频率窗宽度增大,频率分辨率随之降低。这种自适应调节性质恰恰符合实际中低频信号持续时间长、变化缓慢而高频信号持续时间短、变化迅速的自然规律。假设将 $\Delta t \cdot \Delta\omega$ 定义为窗口面积,则有

$$\Delta t_{a,\tau} \cdot \Delta\omega_{a,\tau} = a\Delta t \cdot \frac{1}{a}\Delta\omega = \Delta t \cdot \Delta\omega \tag{2.7}$$

式(2.7)说明小波基的窗口面积不随尺度和位移的变化而改变。同时也可注意到存在一种内在限制,根据测不准原则:Δt 和 $\Delta\omega$ 的大小是相互制约的,且满足:

$$\Delta t \cdot \Delta\omega \geqslant \frac{1}{2} \tag{2.8}$$

式中,Δt 和 $\Delta\omega$ 分别为

$$\Delta t = \sqrt{\frac{\int t^2 \,|\psi(t)|^2 \mathrm{d}t}{\int |\psi(t)|^2 \mathrm{d}t}} \tag{2.9}$$

$$\Delta\omega = \sqrt{\frac{\int \omega^2 \,|\hat{\psi}(\omega)|^2 \mathrm{d}\omega}{\int |\hat{\psi}(\omega)|^2 \mathrm{d}\omega}} \tag{2.10}$$

式(2.9)和式(2.10)的分母是 Parseval 定理中的能量函数。

图 2.2 给出了尺度 $a=1/2$、$a=1$、$a=2$ 以及位移值为 τ_1、τ_2 情况下的小波基 $\psi_{a,\tau}(t)$ 的时-频窗。由图可知,$\psi_{a,\tau}(t)$ 的时-频窗满足以上描述的特征。由于小波基在频域具有带通特性,因此,小波基的伸缩和平移可以看成一组带通滤波器。定义带通宽度与中心频率的比值为带通滤波器的品质因数,即 $Q=\Delta\omega/\omega_0$,则尺度变化后的带通滤波器品质因数为

$$Q_{a,\tau}=\frac{\Delta\omega_{a,\tau}}{\omega_{a,\tau}}=\frac{\Delta\omega}{\omega_0}=Q \tag{2.11}$$

由式(2.11)可知,小波基 $\psi_{a,\tau}(t)$ 作为带通滤波器的品质因数不随尺度的变化而变化,即带通滤波器是恒 Q 值的。这点是小波变换的模拟滤波器实现的基础。

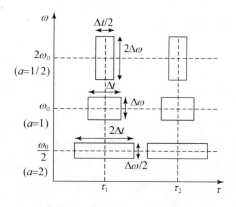

图 2.2　小波变换时-频窗示意图

2.1.3　小波基函数的性质与分类

小波分析中的小波函数具有多样性,这点与标准傅里叶变换是不同的。在工程应用中,首先需要面对的工作是小波基的选择或构造问题,因为采用不同的小波基分析同一信号会产生不同的结果。所以,何种函数可以作为小波基是非常重要的问题。由式(2.1)可以看出,小波变换是将 $L^2(\mathbf{R})$ 空间的函数 $f(t)$ 在小波基下展开来完成的,与其他积分变换相同,小波变换只有存在逆变换才有实际意义,而小波变换要存在逆变换,则小波基必须满足容许条件:

$$C_\psi=\int_{-\infty}^{\infty}\frac{|\hat{\psi}(\omega)|^2}{|\omega|}\mathrm{d}\omega<\infty \tag{2.12}$$

式中,$\hat{\psi}(\omega)$ 为 $\psi(t)$ 的傅里叶变换。小波变换的逆变换公式为

$$f(t)=\frac{1}{C_\psi}\int_0^{\infty}\frac{1}{a^2}\int_{-\infty}^{\infty}\mathrm{WT}_f(a,\tau)\psi_{a,\tau}(t)\mathrm{d}\tau\mathrm{d}a \tag{2.13}$$

如果 $\psi(t)\in L^1(\mathbf{R})$,则 $\hat{\psi}(\omega)$ 是连续的,从容许条件可推出 $\hat{\psi}(0)=0$,即

$$\int_{-\infty}^{\infty} \psi(t)\,\mathrm{d}t = 0 \tag{2.14}$$

式(2.14)表明小波基必须是振荡的且有零均值,这就是其称为"小波"的原因。在频域中,小波基的傅里叶变换在零频率点为零值,也就是说小波函数在频域对应为带通滤波器。因此,任何满足平方可积和容许条件的函数都可以作为小波基,该结论是构造新小波函数的基础条件。

在实际应用中,为了使小波基 $\psi(t)$ 在频域中表现出更好的局部性能,除了使小波基满足容许条件,往往还要求小波基满足正则性条件。为了提高频域的局部分析能力,需要小波变换系数的绝对值 $|\mathrm{WT}(a,\tau)|$ 随尺度 a 的减小而快速减小,也就是要求 $\psi(t)$ 的前 n 阶原点矩等于零,且阶次 n 的值越大越好。其表达式为

$$\int_{-\infty}^{\infty} t^k \psi(t)\,\mathrm{d}t = 0, \quad k = 0,1,\cdots,n \tag{2.15}$$

对应到频域上的要求是 $\hat{\psi}(\omega)$ 在 $\omega = 0$ 处存在高阶零点,同样是阶次越高越好,其中,一阶零点的情况即容许条件,其表达式为

$$\hat{\psi}(\omega) = \omega^{n+1}\hat{\psi}_0(\omega), \quad \hat{\psi}_0(\omega=0) \neq 0 \tag{2.16}$$

令小波基满足正则性条件的作用是消除 $f(t)$ 的多项式展开中 $t^k (k \leqslant n)$ 各项在小波变换中的影响,以突出信号的高阶起伏和高阶导数中可能存在的奇异点。

经历几十年的发展,各种各样的小波基函数被构造出来,可谓种类繁多、性能"千姿百态"。鉴于本书研究内容的需要,对小波基做了相应的分类。小波变换按其系数是实数还是复数,将小波基分为实小波和复小波,这两类小波都具有良好的时频局部化特性。实小波的构造研究比较早,类型比较多,取得了丰硕的成果。迄今,大量的实小波被广泛地应用于信号分析和处理,如 Haar 小波、Morlet 小波、Marr 小波和高斯(Gaussian)小波等。然而,随着应用领域的不断拓展,实小波在实际中遇到了"困境",例如,在以简谐振荡信号为主的电力系统或声学信号处理中,相位信息是这类信号的重要特征;对于非简谐振荡信号中的突变点,相位信息能够比幅度信息更精确地刻画奇异点(或称突变点)的特征,但是传统的实小波变换不能获取相位信息,所以,能够同时提供幅度信息和相位信息的复小波变换成为这些信号处理中的研究热点,相应的复小波基函数也不断构造出来。目前,最常见的复小波有复高斯小波、复 Morlet 小波、复 B 样条小波和复 Shannon 小波等。

小波基按其是否有解析表达式又可分为有解析式小波和无解析式小波。例如,常见的 Daubechies 小波就没有解析表达式,只给出了一组滤波器系数,所以,在模拟滤波器实现该类型小波变换时需要构造可综合实现的小波函数。其中,最常用的方法就是通过函数拟合方法获得可综合实现的小波逼近函数。

当然,小波基还有一些不同的分类方式,如将小波基分成经典小波、正交小波和双正交小波等。

2.1.4　小波基函数的选择

小波基函数的类型有很多,让人"眼花缭乱"。不同的小波基在正交性、紧支撑性、平滑性和对称性等方面表现出不同的特性,而同时具有以上四种性质的小波基又难以构造,因此,在实际应用时往往根据信号处理的目的和分解要求,在这些特性中进行折中处理,选择满足需要的小波基。

从定性的角度来分析,当被检测信号的振荡频率与相应尺度小波基振荡频率相近时,获得的小波分解系数最大,以此可作为小波基函数选择的依据。

从定量的角度来分析,通常采用求不同小波分解后的熵值来衡量被测信号与小波基的相似度,熵值越小,则信号与小波基的相似度越大,相应的小波分解系数越大,因此,可以小波分解系数熵值的大小作为小波基选择的依据。

在实际应用中,小波基函数的粗略选择一般从如下几个方面考虑[2]:

(1)实、复小波基函数选择。通常,实小波用于信号的峰值或不连续性检测,即信号的奇异性检测。由于复小波分析能够同时获得幅度信息和相位信息,所以,复小波适合分析计算信号的正常特性。

(2)连续小波的有限支撑域长度选择。由小波基函数的性质可知,连续小波的衰减都发生在有限支撑域之外的区域,而且,有限支撑域长度越长,对应的频率分辨率越高,反之,时间分辨率越高。

(3)小波形状选择。对信号进行突变点检测时,通常选择与信号波形相似的小波基;对信号进行时频分析时,通常选择光滑的连续小波,因为时域光滑的小波基函数,在频域的局部化特性更佳。

(4)对称性。选择对称性好的小波,其小波对应的滤波器具有线性相位的特点。

(5)正则性。正则性一般用来刻画函数的光滑程度,正则性越高,函数的光滑程度越好。小波基的正则性主要影响小波系数重构的稳定性,正则性好的小波能在信号重构中获得较好的平滑效果。但是一般情况下,正则性越好,支撑长度就越长,计算量越大,因此两者需要均衡考虑。

2.2　开关电流技术基础

开关电流技术是一种以电流模式模拟采样数据信号处理的新技术,其基本原理是利用 MOS 晶体管在其栅极开路时通过存储在栅极氧化电容上的电荷维持其漏极电流的能力[4]。开关电流电路是以数字 CMOS 工艺技术实现的实用开关电流模拟电路和系统,代表着混合 A/D VLSI 的发展方向。

长期以来,开关电容技术可谓"一枝独秀",一直是实现取样数据系统的唯一选择。然而,集成电路所追求的低造价、低功耗以及 A/D 混合集成系统的发展趋势,均要求系统的模拟部分也能够采用标准数字集成工艺制造。但是,开关电容电路制造不能与标准数字 CMOS 工艺兼容。此外,随着集成电路集成密度的不断提高,电路标准电源电压也随之降低,致使开关电容电路的动态范围减小,电路的性能难以保证。而开关电流电路的信号是用电流表示的,电压的降低不会直接影响电路的动态范围,因此,开关电流技术自 20 世纪 80 年代问世以来,引起了国内外学者的广泛关注,并得到了迅速发展。

开关电流电路的发展经历了"第一代"和"第二代"。"第一代"开关电流电路的基本单元以简单的电流镜为基础,此类型开关电流电路只适用于低 Q 值滤波器,且容许由于晶体管失配产生的误差。"第二代"开关电流电路的基本单元引入电流拷贝器,有效地克服了"第一代"电路的缺点。因此,在实际开关电流电路设计中主要使用"第二代"单元电路[5]。为了本书后面章节的需要,本节主要介绍开关电流积分器的一阶节和二阶节电路、开关电流微分器一阶节和二阶节电路以及双线性开关电流积分器。

2.2.1　开关电流积分器

开关电流积分器通用一阶节如图 2.3 所示,图中 J 为电流源,ϕ_1 和 ϕ_2 为反相时钟,$\alpha_1 \sim \alpha_3$ 为晶体管宽长比(W/L),其 s 域传递函数为

$$H(s)=\frac{I_\text{o}(s)}{I_\text{i}(s)}=\frac{k_1 s+k_0}{s+\omega_0} \tag{2.17}$$

由图 2.3 可得一阶节的 z 域传递函数为

$$H(z)=-\frac{(\alpha_0+\alpha_1)z-\alpha_1}{(1+\alpha_2)z-1} \tag{2.18}$$

将式(2.17)进行双线性变换($s \to 2(1-z^{-1})/[T(1+z^{-1})]$),并与式(2.18)对比即可得到一阶节电路中的各系数,如表 2.1 所示。

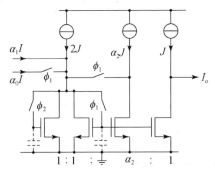

图 2.3　开关电流积分器通用一阶节电路

表 2.1　开关电流积分器一阶节的系数（T 为时钟周期）

系数	表达式
α_0	$2k_0 T/(2-\omega_0 T)$
α_1	$(2k_1-k_0 T)/(2-\omega_0 T)$
α_2	$(2+\omega_0 T)/(2-\omega_0 T)-1$

通用二阶节传递函数的一般表达式为

$$H(s)=\frac{k_2 s^2+k_1 s+k_0}{s^2+(\omega_0/Q)s+\omega_0^2} \tag{2.19}$$

将式(2.19)进行双线性变换，得 z 域传递函数 $H(z)$ 为

$$H(z)=\frac{[(4k_2+2k_1 T+k_0 T^2)/D]z^2+[(2k_0 T^2-8k_2)/D]z+[(4k_2-2k_1 T+k_0 T^2)/D]}{[(\omega_0^2 T^2+2\omega_0 T/Q+4)/D]z^2+[(2\omega_0^2 T^2-8)/T]z+1} \tag{2.20}$$

式中，$D=\omega_0^2 T^2-2\omega_0 T/Q+4$，$T$ 为时钟周期。开关电流积分器二阶节实现框图如图 2.4 所示。

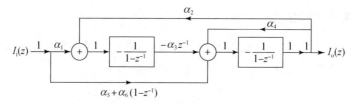

图 2.4　开关电流积分器二阶节的 z 域框图

由图 2.4 可推导出传递函数 $H(z)$ 为

$$H(z)=\frac{I_o(z)}{I_i(z)}=-\frac{(\alpha_5+\alpha_6)z^2+(\alpha_1\alpha_3-\alpha_5-2\alpha_6)z+\alpha_6}{(1+\alpha_4)z^2+(\alpha_2\alpha_3-\alpha_4-2)z+1} \tag{2.21}$$

对比式(2.20)和式(2.21)，可确定 $H(z)$ 中的系数值 $\alpha_1 \sim \alpha_6$ 如表 2.2 所示。

表 2.2　开关电流积分器二阶节的系数

系数	表达式
$\alpha_1\alpha_3$	$4k_0 T^2/[\omega_0^2 T^2-2(\omega_0/Q)T+4]$
$\alpha_2\alpha_3$	$4\omega_0^2 T^2/[\omega_0^2 T^2-2(\omega_0/Q)T+4]$
α_4	$4\omega_0 T/\{Q[\omega_0^2 T^2-2(\omega_0/Q)T+4]\}$
α_5	$4k_1 T/[\omega_0^2 T^2-2(\omega_0/Q)T+4]$
α_6	$(4k_2-2k_1 T+k_0 T^2)/[\omega_0^2 T^2-2(\omega_0/Q)T+4]$

这些系数对应开关电流电路中的电流镜增益因子，任选 α_3 之后，根据上述系数可以确定各个 MOS 管的 W/L。图 2.5 为采用第二代开关电流积分器实现图 2.4 框图的二阶节电路，其中 I_i、I_o 分别为输入、输出电流，J 为电流源，ϕ_1、ϕ_2 为

两相非重叠时钟,$\alpha_1 \sim \alpha_6$ 为系数。

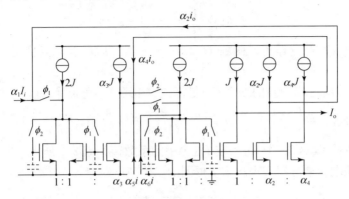

图 2.5　开关电流积分器二阶节电路

2.2.2　开关电流微分器

在模拟状态变量或梯形滤波器的微分方程的模块方面,微分器没有像积分器那样受到重视。原因在于经典的有源 RC 实现中,电路性能因高频噪声而急剧降低。近来,为了实现高通和带通滤波器,开关电容微分器系列被提出。微分器系列电路具有良好的噪声抑制特性,且能够有效地避免与用积分器实现某些电路而出现的不稳定问题。

开关电流反相微分器一阶节如图 2.6 所示。其中,α 为晶体管宽长比(W/L),M 为晶体管,J 为基准电流源,ϕ_1 和 ϕ_2 为反相时钟。在时钟周期($n-1$)的 ϕ_2 相,M_1 存储的电流为 $J+I_1(n-1)$。在时钟周期(n)的 ϕ_1 相,M_2 存储的电流为

$$I_2 = I_1(n) + 2J - [J + I_1(n-1)] = J + I_1(n) - I_1(n-1) \tag{2.22}$$

M_2 与 M_3 为镜像关系,则 $I_o(n)$ 为

$$I_o(n) = \alpha(J - I_2) = \alpha[I_1(n-1) - I_1(n)] \tag{2.23}$$

对式(2.23)进行 z 变换得

$$I_o(n) = -\alpha I_i(1 - z^{-1}) \tag{2.24}$$

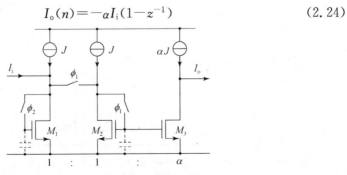

图 2.6　开关电流反相微分器一阶节

那么,该微分器的传输函数为

$$H(z) = \frac{I_o}{I_i} = -\alpha(1-z^{-1}) \tag{2.25}$$

式(2.25)是反相微分器传递函数 $H(s) = -s\tau$ 通过后向差分变换得到的。其中,$\alpha = \tau/T$。

图 2.7 为基于微分器的二阶节 z 域框图。由图 2.7 可推导出传递函数 $H(z)$ 为

$$H(z) = \frac{I_o(z)}{I_i(z)} = -\frac{(\alpha_2\alpha_3 + \alpha_1\alpha_3)z^2 + (\alpha_0 - \alpha_1\alpha_3 - 2\alpha_2\alpha_3)z + \alpha_2\alpha_3}{\alpha_3\alpha_5 z^2 + (1 + \alpha_4 - 2\alpha_3\alpha_5)z + (\alpha_3\alpha_5 - \alpha_4)} \tag{2.26}$$

对比式(2.26)和式(2.20),可确定 $H(z)$ 中的系数值如表 2.3 所示。图 2.8 为采用第二代开关电流微分器实现图 2.7 框图的二阶节电路。

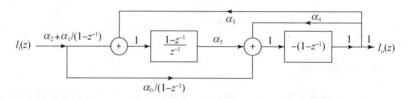

图 2.7 开关电流微分器的二阶节的 z 域框图

表 2.3 开关电流微分器二阶节的系数

系数	表达式
α_0	k_0/ω_0^2
$\alpha_1\alpha_3$	$k_1/(T\omega_0^2)$
$\alpha_2\alpha_3$	$(k_0 - 2k_1/T + 4k_2/T^2)/(4\omega_0^2)$
α_4	$1/(QT\omega_0)$
α_5	$[4/T^2 + 2\omega_0/(QT) + \omega_0^2]/(4\omega_0^2)$

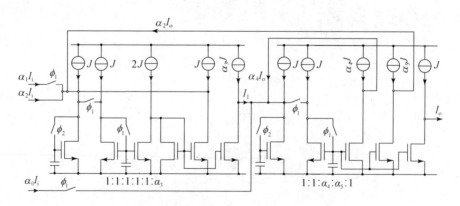

图 2.8 开关电流微分器的二阶节电路

2.2.3　开关电流双线性积分器

第一代多输出开关电流双线性积分器如图 2.9(a)所示,其中 $+I_{o1}$ 和 $-I_{o1}$ 分别为同相与反相输出端,α 为晶体管宽长比参数。该积分器的传递函数为

$$H(z) = \frac{\pm I_{o1}}{I_i} = \pm \alpha \frac{z+1}{z-1} \tag{2.27}$$

图 2.9(b)为该双线性积分器的简化符号。

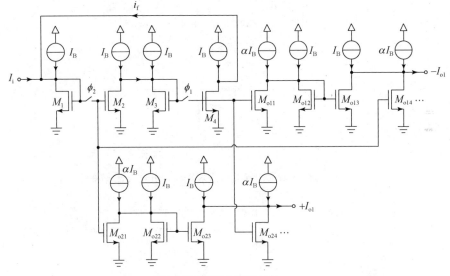

(a)开关电流双线性积分器电路

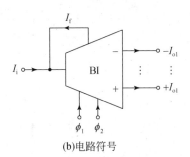

(b)电路符号

图 2.9　开关电流双线性积分器电路及符号

第二代双输入双输出开关电流双线性积分器如图 2.10 所示,其中 $+I_i$ 和 $-I_i$ 分别为同相与反相输入端,$+I_o$ 和 $-I_o$ 为互补输出端。为了满足双输入多输出的需要,图 2.11 对双输入双输出双线性积分器进行了扩展,其扩展办法是在基本积分器后添加输出电流镜,实现信号流图中所需要的多定标输出积分器。双线性开关电流

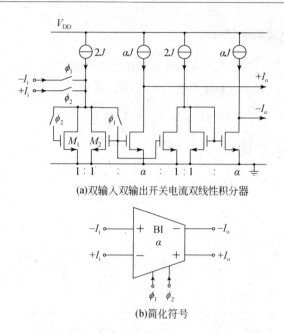

(a)双输入双输出开关电流双线性积分器

(b)简化符号

图 2.10　双输入双输出开关电流双线性积分器及简化符号

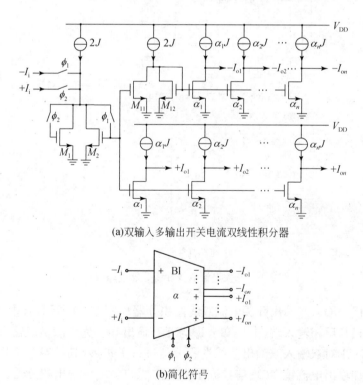

(a)双输入多输出开关电流双线性积分器

(b)简化符号

图 2.11　双输入多输出开关电流双线性积分器及简化符号

积分器的 z 域和 s 域传递函数分别为

$$H(z) = \frac{I_o}{I_i} = -\alpha \frac{z+1}{z-1} \qquad (2.28)$$

$$H(s) = \frac{1}{\tau_i s} \qquad (2.29)$$

式中，τ_i 为积分器时间常数。利用双线性变换，对比式(2.28)和式(2.29)可得

$$\alpha = \frac{T_s}{2\tau_i} \qquad (2.30)$$

式中，T_s 为采样周期。

2.3　模拟滤波器综合基础

电网络理论研究主要包括两大类问题：网络分析与网络综合。所谓网络分析，即给定网络的结构和参数，在已知激励前提下求解网络的响应。网络综合则与网络分析互为逆过程，即给定网络的激励与响应关系特性，确定网络结构和参数。对于线性电路，网络分析问题一般具有唯一的解，相对比较简单。而网络综合问题则较为复杂，为了解决同一个网络综合问题，往往有各种不同的方法和步骤，也可能得到多个满足给定响应特性的解，甚至在某些限制条件下会出现找不到解的情况[6]。因此，网络综合是电网络理论中的难点问题。

通常情况下，网络综合问题所预先给定的对网络响应特性的要求，并不是以有理函数形式出现的网络函数，而是根据具体的实际问题需要提出的一组技术条件。从总体上来讲，网络综合问题一般可以分为两个步骤：第一步，根据给定的技术条件，找出满足该条件的且为可实现的转移函数，此步骤即逼近；第二步，确定合适的电路结构和各元件参数，其转移函数等于由逼近获得的函数，此步骤即实现。

无论逼近还是实现，均有不同的方法，且均有多个解答。根据网络综合的基本元器件不同，可以分为无源网络综合和有源网络综合。近代电子学和集成电路技术的一个重要发展方向是不断减小信号传输、处理系统中器件的尺寸，使之日趋微型化。滤波器作为信号传输、处理系统中不可缺少的部件而被广泛应用，成为网络综合中的一个热点课题。而在无源滤波器中，由于电感器不可集成使此类滤波器难以实现小型化，尤其在低频情况下，因电感器体积大、品质低而不适合应用需求。

无源滤波器因其自然模共轭成对出现在虚轴，所以选频特性很好，但是，无源滤波器除了电感器不能集成，还有以下缺点：①在低频应用中，电感器不仅笨重、价格贵，而且损耗大，品质因数低；②电感器为非线性器件，在系统中容易产生高次谐波，导致信号失真很大；③电感器为了满足技术要求，通常需要特别的设计和制作，没有批量产品可供选择。

　　自从有源滤波器出现以来,不仅使滤波器体积减小,而且成本降低。经过近30年的发展,有源滤波器出现了很多类型,包括用于高频的有源 R 滤波器和有源 C 滤波器,还出现了易于单片集成的开关电容滤波器、开关电流滤波器、跨导-电容滤波器、MOSFET-C 滤波器等。相比无源滤波器,有源滤波器除了体积小、重量轻,还具有以下优点:①可批量生产,成本低,可靠性高;②有源滤波器可实现 A/D 混合集成;③设计和调试相对比较简单;④从滤波器理论的角度看,有源滤波器可实现的滤波函数类型要多得多,且还可以提供增益,如实现对信号的放大。

　　有源滤波器的电路结构有很多,其综合设计方法也有多种,最常见的是直接综合法、级联型综合法和多环反馈型综合法。所谓直接综合法就是根据由滤波器逼近所得到的转移函数,包括一定数量的特定电路结构直接实现整个转移函数。该方法比较简单,但应用相对较少,其主要缺点是:①转移函数化简通过分子、分母间相同项的对消而得,导致滤波器无源元件灵敏度增大,因此在很多应用中不适合;②转移函数的系数由电路中各元件值共同决定,调整比较困难;③在滤波器阶数增高时,元件值分散率随之增大,难以采用混合集成方式实现。直接综合法在这里不作详细介绍,下面将主要介绍高阶级联型和高阶多环反馈型滤波器综合法的基本理论。

2.3.1　高阶级联型滤波器综合法

　　级联法是用两个或两个以上一阶节和二阶节的级联来实现高阶有源滤波器,它把实现高阶转移函数的问题简化为实现几个一次和双二次函数问题。由于级联滤波器采用积木块式结构,可以实现任何类型传递函数,设计简单,调试方便,同时其灵敏度性能比直接综合法改善很多,所以该方法得到广泛应用。其缺点是对器件参数的灵敏度大。级联设计是按一定顺序连接一阶、二阶滤波器模块电路实现高阶滤波器的方法。如果模块间相互影响很小,那么总的传递函数等于各个模块传递函数的乘积。

　　设滤波器的阶数为 n,则级联实现所需二阶节的数目为 $m = n/2(n$ 为偶数),$m = (n-1)/2(n$ 为奇数)。n 为奇数时需要增加一个一阶节。

　　级联滤波器综合的基本步骤可分为两步,如下所述。

　　第一步:分解高阶转移函数为若干个双二次函数(或包含一个一阶节)的乘积。

　　(1)因式分解。令高阶转移函数为

$$H(s) = \frac{N(s)}{D(s)} = \frac{a_m s^m + a_{m-1} s^{m-1} + \cdots + a_1 s + a_0}{s^n + b_{n-1} s^{n-1} + \cdots + b_1 s + b_0} \tag{2.31}$$

将式(2.31)中的分子、分母分别进行因式分解,形成以下形式:

$$H(s) = \frac{\prod\limits_{i=1}^{m/2} b_{i2}s^2 + b_{i1}s + b_{i0}}{\prod\limits_{j=1}^{n/2} a_{j2}s^2 + a_{j1}s + a_{j0}}, \quad m,n \text{ 为偶数} \tag{2.32}$$

或

$$H(s) = \frac{\prod\limits_{i=1}^{(m-1)/2} (b_{i2}s^2 + b_{i1}s + b_{i0})(b_1 s + b_0)}{\prod\limits_{j=1}^{(n-1)/2} (a_{j2}s^2 + a_{j1}s + a_{j0})(a_1 s + a_0)}, \quad m,n \text{ 为奇数} \tag{2.33}$$

同理,可以写出 m 为奇数、n 为偶数与 m 为偶数、n 为奇数的展开式形式,这里不再赘述。

(2)极点-零点配对。对因式分解后的 $H(s)$ 的极点和零点进行配对,形成 $n/2$ 个双二次函数(设 n 为偶数)。对于有 $n/2$ 对极点和 $n/2$ 对零点(包括 $s=0$ 和 $s=\infty$ 处的零点)的转移函数,有 $(n/2)!$ 种不同的极点-零点配对方式。

(3)级联顺序确定。获得各二阶节的转移函数后,应确定各二阶节级联的先后顺序。级联顺序不同,不影响整个滤波器的转移函数。如果有 $n/2$ 个二阶节,则有 $(n/2)!$ 种不同的级联顺序。

(4)增益分配。在给定滤波器总增益的条件下,应对各二阶节指定其增益水平,即增益分配问题。众所周知,增益分配有无限多种可能的解答。

在完成上述四项任务后,滤波器转移函数可改写为如下形式(同样设 n 为偶数):

$$H(s) = \prod_{j=1}^{n/2} K_j \frac{s^2 + (\omega_{zj}/Q_{zj})s + \omega_{zj}^2}{s^2 + (\omega_{pj}/Q_{pj})s + \omega_{pj}^2} = \prod_{j=1}^{n/2} H_j(s) \tag{2.34}$$

式中,$H_j(s)$ 为第 j 个二阶节的转移函数;K_j 为第 j 个二阶节增益常数;ω_{zj} 和 Q_{zj} 分别为零点频率和零点品质因数;ω_{pj} 和 Q_{pj} 分别为极点频率和极点品质因数。

第二步:选择适当的有源二阶节实现每个双二次转移函数,然后按照事先确定的级联顺序将这些二阶节连接起来,便实现了该滤波器。

总之,级联型滤波器的性能不但与各二阶转移函数的实现电路有关,而且取决于对转移函数的分解结果。

级联结构得以广泛应用,主要因为它具有通用性、数学分析简单。同时,由于级联结构设计易于对电路进行小范围调整,以满足版图的要求,所以这种结构受到设计者欢迎。

2.3.2　高阶多环反馈型滤波器综合法

为了克服级联滤波器灵敏度较高的缺点,人们提出了多环反馈拓扑结构,这种结构既保留了级联法积木化实现的方便,又能提供良好的灵敏度性能。

多环反馈法设计高阶滤波器的实质是采用信号流图或方块图表达高阶传输函数,然后,利用相应的电路模块实现信号流图或方块图。不失一般性,设 n 阶电流传输函数为

$$
\begin{aligned}
H(s) = \frac{I_o(s)}{I_i(s)} &= \frac{a_n s^n + a_{n-1} s^{n-1} + a_{n-2} s^{n-2} + \cdots + a_1 s + a_0}{s^n + b_{n-1} s^{n-1} + b_{n-2} s^{n-2} + \cdots + b_1 s + b_0} \\
&= \frac{a_n + a_{n-1} s^{-1} + a_{n-2} s^{-2} + \cdots + a_1 s^{-n+1} + a_0 s^{-n}}{1 + b_{n-1} s^{-1} + b_{n-2} s^{-2} + \cdots + b_1 s^{-n+1} + b_0 s^{-n}} \\
&= \frac{F(s^{-1})}{G(s^{-1})}
\end{aligned}
\tag{2.35}
$$

式中,$F(s^{-1})$ 和 $G(s^{-1})$ 都是 s^{-1} 为变量的多项式,且 $b_n = 1$。为了分析方便,引入中间变量 x_n,且令

$$
x_n = I_o = \frac{F(s^{-1})}{G(s^{-1})} I_i
\tag{2.36}
$$

将式(2.36)代入式(2.35)并展开可得

$$
\begin{aligned}
x_n (1 + b_{n-1} s^{-1} + b_{n-2} s^{-2} + \cdots + b_1 s^{-n+1} + b_0 s^{-n}) \\
= I_i (a_n + a_{n-1} s^{-1} + a_{n-2} s^{-2} + \cdots + a_1 s^{-n+1} + a_0 s^{-n})
\end{aligned}
\tag{2.37}
$$

再次引入中间变量 $x_{n-1}, x_{n-2}, x_1, x_0$,并令

$$
\begin{cases}
x_{n-1} = b_{n-1} s^{-1} x_n \\
x_{n-2} = b_{n-2} s^{-2} x_n \\
\qquad \vdots \\
x_1 = b_1 s^{-n+1} x_n \\
x_0 = b_0 s^{-n} x_n
\end{cases}
\tag{2.38}
$$

则式(2.37)可写为

$$
\begin{aligned}
x_n = I_i (a_n + a_{n-1} s^{-1} + a_{n-2} s^{-2} + \cdots + a_1 s^{-n+1} + a_0 s^{-n}) \\
- x_{n-1} - x_{n-2} - \cdots - x_1 - x_0
\end{aligned}
\tag{2.39}
$$

式中,$x_{n-1}, x_{n-2}, x_1, x_0$ 分别表示对 x_n 积分一次、二次、$\cdots$、$n-1$ 次和 n 次,并乘以加权系数 $b_{n-1}, b_{n-2}, \cdots, b_1, b_0$ 之后获得的变量。

式(2.39)可以用信号流图表示为如图 2.12 和图 2.13 两种结构形式[7-20],其中,I_i 和 I_o 分别为输入和输出电流,$1/s$ 为积分器,a_n 为网络的前馈系数,b_n 为网络的反馈系数。图 2.12 为连续域跟随领先节反馈结构(follow-the-leader-feedback,FLF),图 2.12(b)为图 2.12(a)的变形;图 2.13 为连续域反向跟随领先节反馈结构(inverse-follow-the-leader-feedback,IFLF),图 2.13(b)为图 2.13(a)的变形。同时,图 2.12(b)和图 2.13(a)对应为输入分配类型,图 2.12(a)和图 2.13(b)对应为输出求和类型。

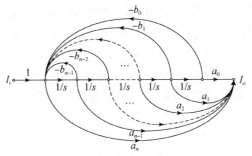

(a)标准FLF结构信号流图

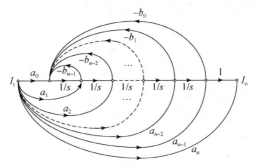

(b)FLF结构信号流图变形

图 2.12　多环反馈 FLF 结构信号流图

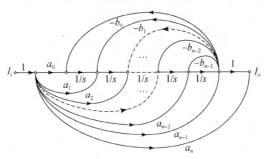

(a)标准IFLF结构信号流图

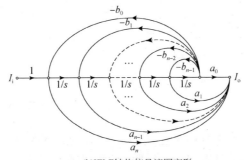

(b)IFLF结构信号流图变形

图 2.13　多环反馈 IFLF 结构信号流图

　　由图 2.12 和图 2.13 所示的多环反馈拓扑结构可以看出,只要选择合适的积分器替代其中的 $1/s$,则这两种结构可以实现任意类型的小波逼近函数。同时,为了满足实际实现时的需求,还可以对上述结构进行改进,如采用通用积分器 $1/(\tau s)$ 替换 $1/s$,其改进的标准 FLF 和 IFLF 结构信号流图分别如图 2.14 和图 2.15 所示。另外,开关电流电路是离散时间电路,属于模拟抽样数据信号处理系统,不能直接采用图中连续时间滤波器结构进行综合设计。因此,采用开关电流技术综合实现图中结构的小波滤波器必须通过 s 域与 z 域之间的变换($s \rightarrow 2(z-1)/T(z+1)$),将连续时间系统转换成离散时间系统。在实际中,离散时间系统采用差分方程描述,而 z 变换能够将时域差分方程变换成差分代数方程,达到简化运算过程的目的。

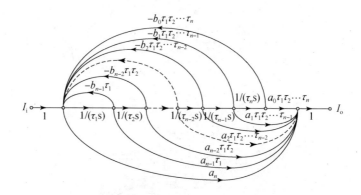

图 2.14　改进标准 FLF 结构信号流图

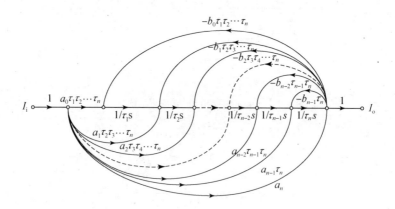

图 2.15　改进标准 IFLF 结构信号流图

　　对于小波变换实现中的频域法,因为将其转化成了冲激响应为小波逼近函数及其膨胀函数的带通滤波器组设计问题,所以,小波滤波器的频域特性成为最紧要的问题。具体对开关电流小波滤波器的综合,将 s 域传输函数转换为 z 域传输函数必须同时满足两个基本条件[21]：

（1）稳定性条件。s 域传输函数与 z 域传输函数的转换过程中要维持稳定性不变。s 域的小波有理逼近函数稳定性条件是其极点分别在 s 平面的左半部分；z 域传输函数的稳定性条件是其极点分别在单位圆内，因此，需要将 s 域的左半平面映射到 z 平面的单位圆内。

（2）增益特性不变条件。小波滤波器的性能描述中关键的一点是其冲激响应与原小波函数很接近，这样才能保证模拟小波变换电路与原小波变换的结果高度一致。因此，在 s 域与 z 域的变换中需要保持增益特性不变，即要实现 s 域的虚轴完全映射到 z 域的单位圆上。

s 域与 z 域之间的变换方法有多种，其中，最基本、最简单的方法为标准 z 变换，即

$$z = e^{sT_c} \tag{2.40}$$

令 $s = \sigma + j\omega$，$z = re^{j\theta}$，则式（2.40）可改写为

$$z = re^{j\theta} = e^{sT_c} = e^{(\sigma + j\omega)T_c} = e^{\sigma T_c} e^{j\omega T_c} \tag{2.41}$$

z 的模和幅角分别表示为

$$\begin{cases} |z| = r = e^{\sigma T_c} \\ \angle z = \theta = \omega T_c \end{cases} \tag{2.42}$$

式中，T_c 为采样周期。图 2.16 显示出了标准 z 变换的 s 域到 z 域的映射关系。其中，s 域中与实轴平行、高度为 $2\pi/T_c$ 的横带映射至 z 域单位圆内。s 域的横带高度每增加一个 2π，z 域的单位圆即被覆盖一次。很显然，标准 z 变换满足开关电流小波滤波器综合的两个条件。但是，s 域与 z 域之间存在指数关系，通过变换后获得的 z 域小波逼近函数是不能直接通过开关电流滤波器电路综合实现的。因此，在实际电路综合中，标准 z 变换不具实用价值。

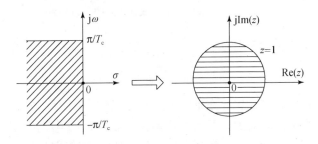

图 2.16　标准 z 变换的 s 域到 z 域的映射关系

s 域到 z 域的变换中的另一大类方法为近似法，即欧拉近似变换法。欧拉近似属于数值积分技术，将连续时间系统的微分用有限差分逼近，从而将微分方程转变成差分方程，获得 s 与 z 之间的变换关系。目前，常用的近似变换法有四种：前向

差分变换、后向差分变换、无损离散积分变换和双线性变换[6,21,22]。

前向差分变换的关系式为

$$s=\frac{z-1}{T_c} \tag{2.43}$$

将 $s=\sigma+j\omega$ 代入式(2.40)中得

$$z=1+sT_c=(1+\sigma T)+j\omega T_c \tag{2.44}$$

由于 s 域的左半平面有 $\sigma<0$，则 z 域有 $\mathrm{Re}(z)=1+\sigma T_c<1$，其关系表明 s 域的左半平面映射到 z 域实部为 1 的垂线左面；s 域的虚轴可表达为 $s=j\omega$，则有 $z=1+j\omega$，表明 s 域的虚轴映射到 z 域实部为 1 的垂线上，此种映射关系的离散化效果如图 2.17(a)所示。显而易见，该种变换方式不满足条件(1)和(2)，属于不完善变换。

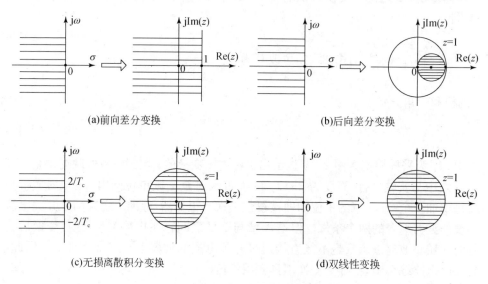

(a)前向差分变换　　　　　　　　　　　(b)后向差分变换

(c)无损离散积分变换　　　　　　　　　(d)双线性变换

图 2.17　近似变换的 s 域到 z 域的映射关系

后向差分变换的关系式为

$$s=\frac{1-z^{-1}}{T_c} \tag{2.45}$$

同样进行上述分析可知，s 域的虚轴映射到 z 域以(0.5,0)为圆心、0.5 为半径的圆周上；s 域的左半平面映射到 z 域的偏心圆周内，此种映射关系的离散化效果如图 2.17(b)所示。由此可见，后向差分变换满足条件(1)而不满足条件(2)。但值得注意的是，在很小的 $\Delta\theta$ 范围内，$\theta=\omega T_c\ll1$，即当工作频率远远小于采样频率时，两个条件都满足。

无损离散积分变换的映射关系式为

$$s=\frac{z^{1/2}-z^{-1/2}}{T_c} \tag{2.46}$$

该种映射关系的离散化效果如图 2.17(c)所示。分析可知,s 域的左半平面映射到 z 域的单位圆内,满足条件(1);z 域的单位圆映射到 s 域虚轴的 $-2/T_c \leqslant \omega \leqslant 2/T_c$ 部分,看似不满足条件(2),当工作频率远小于采样频率时,事实上条件(2)也是满足的。因此,无损离散积分变换属于完善的 s 域与 z 域之间的变换方法。

双线性变换的映射关系式为

$$s = \frac{2}{T_c} \cdot \frac{1-z^{-1}}{1+z^{-1}} \tag{2.47}$$

该种映射关系的离散化效果如图 2.17(d)所示。通过分析可知,s 域的左半平面能够映射到 z 域的单位圆内;s 域的虚轴能够映射到 z 域的单位圆上,即既满足条件(1)也满足条件(2)。双线性变换属于最完善的 s 域与 z 域之间的变换方法,因此,双线性变换的应用最为普遍。

在实际应用中,s 域与 z 域之间的变换方法中除了前向差分变换法(易造成系统不稳定),并非都选用双线性变换方法,而是根据网络综合的特点和工作条件,灵活地选择变换方法,简化网络设计过程。

s 域与 z 域的变换中还需要考虑一个频率翘曲效应,这是由连续域和离散域频率之间存在的非线性关系引起的[21]。在离散时间滤波器设计中是以连续时间滤波器理论为基础的,即事先根据滤波器的设计要求,确定连续时间滤波器 s 域传递函数,再将该 s 域传递函数变成 z 域传递函数,然后进行电路综合。显然,如果需要获得较为精确的设计结果,消除变换过程中的非线性影响很有必要。其方法是对 s 域的频率特性进行预翘曲,即预先补偿频率非线性产生的畸变。但是,在工程实践中,为了简化设计过程,而且考虑到由于滤波器的工作频率往往远小于采样频率,此时的翘曲效应产生的畸变很小,因此可以忽略不计。

2.4　本章小结

本章针对小波变换的开关电流技术实现问题,对小波变换的基础理论、开关电流技术基础理论和模拟滤波器综合理论进行了阐述。首先,概括地介绍了小波变换的产生背景和小波变换的定义,分析了小波基函数的性质与分类以及小波基函数选择的基本依据,使之对小波变换有一个比较全面的了解。其次,对电流模开关电流技术的特点进行了简要介绍,着重对开关电流积分器一阶节、二阶节以及开关电流微分器一阶节、二阶节进行了分析,列出了积分器和微分器中晶体管参数的计算公式。同时,为了设计多环反馈模拟开关电流滤波器的需要,对第一代单输入多输出开关电流双线性积分器和第二代双输入多输出开关电流双线性积分器进行了分析,并给出了晶体管参数的求解公式。最后,对模拟滤波器设计理论进行了系统的概括与总结,分析了直接综合法、级联综合法和多环反馈综合法的特点及实现方法,其中,主要分析了级联综合法和多环反馈综合法的实现过程,为后续章节的开关电流小波变换电路实现打下了基础。

参 考 文 献

[1] 唐晓初. 小波分析及其应用[M]. 重庆：重庆大学出版社，2005.

[2] 王慧琴. 小波分析与应用[M]. 北京：北京邮电大学出版社，2011.

[3] 彭玉华. 小波变换与工程应用[M]. 北京：科学出版社，1999.

[4] Toumazou C，Hughes J B，Battersby N C. 开关电流-数字工艺的模拟技术[M]. 姚玉洁，刘激扬，刘素馨，等，译. 北京：高等教育出版社，1997.

[5] 赵玉山，周跃庆，王萍. 电流模式电子电路[M]. 天津：天津大学出版社，2001.

[6] 吴宁. 电网络分析与综合[M]. 北京：科学出版社，2003.

[7] Dostál T. All-pass filters in current mode[J]. Radioegineering，2005，14(3)：48-53.

[8] Dostál T. Filters with multi-loop feedback structure in current mode[J]. Radioegineering，2003，12(3)：1-6.

[9] Sun Y，Fidler J K. Current-mode OTA-C realization of arbitrary filter characteristics[J]. Electronics Letters，1996，32(13)：1181-1182.

[10] Sun Y，Fidler J K. Current-mode multiple-loop filters using dual-output OTA's and grounded capacitors[J]. International Journal of Circuit Theory and Application，1997，25(1)：69-80.

[11] Sun Y，Fidler J K. Some design methods of OTA-C and CCII-RC filters[C]. IEE Colloquium on Digital and Analogue Filters and Filtering Systems，1993：7/1-7/8.

[12] Sun Y，Fidler J K. Structure generation and design of multiple loop feedback OTA-ground capacitor filters[J]. IEEE Transactions on Circuits and Systems，1997，44(1)：1-11.

[13] Schaumann R，Ghausi M S，Laker K R. Design of Analog Filters：Passive，Active-RC，and Switched Capacitor[M]. Englewood Cliffs：Prentice-Hall，1990.

[14] Chiang D H，Schaumann R. Performance comparison of high-order IFLF and cascade analogue integrated lowpass filters[J]. IEE Proceedings：Circuits Devices Systems，2000，147(1)：19-27.

[15] Hasan M，Sun Y. Performance comparison of high-order IFLF and LF linear phase lowpass OTA-C filters with and without gain boost[J]. Analog Integrated Circuits and Signal Processing，2010，63(3)：451-463.

[16] Sun Y C，Fidler J K. OTA-C realization of general high-order transfer functions[J]. Electronics Letters，1993，29(12)：1057-1058.

[17] Sun Y C，Fidler J K. Synthesis and performance analysis of universal minimum component integrator-based IFLF OTA-grounded capacitor filter[J]. IEE Proceedings：Circuits，Devices and Systems，1996，143(2)：107-114.

[18] Li M，He Y G. Analog wavelet transform using multiple-loop feedback switched-current filters and simulated annealing algorithms[J]. International Journal of Electronics and Communications(AEÜ)，2014，68(5)：388-394.

[19] 李目，何怡刚. 基于开关电流双线性积分器的 IFLF 小波滤波器设计[J]. 电路与系统学报，

　　2013,18(2):191-195.

[20] Zhao W,Sun Y C,He Y. Minimum component high frequency G_m-C wavelet filters based on Maclaurin series and multiple loop feedback[J]. Electronics Letters,2010,46(1):34-36.

[21] 秦世才,高清运. 现代模拟集成电子学[M]. 北京:科学出版社,2003.

[22] 李目. 小波变换的开关电流技术实现与应用研究[D]. 长沙:湖南大学,2013.

第3章　小波变换的模拟滤波器综合理论

3.1　引　　言

小波分析技术以良好的时频域局部分析能力被广泛地应用于信号处理领域，现已成为分析非平稳信号和瞬态信号最有力的工具[1-12]，是信号处理领域的前沿和热点课题。随着小波分析理论的快速发展和在工程领域应用的不断拓展，由于功耗高、体积大、实时性差等缺点，传统的采用通用计算机结合软件实现的小波变换方法已不能满足实际应用需求，限制了小波分析理论与技术在工程实际中的进一步应用。为了改变传统实现方法的不足，国内外学者开展了小波变换硬件的研究。目前，小波变换的硬件实现途径主要分为两种：数字硬件实现和模拟硬件实现。数字硬件主要采用数字信号处理器(DSP)或可编程逻辑器件(FPGA)来完成，由第 1 章内容可知，数字电路实现的小波变换不适应低压、低功耗、微型化和混合信号集成的应用需求，因此，小波变换的模拟实现技术研究受到了学术界的重视，而在模拟小波变换实现技术中，模拟滤波器实现小波变换已成为当前的主流设计方法。其中，开关电流滤波器的小波变换实现方法近期备受关注。因此，对小波变换的模拟滤波器实现原理、设计方案及其设计步骤进行系统的研究对模拟小波变换器件的研制具有重要的理论意义和应用价值，同时，也可为开关电流滤波器的研究提供理论基础。本章将简述小波变换的模拟滤波器实现原理、模拟小波变换的滤波器设计方案，重点介绍小波变换的模拟滤波器设计步骤，并对每个设计步骤的主要任务和关键点进行详细的分析，为后续章节中小波变换的模拟开关电流滤波器实现研究打下基础。

3.2　小波变换的模拟滤波器实现原理

随着滤波器技术的快速发展和日益成熟以及小波变换向低压、低功耗、高频高速发展的趋势，采用模拟滤波器实现小波变换成为当今学术界最流行的方法。因此，研究小波变换的模拟滤波器实现原理具有现实意义。由小波分析理论可知，小波基在频域具有带通特性，而且，小波基的平移与伸缩在频域中可以看成一组 Q 值恒定的带通滤波器。由此，人们会自然而然地联想到采用滤波器电路实现小波变换。

根据线性系统理论,考虑一线性时不变系统,假设系统输入信号为 $f(t)$,系统冲激响应为 $h(t)$,则信号通过该系统的输出为 $f(t)$ 与 $h(t)$ 的卷积,即

$$f(t) * h(t) = \int_{-\infty}^{\infty} f(\tau) h(t-\tau) \mathrm{d}\tau \tag{3.1}$$

由式(2.1)可知,对于输入信号 $f(t)$ 在给定的小波基 $\psi(t)$ 和尺度 a 下的小波变换为 $f(t)$ 与 $\psi(t)$ 的内积,即

$$\mathrm{WT}_f(a, \tau) = \langle f(t), \psi_{a,\tau}(t) \rangle = \int_{-\infty}^{\infty} f(\tau) \cdot \frac{1}{\sqrt{a}} \psi\left(\frac{\tau - t}{a}\right) \mathrm{d}\tau \tag{3.2}$$

对比式(3.1)和式(3.2)可以看出,在选择的尺度 a 下的模拟小波变换计算可通过设计一个线性滤波器系统来完成,其滤波器冲激响应满足:

$$h(t) = \frac{1}{\sqrt{a}} \psi\left(\frac{-t}{a}\right) \tag{3.3}$$

从网络函数的角度来看,线性滤波器的传递函数应满足:

$$H(s) = \frac{1}{\sqrt{a}} \int_{-\infty}^{\infty} \psi\left(\frac{-t}{a}\right) \cdot \mathrm{e}^{-st} \mathrm{d}t \tag{3.4}$$

小波变换具有多分辨率的特点,即具有多尺度特性。式(2.18)只是在尺度 a 下的线性滤波器系统输出,若要实现不同尺度 a_i 下的小波变换,则需要设计一组线性滤波器,其冲激响应满足:

$$h_{a_i}(t) = \frac{1}{\sqrt{a_i}} \psi\left(\frac{-t}{a_i}\right), \quad i \in \mathbf{Z} \tag{3.5}$$

则式(3.2)的小波变换定义可表示为

$$\mathrm{WT}_f(a, \tau) = f(t) * h_{a_i}(t) = f(t) \cdot H_{a_i}(s) \tag{3.6}$$

由上述分析可知,小波变换可以通过 $f(t)$ 与函数 $h_{a_i}(t)$ 的卷积来完成。但以传统的软件方法来计算该卷积时,由于计算量大,运算时间长,难以满足要求实时性强的实际应用。然而,对于不同尺度 a_i 下的小波变换 $\mathrm{WT}_f(a_i, \tau)$ 可看成信号 $f(t)$ 通过冲激响应为 $h_{a_i}(t) = (1/\sqrt{a_i})\psi(-t/a_i)$ 的一组滤波器(称为小波滤波器)后的响应。于是,小波变换的模拟滤波器实现问题就转化为设计冲激响应满足 $h_{a_i}(t)$ 的模拟小波滤波器组设计问题,从而为小波变换的实用化设计开辟了新途径。

3.3 小波变换的模拟滤波器设计方案

如何设计模拟滤波器实现小波变换成为接下来的关键问题。概括起来,多尺度小波变换的模拟滤波器实现大致可以分为四种设计方案,其相应设计方案和特点分别如下。

第一种方案是通过设计模拟小波滤波器组直接实现小波变换,其原理框图如图 3.1 所示。n 个尺度小波变换对应设计 n 个冲激响应为 $h_{a_i}(t) = (1/\sqrt{a_i})\psi(-t/a_i)$

的模拟小波滤波器,图中的各尺度小波滤波器以并联形式构成,因此,可以同时得到不同尺度下的小波变换结果。这种并行处理结构,其运算速度比较快,各小波滤波器之间的影响很小,不存在串扰,设计精度易于达到。但是,这种方案实现小波变换存在一个较明显的难题,即当小波变换的尺度划分得很细致时,所需小波滤波器的数目会相应增加,致使小波变换电路变得很复杂,电路的体积和功耗也随之增加。不同于软件实现小波变换,其尺度的增加或减少比较自由,而该方案中的模拟滤波器实现小波变换的尺度增减自由度相对较小。在实际小波变换芯片设计中,为了保证芯片的通用性,一般的做法是尽量多地设计模拟小波滤波器的个数以满足多尺度小波变换的需要。但是,事实上对一些小波变换并不需要那么多的尺度。例如,对某信号中奇异点的检测,通常只需要 6 个尺度的小波变换就能完成。总体来说,这种方案实现小波变换的实用性不强。

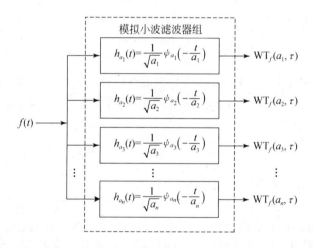

图 3.1　小波变换的模拟滤波器组直接实现框图

　　第二种方案是由单小波滤波器和尺度调节电路构成的系统实现小波变换,其原理框图如图 3.2 所示。该系统通过尺度调整电路调节单小波滤波器传递函数的尺度,使输出获得不同尺度的小波变换结果。这种方案最大的特点是在不扩大电

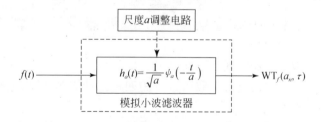

图 3.2　小波变换的尺度可调单模拟滤波器实现框图

路结构的情况下,可实现尺度在一定范围内连续可调。同时,电路的体积和功耗也比第一种方案要小得多。但是,不足之处也很明显,即每次系统只能输出一个尺度下的小波变换结果,需要几个尺度就重复几次,尺度电路需要频繁调节,效率相对较低。

　　第三种方案是结合了前两种方案的设计思想,采用小波滤波器组和时钟调整电路实现小波变换,其原理框图如图 3.3 所示。不同于第一种设计方案,该结构中的小波滤波器电路可以相同,只需要调整相应小波滤波器传递函数的尺度,输出即可得到不同尺度下的小波变换;不同于第二种方案,该结构中不同尺度下的小波变换是并行进行的,而第二种方案中的调整处理是串行的。因此,就目前来讲,这种方案是最行之有效的,特别是基于离散时间滤波器(包括 SC 滤波器和 SI 滤波器)设计实现小波变换,因为此类型滤波器的膨胀系数通过调节系统时钟频率即可精确实现。

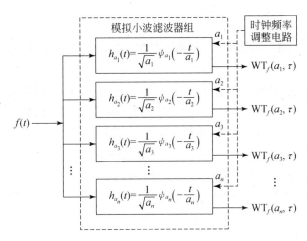

图 3.3　小波变换的时钟频率可调模拟滤波器组实现框图

　　第四种方案是在第三种方案的基础上,结合开关电流滤波器的特性提出的,其原理框图如图 3.4 所示,因为开关电流滤波器的膨胀系数不但可以通过调节电路时钟频率获得,同时也可以通过调整滤波器电路中晶体管的宽长比(W/L)得到。相比方案三,该方案不需要设计或外加可调时钟电路,而只需要改变电路自身参数即可获得不同尺度小波函数,因此,在电路整体设计方面要相对简单。但是,如果滤波器电路结构比较复杂,相应调整的晶体管参数较多,操作过程也就变得烦琐。

　　当然,这四种方案还有一个共同的缺陷,就是系统只能完成某个特定小波基函数的小波变换,不能任意选择实现小波基函数,这点不如时域法实现小波变换中通过小波函数发生器可产生不同的小波函数。所以,对应设计出的小波变换芯片具有专用性,这也是目前模拟滤波器实现小波变换的不足之处。

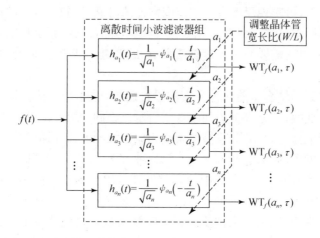

图 3.4　小波变换的晶体管宽长比可调离散时间滤波器组实现框图

3.4　小波变换的模拟滤波器实现步骤

由模拟滤波器实现小波变换(简称模拟小波变换)的原理可知,其核心问题是设计冲激响应为小波基函数(或小波逼近函数)的模拟小波滤波器。从电网络理论角度来分析,就相当于给定了网络的激励与响应之间的关系特性,需要确定相应的网络结构和参数,即网络综合。众所周知,对于网络综合问题,往往可以得到多个满足响应特性的解,因此,常常有多种不同的方法和步骤。对于模拟小波变换实现问题,网络综合的关键是解决小波基函数的逼近(即小波逼近)和模拟小波滤波器设计(包括小波滤波器结构设计和小波滤波器电路设计)问题。以这两个关键点为中心,归纳模拟小波变换的实现步骤如下。

第 1 步:分析系统设计要求和确定技术指标

面向实际问题,研究小波分析和处理对象的特点,分析系统的设计要求和确定技术指标。从全局的角度,首先,确定小波基函数的选型;然后,选择小波函数逼近方法和模拟小波滤波器的类型、结构及基本电路单元;最后,考虑系统的验证、测试与评价方法等。同时,分配达到系统预定指标时要求各部分的技术参数。总之,这一步是总体上把握系统设计的精度、功耗、体积、灵敏度、中心频率、动态范围和电源电压以及小波变换的尺度数量等问题,起到"统筹"和"规划"的作用,保证系统设计完成时达到预期目标。

第 2 步:小波基函数的选择

小波分析应用中,小波基函数的选择是一个非常关键的问题,因为不同的小波基函数分析同一信号时能够产生不同的结果,所以,它直接决定了小波分析的结果和效率。现如今,判断小波基好坏的标准是小波分析处理信号后的结果与理论值之间的误差大小,以此标准选定合适的小波基。现系统地概括出其选择标准如下[13]:

(1)连续小波基函数的有效支撑区间大小。连续小波基函数的衰减是发生在有效支撑区间外,有效支撑区间的大小决定了该小波基的时频分辨率。区间越大,频率分辨率越高;区间越小,时间分辨率越高。

(2)小波基函数的对称性。在图像的小波分析处理中,对称小波基可以有效地避免相位畸变。

(3)刻画小波基光滑程度的正则性。小波基的正则性主要影响小波系数重构后的稳定性,例如,正则性好的小波在信号的重构中能够得到很好的平滑效果。

(4)与被分析信号的相似性。小波系数的大小一定程度上反映了小波基与被分析信号之间的相似程度,基于此原理,选择与被分析信号相似度高的小波基可以获得比较好的分析结果。

(5)根据是否需要获取相位信息选择实小波或复小波。

目前,国内外学者已经构造了许多性能优良的小波基函数,它们被广泛地应用于工程实际。例如,常见的实小波有 Daubechies 小波、高斯小波系(包括高斯一阶导数小波(简写为 gaus1))、Marr 小波(高斯二阶导数小波)和 Morlet 小波等。其中,Daubechies (简写为 dbN)小波是一个小波系列,除了 Harr (db1)小波,其他的小波都没有显示解析式。该小波的显著特点是,属于紧支撑正交小波但不具有对称性,在离散小波分析中应用广泛。

高斯小波通常泛指高斯小波系,它是由高斯函数 $f(x)=C_p \mathrm{e}^{-x^2}$ 派生出来的一系列小波,如前面提到的高斯一阶导数小波、Marr 小波。通式可表示成高斯密度函数的微分:

$$\psi_p(t)=C_p \cdot \frac{\mathrm{d}^p(\mathrm{e}^{-t^2})}{\mathrm{d}t^p} \tag{3.7}$$

式中,p 为导数阶数;常数 C_p 的作用是使 $\| f^{(p)} \|^2 = 1$。高斯小波是非正交与双正交小波,没有尺度函数。式(3.8)和式(3.9)分别给出了高斯一阶导数小波和 Marr 小波的常见表达式:

$$\psi_{\mathrm{gaus1}}(t)=-2\left(\frac{2}{\pi}\right)^{1/4} t\mathrm{e}^{-t^2} \tag{3.8}$$

$$\psi_{\mathrm{Marr}}(t)=\frac{2}{\sqrt{3}}\pi^{-1/4}(1-t^2)\mathrm{e}^{-t^2/2} \tag{3.9}$$

Morlet 小波是高斯包络下的单频率复正弦函数,由于它在时、频域都有比较好的局部性,所以使用比较广泛。其表达式为

$$\psi_{\mathrm{Morlet}}(t)=C\mathrm{e}^{-t^2/2}\cos(5\sqrt{2}\,t) \tag{3.10}$$

式中,C 是小波系数重构时的归一化常数。以上对应的实小波函数如图 3.5 所示。

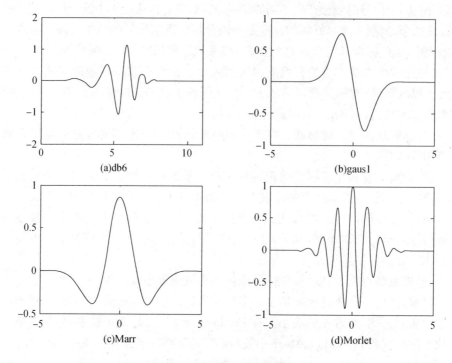

图 3.5　常见的实小波函数

　　另外,在实际信号处理应用中,通常除了获得幅度信息,还需要得到相位信息,因为在某些信号的变换中,相位信息更能够反映信号的特征。所以,复小波变换受到了人们的重视而备受青睐。常见的复小波有复 Gabor 小波、复高斯小波、复 Morlet 小波、复 B 样条小波和复 Shannon 小波等。现以复 Gabor 小波为例来描述复小波。复 Gabor 小波是以复高斯函数为基本函数,定义式为

$$\psi_{CGabor}(t) = Ce^{-j\omega t}e^{-t^2} = C\cos(\omega t)e^{-t^2} - jC\sin(\omega t)e^{-t^2} \tag{3.11}$$

式中,$e^{-j\omega t}e^{-t^2}$ 为复高斯函数;C 为归一化常数。通过复 Gabor 小波还可以推导出复高斯小波、复 Morlet 小波等。复小波在瞬变信号检测中相比实小波能够提供更多详细的信息,而且,在信号的复小波变换中以模和相位形式表现,而不是以实部和虚部来表示,通过模极大值和相位跨越点定位瞬态变化点。复 Gabor 小波($\omega=2$)的实部、虚部及模和相位如图 3.6 所示。

　　第 3 步:小波基函数的反褶与时延

　　由小波变换的模拟滤波器实现原理可知,模拟小波变换实现的核心工作是设计冲激响应为 $h_i(t)$ 的模拟带通小波滤波器组。其中,$h_i(t)$ 可表示为

$$h_i(t) = \frac{1}{\sqrt{a_i}}\psi\left(-\frac{t}{a_i}\right), \quad i \in \mathbf{Z} \tag{3.12}$$

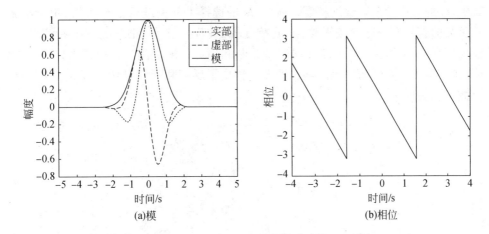

(a)模　　　　　　　　　　　　　(b)相位

图 3.6　复 Gabor 小波的模和相位

由式(3.12)可知,首先需要获得时反(time-inversed)小波基函数 $\psi(-t)$(类似于信号的翻转)。操作过程比较简单,将小波基函数 $\psi(t)$ 进行反褶运算即可获得 $\psi(-t)$。对于实际小波基函数,如果小波基是偶函数即关于 $t=0$ 对称,则小波基的反褶函数是其本身;若为非对称的,则 $\psi(t)$ 和 $\psi(-t)$ 关于 y 轴对称。上述推理是严格按照小波变换的定义式得出的,事实上,并不一定需要求小波基函数的反褶过程,因为某尺度的小波变换可以看成信号通过冲激响应为 $h_a(t)$ 滤波器后的响应,从信号与系统的角度分析,小波变换可以看成信号与小波基函数 $\psi(t)$($\psi(t)=h_a(t)$)的卷积,所以,小波变换的表达式也可写为

$$\mathrm{WT}_f(a,\tau)=f(t)*h_a(t)=\int_{-\infty}^{\infty}f(\tau)\cdot\frac{1}{a}\psi\left(\frac{t-\tau}{a}\right)\mathrm{d}\tau=f(\tau)*\frac{1}{a}\psi\left(\frac{\tau}{a}\right)$$

$$(3.13)$$

式中,$1/a$ 为归一化因子。由式(3.13)可以看出,尺度 a 下的小波变换可通过设计冲激响应为 $(1/a)\psi(t/a)$ 的模拟小波滤波器实现。同样是完成小波变换,此时的小波基函数就不需要进行反褶运算。

　　根据电网络理论可知[14],只有严格因果系统才可以电路综合实现。对应到冲激响应为小波基函数的系统中,即信号 $f(t)$ 和冲激响应 $h_a(t)=(1/\sqrt{a})\psi(-t/a)$ 在 $t<0$ 时都为零。然而,大多数小波基函数不具有这种性质,其为非因果函数。为了设计因果可综合的模拟小波滤波器实现小波变换,需要对小波基函数进行时延(time-shifted),即 $\tilde{\psi}(t)=\psi(t_0-t)$(类似于信号的平移),其中 t_0 为时延量。因为小波基函数在时域都具有紧支集或近似紧支集,所以能够找到合适的 t_0 在 $t<0$ 时有 $\tilde{\psi}(t)\approx0$。又由于小波滤波器的传递函数通常是非有理的,这样的滤波器也不能直接用电路综合实现,必须采用逼近方法使小波滤波器的冲激响应 $h(t)\approx\tilde{\psi}(t)$。

其中,t_0 的大小会影响逼近精度。所以,t_0 的选择十分关键。若 t_0 太大,由于小波基函数的起始部分通常较平缓,逼近精度较低;若 t_0 太小,小波能量截断较多,可能导致积分不为零,所以,需要在能量截断和逼近精度之间进行权衡考虑 t_0 的取值,将在第 4 章具体研究该问题。图 3.7 给出了反褶和不同时延 t_0 下的高斯一阶导数小波波形。

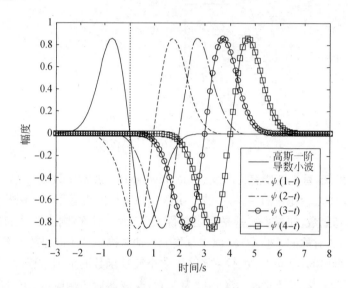

图 3.7　反褶和不同时延 t_0 下的高斯一阶导数小波

第 4 步:小波基函数的逼近

众所周知,模拟滤波器通常采用有限阶时域线性微分方程或者频域有理传递函数来描述。因此,设计模拟小波滤波器首先需要推导相应的微分方程,然而,冲激响应为小波基函数的线性微分方程不一定存在,所以,必须通过合适的逼近方法获得可综合实现的时域或频域小波逼近函数,即实现

$$h(t) \approx \widetilde{\psi}(t) \tag{3.14}$$

其拉普拉斯变换后的有理多项式形式为

$$H(s) = \frac{B_m s^m + B_{m-1} s^{m-1} + \cdots + B_1 s + B_0}{s^n + A_{n-1} s^{n-1} + \cdots + A_1 s + A_0}, \quad n > m, A_n = 1 \tag{3.15}$$

则信号 $f(t)$ 通过冲激响应为 $h(t)$ 的滤波器的响应可表示为

$$f(t) * h(t) \approx f(t) * \widetilde{\psi}(t) \tag{3.16}$$

由式(3.16)可知,采用模拟滤波器实现小波变换只是近似计算结果,其误差由 $h(t)$ 和 $\psi(t_0 - t)$ 之间的逼近精度决定。为了评价两者之间的逼近质量,采用均方误差(MSE)进行描述:

$$\| \tilde{\psi}(t) - h(t) \|^2 = \int_{-\infty}^{\infty} (\tilde{\psi}(t) - h(t))^2 \, dt \tag{3.17}$$

式(3.17)的频域形式为

$$\| \tilde{\psi}(t) - h(t) \|^2 = \frac{1}{2\pi} \int_{-\infty}^{\infty} |\tilde{\psi}(j\omega) - H(j\omega)|^2 \, d\omega, \quad s = j\omega \tag{3.18}$$

由于 $h(t)$ 是因果函数,则式(3.18)也可以写为

$$\| \tilde{\psi}(t) - h(t) \|^2 = \int_{-\infty}^{0} (\tilde{\psi}(t))^2 \, dt + \int_{0}^{\infty} (\tilde{\psi}(t) - h(t))^2 \, dt$$

$$= \vartheta_{\psi,t_0} + \int_{0}^{\infty} (\tilde{\psi}(t) - h(t))^2 \, dt \tag{3.19}$$

而且,由式(3.19)可以看出, ϑ_{ψ,t_0} 与 $h(t)$ 无关,因此,只要选择了合适的 t_0,其均方误差就等于后一项。

与此同时,一个新问题也随之出现,即如何判断通过逼近小波基函数构建模拟小波滤波器实现的近似小波变换是可行的或者说性能是良好的? 针对该判定问题,给出如下定理,可作为通过逼近方法获得的近似小波变换好坏和优劣的评判准则。

定理 3.1　任意尺度和位移的近似小波变换的误差 $|\mathrm{WT}(a,\tau) - \mathrm{WT}'(a,\tau)|$ 不大于输入信号 $f(t)$ 的能量 $E_{f(t)}$ 与小波基函数逼近的误差之间的乘积。

证明　令小波基函数的逼近误差为

$$\| \tilde{\psi}(t) - h(t) \| = \varepsilon \tag{3.20}$$

给定尺度为 a 和位移为 τ 的小波基函数为

$$\psi_{a,\tau}(t) = \frac{1}{\sqrt{a}} \psi\left(\frac{t-\tau}{a}\right) \tag{3.21}$$

则在尺度 a 和位移 τ 下的小波变换为

$$\mathrm{WT}(a,\tau) = \langle f(t), \psi_{a,\tau}(t) \rangle = \int_{-\infty}^{\infty} f(t) \cdot \psi_{a,\tau}(t) \, dt \tag{3.22}$$

相应的小波基函数逼近和近似小波变换为

$$\frac{1}{\sqrt{a}} \psi\left(\frac{t-\tau}{a}\right) \rightarrow \frac{1}{\sqrt{a}} \psi\left(t_0 - \frac{t-\tau}{a}\right) = \frac{1}{\sqrt{a}} \psi\left(\frac{-t + (\tau + at_0)}{a}\right) = \tilde{\psi}_{a,\tau}(t) \tag{3.23}$$

$$\mathrm{WT}'(a,\tau) = \langle f(t), \tilde{\psi}_{a,\tau}(t) \rangle = \int_{-\infty}^{\infty} f(t) \cdot \tilde{\psi}_{a,\tau}(t) \, dt \tag{3.24}$$

则小波变换与近似小波变换之间的误差为

$$|\mathrm{WT}(a,\tau) - \mathrm{WT}'(a,\tau)| = |\langle f(t), \psi_{a,\tau}(t) \rangle - \langle f(t), \tilde{\psi}_{a,\tau}(t) \rangle| \tag{3.25}$$

由内积的线性性质可得

$$|\mathrm{WT}(a,\tau) - \mathrm{WT}'(a,\tau)| = |\langle f(t), \psi_{a,\tau}(t) - \tilde{\psi}_{a,\tau}(t) \rangle| \tag{3.26}$$

利用柯西-施瓦茨(Cauchy-Schwarz)不等式可得式(3.26)的上限值为

$$|\mathrm{WT}(a,\tau)-\mathrm{WT}'(a,\tau)|\leqslant\parallel f(t)\parallel\cdot\parallel\psi_{a,\tau}(t)-\tilde{\psi}_{a,\tau}(t)\parallel$$

$$=\sqrt{E_{f(t)}}\cdot\varepsilon \tag{3.27}$$

证毕。

　　综合以上叙述可知,小波基函数逼近问题转化为寻求有效地逼近算法使 $\tilde{\psi}(t)$ 与 $h(t)$ 之间的均方误差达到最小。目前,国内外学者已在该方面取得了一些研究成果,先后提出了频域 Padé 逼近方法和时域 L_2 逼近方法并成功地运用于模拟小波变换实现,但基于智能优化算法的逼近方法研究还比较少,是未来小波基函数逼近的主要发展方向,也是第 4 章中重点研究的内容之一。

　　小波基函数的逼近问题研究中,一方面为了提高逼近精度,要求采用高阶有理函数逼近小波基;另一方面为了减小模拟小波变换电路的功耗和体积,尽量采用低阶函数逼近,使电路结构简单。这两个方面是相互矛盾的,因为高阶有理传递函数需要采用高阶模拟滤波器来实现,系统的结构就变得复杂,体积和功耗也相应增加;而采用低阶有理函数逼近小波基,逼近精度又达不到要求,影响系统的整体性能,因此,在实际应用中,需要对这两个方面进行均衡考虑,在提高小波基逼近精度的同时兼顾模拟滤波器结构的复杂度。

　　第 5 步:模拟小波滤波器结构设计

　　模拟小波变换的性能不但与小波基的逼近精度有关,而且还与小波滤波器的结构设计有关。由系统综合理论可知,一个动态系统的状态空间描述及对应的拓扑结构不是唯一的,那么,系统综合的自由度就比较大,设计者可以采用不同的结构和电路实现系统。模拟小波滤波器结构设计的总体目标是要求设计出的滤波器具有灵敏度低、动态范围大和电路复杂程度小的特点。在目前小波变换的模拟滤波器实现中,连续时间滤波器的结构设计类型比较丰富,串联、并联、梯形和多环反馈结构的小波滤波器均有报道。然而,离散时间滤波器特别是开关电流滤波器设计实现小波变换中,滤波器的结构设计类型相对比较少,而且主要集中在串联和并联结构,这些级联结构的滤波器设计比较简单、调谐和调试也很方便,但是滤波器在灵敏度和动态范围等方面性能表现不尽如人意。所以,多环反馈结构的开关电流小波滤波器设计是新的发展方向,也是提高开关电流小波变换电路性能的一种新途径。

　　第 6 步:模拟小波滤波器电路设计

　　模拟小波滤波器电路设计的核心任务是电路基本结构单元的设计与选择。由滤波器综合理论可知,一个 n 阶线性微分方程描述的滤波器能够利用 n 个相互连接的积分器或者微分器作为基本结构单元来实现。不同的积分器或者微分器搭建的滤波器呈现不同的电路性能。因此,高性能积分器或微分器的设计与选择对于模拟小波变换实现有着至关重要的作用。纵观现有的模拟小波滤波器设计中,绝大部分都是以积分器为基本结构单元,例如,在连续时间小波滤波器设计中,采用 OTA-C 积分器、Log-domain 积分器等;在离散时间小波滤波器设计中主要使用的积分器为开关电容积分器和开关电流积分器。然而,相应微分器的应用比较少,相关的性能研究也很少见到。事实上,微分器在稳定性和噪声抑制性等方面表现得比积分器更出色。此外,开关电流双线性积分器可以在输出端通过添加电流镜实现互补输出,非常适合于多环反馈结构滤波器的设计。总体来说,电路基本结构单元的设计和选择的总原则是该单元具有好的频率特性、稳定性和噪声抑制特性等,并能够使电路结构简单,易于实现。

第 7 步:小波变换电路实现、测试与验证

根据 3.3 节中提出的模拟小波变换的滤波器实现方案,选择其中最符合要求的方案,结合 3.4 节提出的设计步骤,采用合适的模拟滤波器实现小波变换。在面向工程实践的系统设计中,系统的测试与验证是必不可少的环节。模拟小波变换电路测试的目的可概括为两个方面:①通过电路测试检验设计的正确性,取得电路的某些性能参数,同时,也可以通过测试获知电路中存在的缺陷;②测试电路获得的信息可以指导和完善电路设计,进一步提高电路性能。将测试完成的模拟小波变换电路应用于工程实际,分析实验结果,验证其在实际中的使用情况。完成相应测试与验证后的小波变换电路就可以进行开发和生产,并投放市场,满足工程应用需求。

上述模拟小波滤波器的设计步骤可以概括为如图 3.8 所示的原理框图[15]。由图 3.8 可知,小波基函数的逼近分为两种情况,一种为因果小波基,该类型小波基不需要逼近即可直接电路实现,第 6 章将单独介绍该方法;另一种为非因果小波基,需要经过反褶与时延后进行逼近并实现。另外,状态空间描述分为连续域和离散域两种,分别采用连续时间滤波器和离散时间滤波器实现。目前,就这两种滤波器设计实现小波变换,基于连续时间滤波器的研究相对较多,尤以非线性映射关系的连续时间滤波器设计最多;基于离散时间滤波器设计实现小波变换中,采用电压模式开关电容滤波器的研究出现较早,研究成果也较多。相比而言,采用电流模式开关电流滤波器的研究涉及较少。随着电流模集成电路设计的兴起和发展,开关电流滤波器成为近年来低压、低功耗电流模集成滤波器中的重要研究方向,也是近来模拟小波变换电路设计的研究热点。后续章节将以该设计步骤为基础,研究基于开关电流技术的小波变换实现与应用问题。

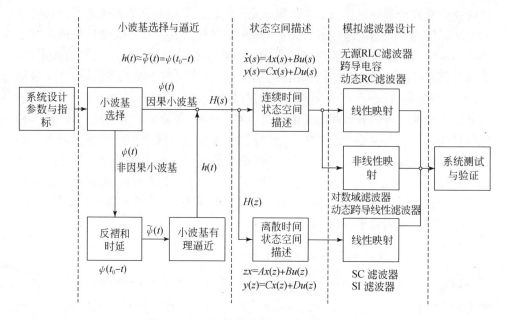

图 3.8　小波变换的模拟滤波器实现总框图

3.5　本章小结

本章首先从小波变换的定义出发,结合线性系统的特性阐述了小波变换的模拟滤波器实现原理和模拟小波变换实现的核心任务;然后,以小波变换的模拟滤波器实现原理为基础,分析了模拟滤波器实现小波变换的主要设计方案以及各种方案的优缺点;最后,依据小波变换的模拟滤波器实现方案,详细地归纳和总结了模拟滤波器设计实现小波变换的通用步骤,并证明了判别模拟小波变换优劣的定理,为模拟小波变换电路综合提供了系统的设计方法和步骤,同时,也为其他模拟滤波器的设计研究提供了参考。

参 考 文 献

[1] Fernandes F C A, van Spaendonck R L C, Burrus C S. Multidimensional, mapping-based complex wavelet transforms[J]. IEEE Transactions on Image Processing, 2005, 14(1): 110-124.

[2] Tang Y Y, Yang L H, Liu J M. Characterization of dirac-structure edges with wavelet transform[J]. IEEE Transactions on Systems, Man, and Cybernetics, 2000, 30(1): 93-109.

[3] Bhatnagar G, Wu Q M J, Raman B. A new fractional random wavelet transform for fingerprint security[J]. IEEE Transactions on Systems, Man and Cybernetics, 2012,

42(1):262-275.

[4] Strickland R N,Hahn H I. Wavelet transform methods for object detection and recovery[J].
IEEE Transactions on Image Processing,1997,6(5):724-735.

[5] Banerjee S,Mitra M. Application of cross wavelet transform for ECG pattern analysis and
classification[J]. IEEE Transactions on Instrumentation and Measurement,2014,63(2):
326-333.

[6] Mallat S. A Wavelet Tour of Signal Processing[M]. New York:Academic Press,1999.

[7] Chuang L Z H,Wu L C. Study of wave group velocity estimation from inhomogeneous sea-
surface image sequences by spatiotemporal continuous wavelet transform[J]. IEEE Journal of
Oceanic Engineering,2014,39(3):444-457.

[8] Yang Y,Su Z,Sun L. Medical image enhancement algorithm based on wavelet transform[J].
Electronics Letters,2010,46(2):120,121.

[9] Gao R X,Yan R Q. Wavelets:Theory and Applications for Manufacturing [M]. Berlin:
Springer-Verlag,1999.

[10] Strang G,Nguyen T. Wavelets and Filter Banks[M]. Wellesley:Wellesley-Cambridge Press,1996.

[11] Daubechies I. Ten Lectures on Wavelets[M]. Philadelphia:SIAM,1992.

[12] Rioul O,Vetterli M. Wavelets and signal processing[J]. IEEE Signal Processing Magazine,
1991,8(4):14-38.

[13] 王慧琴. 小波分析与应用[M]. 北京:北京邮电大学出版社,2011.

[14] 吴宁. 电网络分析与综合[M]. 北京:科学出版社,2002.

[15] 李目. 小波变换的开关电流技术实现与应用研究[D]. 长沙:湖南大学,2013.

第 4 章　小波函数的时域逼近

4.1　引　　言

　　根据第 3 章小波变换的模拟滤波器实现原理可知,模拟小波变换实现的核心任务是构建冲激响应为小波函数及膨胀函数的带通小波滤波器组,而模拟小波滤波器设计的首要任务是获得相应滤波器的有理传递函数。然而,小波基函数通常是非因果的,由系统理论可知,这样的系统是不能直接采用电路综合实现的。因此,需要通过逼近方法获得可综合实现的滤波器传递函数。函数逼近问题本身是一个单纯的数学问题,相关方面的研究比较深入,逼近算法也比较多。但这里还涉及系统的实现问题,即不但要求逼近函数为有理分式,而且要求所有极点都在复平面的左半平面(即系统满足稳定条件),所以该逼近问题也就变得复杂。对于有显式解析式的小波函数,可采用函数逼近方法获得有理传递函数;对于没有显式解析式的小波函数(如 Daubechies 小波),就需要构造小波通用逼近函数并采用逼近算法求取其系数,类似于有约束条件的函数拟合,再通过拉普拉斯变换求得相应的传递函数。

　　目前,小波函数的逼近研究在时域和频域开展。频域逼近法可以直接获得频域传递函数,在实际应用中较方便,但方法较少;时域逼近法可参考的算法比较多,获得逼近函数后再进行拉普拉斯变换得到频域函数。文献[1]和[2]提出了基于 Padé 逼近的小波函数频域逼近方法,通过对小波频域函数进行 Padé 变换获得频域有理分式。该方法计算较为简单,是当前频域逼近中应用最广泛的方法。但存在以下不足:Padé 逼近法中的最优逼近点难以确定,逼近点选择不恰当会导致逼近精度差或系统不稳定;有理分式的分子和分母多项式阶次难以选择,不合适的阶次选择可能得到一个不稳定的系统;Padé 逼近法只能在频域进行,且不能保证时域和频域同时具有良好的逼近精度。针对 Padé 频域逼近法的不足,文献[3]~[6]提出了一种直接针对小波时域函数的 L_2 逼近法。该方法避免了 Padé 逼近法存在的诸多不足,可以获得逼近精度比较高的时域小波逼近函数并求得相应频域的传递函数。但该方法中采用的最小二乘法属于局部最优算法,目标函数收敛受初始值选择的影响较大,易陷入局部最优,因此,在算法逼近开始时需要进行前期复杂的初始值选择过程。

　　为了有效地克服上述方法的不足,同时丰富和发展小波函数的逼近方法,本章针对时域小波函数提出两种逼近方法,即实小波的傅里叶级数逼近法和基于智能进化算法的实、复小波函数时域通用逼近方法,并对提出的小波函数逼近方法进行数学建模与分析,给出所提方法的求解步骤和过程。为了具体地说明这些方法的逼近过程及性能,本章以实高斯小波、复 Morlet 小波为例给出时域逼近方法的实际操作过程,并分别对所提方法进行仿真研究。实验结果分析表明,提出的基于傅里叶级数和智能优化算法的时域逼近方法能够获得良好的小波逼近函数,能为小波滤波器的设计奠定基础。

4.2　小波函数逼近理论

小波变换的模拟滤波器实现本质上属于网络综合问题,即已知系统的脉冲响应为小波函数及其膨胀函数,设计相应模拟滤波器的结构和参数。由电网络理论[7]可知,网络综合本身包含两个方面的内容:一方面是依据给定条件,采用数学方法建立网络的数学模型,即获得可综合实现的网络传递函数,但是许多实际设计问题中,网络传递函数的特性要求并非都以有理函数形式给出,所以需要采用有理函数来逼近其特性,该过程称为逼近;另一方面是以数学模型为基础,采用合适的电路结构和元件参数建立物理网络,该过程称为实现。无论逼近还是实现,都有各种不同的方法,存在多种不同的解,这也是网络综合方法“百花齐放”的原因。

函数逼近是函数论的重要组成部分,也是其最活跃的分支之一。函数逼近的目的是寻求未知的简单函数近似替代已知的复杂函数,或者是构造一个满足要求的函数拟合已知函数值[8]。经典的逼近方法有插值法、一致逼近法、平方逼近法、样条逼近法、线性与非线性逼近法等。随着函数逼近论的不断发展,它正从过去的单一分析数学分支发展成为多学科交叉、紧密结合的综合性数学分支。特别是伴随着计算机技术和人工智能技术的飞速发展,给函数逼近理论与方法研究注入了新的血液,使历史悠久的数学问题焕发新活力。

从数学学科的角度来看,小波函数逼近是计算数学中的近似替换问题,即找到合适的时域或频域函数逼近相应的时域或频域小波函数。由于数学上的函数逼近方法有很多,所以,理论上小波函数的逼近方法应该也有很多。然而,小波函数逼近只是小波变换的模拟滤波器实现中的一个环节,在这种情况下,小波函数逼近不只是单纯的数学问题,而是被赋予了工程实际背景,其逼近问题增加了诸多由于物理网络实现所产生的限制条件,即小波函数逼近既要满足数学意义上的特性又要满足物理意义上的特性。对于一个集总、线性、非时变的网络,其网络函数应该是复频率 s 的有理函数,对于无源网络,其转移函数的极点应在 s 平面的左半平面,其输入阻抗函数的零、极点都应在 s 平面的左半平面。在实际的设计问题中,对网络转移函数特性的要求并非都以有理函数给出,因此,采用可实现的有理函数特性是实现设计必不可少的环节。

网络综合有时域综合和频域综合两类。这两类问题不但有相似的表面形式，而且内在实质也存在联系。滤波器网络的特性可通过时域单位冲激响应和频域网络函数两种形式来描述。通常，网络冲激响应采用线性常微分方程来定义，求解该微分方程即可得到时域解。但是，对于复杂电路，直接求解微分方程是比较困难的，因此，常用的解决办法是采用积分变换，将已知的时域函数变换成频域函数，从而将时域微分方程转化为频域代数方程。通过求出频域解后再进行反变换得到对应原微分方程的时域解。这种求解方法不需要确定积分常数，因此简化了其求解过程。其中，拉普拉斯变换是一种最常用的积分变换方法，也是求解复杂网络最行之有效的重要方法。借助拉普拉斯变换，滤波器的网络函数可表示为分子多项式 $N(s)$ 与分母多项式 $D(s)$ 之比的实系数有理函数形式：

$$H(s) = \frac{N(s)}{D(s)} = \frac{B_m s^m + B_{m-1} s^{m-1} + \cdots + B_1 s + B_0}{A_n s^n + A_{n-1} s^{n-1} + \cdots + A_1 s + A_0} = \frac{\sum\limits_{i=0}^{m} B_i s^i}{\sum\limits_{j=0}^{n} A_j s^j} \quad (4.1)$$

一般情况下 $m \leqslant n$。由于网络函数的极点和零点分布与网络的暂态特性和稳态特性有密切关系，需要了解极点、零点的分布情况。现将式(4.1)中的分子、分母分别进行因式分解，得到网络函数的零点、极点表达形式为

$$H(s) = \frac{N(s)}{D(s)} = K_0 \frac{\prod\limits_{i=1}^{m} (s - z_i)}{\prod\limits_{j=1}^{n} (s - p_j)} \quad (4.2)$$

式中，$z_i (i = 1, 2, \cdots, m)$ 为 $N(s)$ 的根，当 $s = z_i$ 时 $H(s) = 0$，故 z_i 称为零点；$p_j (j = 1, 2, \cdots, n)$ 为 $D(s)$ 的根，当 $s = p_j$ 时 $H(s)$ 趋于无穷，故 p_j 称为极点；K_0 为比例因子。

设激励函数为单位冲激函数 $\delta(t)$，它所产生的零状态响应为冲激响应 $h(t)$，则有

$$\ell[h(t)] = H(s) \cdot \ell[\delta(t)] \quad (4.3)$$

因为有 $\ell[\delta(t)] = 1$，则有

$$H(s) = \ell[h(t)] \quad (4.4)$$

其拉普拉斯反变换可表示为

$$h(t) = \ell^{-1}[H(s)] \quad (4.5)$$

将式(4.5)右端中的 $H(s)$ 展开为部分分式，得

$$h(t) = \ell^{-1} \left[\sum_{k=1}^{n} \frac{A_k}{s - p_k} \right] = \sum_{k=1}^{n} A_k e^{p_k t} \quad (4.6)$$

式(4.6)中第 k 项系数 A_k 为

$$A_k = (s-p_k) H(s)|_{s=p_k} = K \frac{(p_k-z_1)(p_k-z_2)\cdots(p_k-z_m)}{(p_k-p_1)(p_k-p_2)\cdots(p_k-p_{k-1})(p_k-p_{k+1})\cdots(p_k-p_n)}$$

$$(4.7)$$

　　由式(4.6)可知,网络函数的每一个极点 $p_k(k=1,2,\cdots,n)$ 决定了相应冲激响应中的指数项,即决定了其时域波形。当 p_k 为负实数时,对应的冲激响应为指数衰减函数;若 p_k 与 p_{k+1} 为具有负实部的共轭复数对时,冲激响应中含有一个衰减振荡函数。如果网络函数中含有正实部的极点,则冲激响应中含有随时间而无限增长的函数,系统是不稳定的。考虑到系统的稳定性,要求网络函数 $H(s)$ 的极点必须位于复平面的左半平面,jω 轴上的极点也应为单极点。

　　函数逼近有频域和时域两种逼近方法。频域逼近的对象是网络函数 $H(s)$ 或 $H(j\omega)$。一般情况下 $H(j\omega)$ 都具有复数形式,而对于复函数的逼近仅对幅度或相位进行逼近,且逼近都在实数域中进行;时域表征网络函数的冲激响应是实函数,时域逼近等效为在频域中对实部与虚部、幅度与相位两部分同时进行逼近。因此,时域逼近更具普遍意义。时域响应和频域响应又是紧密相关的,两者之间的"纽带"是拉普拉斯变换。考虑某一系统, $f_1(t)$ 和 $f_2(t)$ 分别是该系统的输入和输出,在频域进行分析,则有

$$F_2(s) = F_1(s) \cdot H(s) \tag{4.8}$$

式中, $F_1(s)$ 和 $F_2(s)$ 分别为 $f_1(t)$ 和 $f_2(t)$ 的拉普拉斯变换; $H(s)$ 为网络函数。其系统框图如图 4.1(a)所示。如果在时域进行分析,则有

$$f_2(t) = f_1(t) * h(t) = \int_0^t f_1(\tau) \cdot h(t-\tau) d\tau$$
$$= \int_0^t f_1(t-\tau) \cdot h(\tau) d\tau \tag{4.9}$$

式中, $h(t)$ 为冲激响应。对应的系统框图如图 4.1(b)所示。

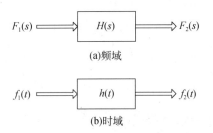

(a)频域

(b)时域

图 4.1　系统频域和时域处理框图

　　尽管网络函数可以在时域或频域进行逼近,即逼近的目标函数可以是 $h(t)$ 或 $H(s)$。然而,在网络物理实现时,总归要到频域进行。也就是说获得的逼近函数最终变为频域函数,这也是时域逼近比频域逼近多了拉普拉斯变换步骤的原因。

　　由小波分析理论可知,对信号进行小波变换处理时,往往都需要进行多分辨率

分析(又称多尺度分析),使之全面、清楚地认识被测信号。通常采用不同的尺度来实现,即小尺度上看细节,大尺度上看整体,多种尺度相结合实现既见"树木"又见"森林"。由小波变换的模拟滤波器实现原理可知,系统需要设计多尺度的小波滤波器实现小波变换。但事实上每个小波滤波器设计时并不需要分别逼近各尺度小波函数,它可以巧妙地利用拉普拉斯变换的尺度性质得到不同尺度的小波函数。因此,在实际应用中通常只逼近尺度 $a=1$ 的小波函数即可,从而有效地简化了逼近过程,减小了设计难度。

不同的逼近算法的逼近效果存在差异,为了定量地衡量各种算法的逼近效果并作为逼近算法选择的依据,引入逼近误差评判准则是很有必要的,特别是对于新逼近算法的研究是十分重要的。常用的逼近误差评判准则有绝对偏差准则、相对偏差准则、最小均方误差准则(MSE)、最小均方根误差准则(RMSE)和泰勒逼近准则等。

(1) 绝对偏差准则。逼近函数与被逼近函数的绝对偏差大小限制在某一给定常数 ε 内,即对所有 $t>0$ 有

$$|\tilde{\psi}(t)-h(t)| \leqslant \varepsilon \tag{4.10}$$

式中,$\tilde{\psi}(t)$ 为反褶、时延小波函数;$h(t)$ 为小波逼近函数。

(2) 相对偏差准则。逼近函数与被逼近函数的相对偏差大小限制在某一给定常数 η 内,即

$$\frac{|\tilde{\psi}(t)-h(t)|}{|\tilde{\psi}(t)|} \leqslant \eta \tag{4.11}$$

(3) 最小均方根误差准则。其数学描述为

$$\min \text{RMSE} = \min\left(\sqrt{\int_0^\infty |\tilde{\psi}(t)-h(t)|^2 \mathrm{d}t}\right) \tag{4.12}$$

(4) 最小均方误差准则。其连续时间模型为

$$\min \text{MSE}_{\text{cont}} = \min\left(\int_0^\infty |\tilde{\psi}(t)-h(t)|^2 \mathrm{d}t\right) \tag{4.13}$$

对于给定具体区间 $[a,b]$,则式(4.13)可改写为

$$\min \text{MSE}_{\text{cont}} = \min\left(\frac{1}{b-a}\int_a^b |\tilde{\psi}(t)-h(t)|^2 \mathrm{d}t\right) \tag{4.14}$$

其离散模型为

$$\min \text{MSE}_{\text{disc}} = \min\left(\frac{1}{M}\sum_{n=0}^M (\tilde{\psi}(n\Delta t)-h(n\Delta t))^2\right) \tag{4.15}$$

式中,n 为采样点数;M 为最大采样点数;Δt 为采样间隔。

(5) 泰勒逼近准则。逼近函数与被逼近函数在某一时刻的泰勒级数展开式的逐项系数相等。若被逼近函数 $\tilde{\psi}(t)$ 在 $t=t_0$ 处展开的泰勒级数为

$$\tilde{\psi}(t)=\tilde{\psi}(t_0)+\tilde{\psi}'(t_0)(t-t_0)+\frac{\tilde{\psi}''(t_0)}{2!}(t-t_0)^2+\cdots+\frac{\tilde{\psi}^{(n)}(t_0)}{n!}(t-t_0)^n+R_n \tag{4.16}$$

逼近函数 $h(t)$ 在 $t=t_0$ 处也展开成泰勒级数为

$$h(t)=h(t_0)+h'(t_0)(t-t_0)+\frac{h''(t_0)}{2!}(t-t_0)^2+\cdots+\frac{h^{(n)}(t_0)}{n!}(t-t_0)^n+R_n$$

$$(4.17)$$

该准则的意义就是使式(4.16)与式(4.17)中的系数尽可能多地相等。本书提出的小波函数时域逼近算法中,将采用最小均方误差作为小波函数时域逼近的评价准则。

4.3　实小波的傅里叶级数逼近法

4.3.1　傅里叶级数逼近模型

傅里叶级数逼近属于一种正交函数逼近法。周期函数 $f(t)$ 的傅里叶级数展开式和单边拉普拉斯变换为

$$f(t)=\sum_{k=-\infty}^{+\infty}a_k\mathrm{e}^{\mathrm{j}\omega_0 t}\Leftrightarrow F(s)=\sum_{k=-\infty}^{+\infty}\frac{a_k}{s-\mathrm{j}\omega_0 k}\qquad(4.18)$$

式中, a_k 是 $f(t)$ 的傅里叶级数展开的系数。由式(4.18)可知,傅里叶级数不能直接逼近一个时限脉冲响应函数 $h(t)$ (如小波函数)。为了能够应用傅里叶级数逼近该类型函数,可沿时间轴重复 $h(t)$ 产生一个周期为 T 的周期信号 $h_T(t)$,且将式(4.18)中无限项截断成只包含 $2N+1$ 项的傅里叶级数展开式及频域表达式为

$$h_T(t)=\sum_{k=-N}^{+N}a_k\mathrm{e}^{\mathrm{j}\omega_0 t}\Leftrightarrow H_T(s)=\sum_{k=-N}^{+N}\frac{a_k}{s-\mathrm{j}\omega_0 k}\qquad(4.19)$$

为了保留 $h_T(t)$ 在 $0<t<T$ 时的部分,将 $h_T(t)\cdot u(t)$ 经过一个差分系统:

$$U(t)=u(t)-u(t-T)\qquad(4.20)$$

则有

$$h(t)=h_T(t)\cdot u(t)*U(t)\Leftrightarrow H(s)=(1-\mathrm{e}^{-2sT})\cdot H_T(s)\qquad(4.21)$$

式中,"$*$"表示卷积。由式(4.21)可知,该函数不是有理函数,不能直接网络综合实现。为了利用傅里叶级数逼近,现对被研究函数进行如下处理。假设 $h(t)$ 为时限函数,即对 $t<0$ 和 $t>T$,构造两个周期函数 $h_{m1}(t)$ 和 $h_{m2}(t)$ 分别为

$$h_{m1}(t)=\frac{1}{2}\sum_{k=-\infty}^{+\infty}(-1)^k h(t-kT),\quad h_{m2}(t)=\frac{1}{2}\sum_{k=-\infty}^{+\infty}h(t-kT)\qquad(4.22)$$

且

$$h_{m1}(t)=h_{m2}(t)=\frac{1}{2}h(t),\quad 0<t<T\qquad(4.23)$$

根据函数 $h_{m1}(t)$ 和 $h_{m2}(t)$ 的对称性,在 $2T$ 周期内将它们展开成傅里叶级数, $h_{m1}(t)$ 将只包含奇次谐波, $h_{m2}(t)$ 只包含偶次谐波。现构造函数 $h_{\xi1}(t)$ 和 $h_{\xi2}(t)$,分别定义为

$$\begin{cases}h_{\xi1}(t)=h_{m1}(t)+h_{m2}(t)\\h_{\xi2}(t)=h_{m2}(t)-h_{m1}(t)\end{cases}\qquad(4.24)$$

式中，$h_{\xi 2}(t)$ 可以由 $h_{\xi 1}(t)$ 延迟 T 秒得到，在频域可表示为

$$H_{\xi 2}(s) = H_{\xi 1}(s)\mathrm{e}^{-sT} \tag{4.25}$$

将式(4.24)代入式(4.25)并整理得

$$\mathrm{e}^{-2sT} = \left[\frac{H_{m2}(s) - H_{m1}(s)}{H_{m2}(s) + H_{m1}(s)}\right]^2 \tag{4.26}$$

将式(4.26)代入式(4.21)可求得 $H(s)$ 为

$$H(s) = (1 - \mathrm{e}^{-2sT})H_{\xi 1}(s) = \frac{4H_{m2}(s)H_{m1}(s)}{H_{m2}(s) + H_{m1}(s)} \tag{4.27}$$

$H(s)$ 经拉普拉斯反变换后即可获得 $h(t)$ 。

4.3.2　实小波逼近实例

现以高斯小波函数 $f(t) = \mathrm{e}^{-(t-2)^2/2}$ 为例，采用傅里叶级数法求取其逼近函数。由于 $\sin^2(\pi t/\tau)$ 能够较好地逼近高斯函数，所以根据上述傅里叶级数逼近理论，可构造 $h_{m1}(t)$ 和 $h_{m2}(t)$ 分别为

$$\begin{cases} h_{m1}(t) = 0.5\sin\left(\dfrac{\pi t}{4}\right) \\[3mm] h_{m2}(t) = 0.5\sin^2\left(\dfrac{\pi t}{4}\right) \end{cases} \tag{4.28}$$

$f(t)$、$h_{m1}(t)$ 和 $h_{m2}(t)$ 的波形如图 4.2 所示。同时，对 $h_{m1}(t)$ 和 $h_{m2}(t)$ 进行拉普拉斯变换后可求得 $H_{m1}(s)$ 和 $H_{m2}(s)$ 。

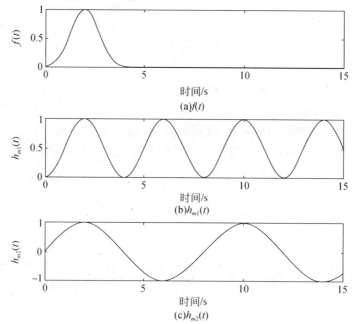

图 4.2　$f(t)$、$h_{m1}(t)$ 和 $h_{m2}(t)$ 的波形

将 $H_{m1}(s)$ 和 $H_{m2}(s)$ 代入式(4.27)求得尺度为 1 的高斯小波频域逼近函数 $H(s)$ 为

$$H(s) = \frac{2.4649}{s^3 + 1.57s^2 + 2.4649s + 0.9675} \tag{4.29}$$

其他尺度的小波逼近函数可根据拉普拉斯的尺度变换性质求得。图 4.3 为高斯小波函数与逼近函数的对比图，由图可以看出，逼近函数与原函数之间的逼近效果比较理想。该方法逼近小波函数的操作过程比较简单，而且可以实现低阶逼近，从而能够简化小波变换电路的网络结构。其缺点是不能保证获得的传递函数总是稳定的。

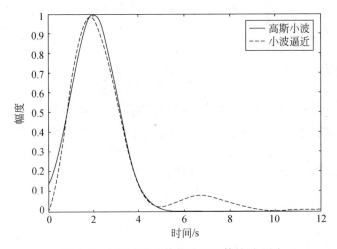

图 4.3　高斯小波函数与逼近函数的对比图

4.4　实小波的时域通用逼近法

4.4.1　实小波的时域逼近模型构造

由线性系统理论可知[9]，一个严格因果的 n 阶线性时不变系统可以用状态空间来描述。线性连续时间系统状态空间采用一阶微分方程表达为

$$\begin{aligned} \dot{x}(t) &= Ax(t) + Bu(t) \\ y(t) &= Cx(t) + Du(t) \end{aligned} \tag{4.30}$$

式中，$n \times n$ 矩阵 A 为系统矩阵；向量 $x(t)$ 为状态向量；$n \times 1$ 矩阵 B 为输入向量；$1 \times n$ 矩阵 C 为输出向量；矩阵 D 为前馈矩阵；$u(t)$ 和 $y(t)$ 分别为系统输入和输出。通常将系统简记为 $S = (A, B, C, D)$。该线性系统的状态空间对应的结构图如图 4.4 所示。为了获得严格的因果系统，令 $D = 0$。

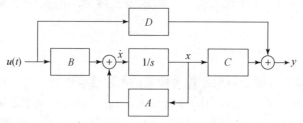

图 4.4　线性连续时间系统状态空间描述的结构图

线性连续时间系统的冲激响应 $h(t)$ 可表示为

$$h(t) = Ce^{At}B \tag{4.31}$$

式中，e^{At} 的拉普拉斯变换为

$$\ell(e^{At}) = (sI - A)^{-1} \tag{4.32}$$

则 $h(t)$ 的拉普拉斯变换，即系统传递函数为

$$H(s) = C(sI - A)^{-1}B \tag{4.33}$$

由式（4.31）可知，一般情况下，具有不同极点稳定系统的冲激响应 $h(t)$ 是衰减指数信号和呈指数衰减谐波（正弦和余弦）信号的线性组合。因此，对于低阶滤波器系统，为了便于拟合和逼近小波函数，可以写出冲激响应 $h(t)$ 的通用表达式。例如，N 阶滤波器的冲激响应 $h(t)$ 的通用表达式为

$$
\begin{aligned}
h(t) &= \sum_{i=1}^{N} A_i e^{B_i t} \\
&= \sum_{i=1}^{m} a_i e^{b_i t} + \sum_{j=1}^{n} c_j e^{d_j t} \cos(\rho_j t) + f_j e^{d_j t} \sin(\rho_j t), \quad m+n=N
\end{aligned} \tag{4.34}
$$

式中，A_i 和 B_i 为实数或复数；a_i、b_i、c_j、d_j、ρ_j 和 f_j 为实数；m 和 n 对应实极点个数。例如，考虑一个五阶滤波器，冲激响应 $h(t)$ 可描述为

$$h(t) = r_1 e^{r_2 t} + r_3 e^{r_4 t} \cos(r_5 t) + r_6 e^{r_4 t} \sin(r_5 t) + r_7 e^{r_8 t} \cos(r_9 t) + r_{10} e^{r_8 t} \sin(r_9 t) \tag{4.35}$$

式中，为了保证系统的稳定性，系数 r_2、r_4 和 r_8 必须严格为负数，对应状态空间描述中的矩阵为

$$
A = \begin{bmatrix}
r_2 & 0 & 0 & 0 & 0 \\
0 & r_4 & r_5 & 0 & 0 \\
0 & -r_5 & r_4 & 0 & 0 \\
0 & 0 & 0 & r_8 & r_9 \\
0 & 0 & 0 & -r_9 & r_8
\end{bmatrix}, \quad
B = \begin{bmatrix} 1 \\ 0 \\ 1 \\ 0 \\ 1 \end{bmatrix},
$$

$$C = \begin{bmatrix} r_1 & r_6 & r_3 & r_{10} & r_7 \end{bmatrix} \tag{4.36}$$

对于 N 阶滤波器，可以通过上述相同的方法获得相应的状态空间参量矩阵。

接下来需要讨论小波逼近函数的容许条件。由 2.1.3 节中描述的小波函数必

须具有零均值,即

$$\int_0^\infty \widetilde{\psi}(t)\,\mathrm{d}t = 0 \tag{4.37}$$

构造的小波逼近函数 $h(t)$ 也必须满足这个性质,否则会在小波变换中产生时延偏差。因此,对于小波逼近函数 $h(t)$ 还需要附加约束条件 $\int_0^\infty h(t)\,\mathrm{d}t = 0$。根据 $h(t)$ 的频域函数 $H(s)$,这个条件可转化为 $H(0)=0$。为了说明两者是等价的,进行如下推导:

$$0 = \int_0^\infty h(t)\,\mathrm{d}t = \int_0^\infty \mathrm{e}^{-st} h(t)\,\mathrm{d}t, \quad \text{当 } s=0 \text{ 时} \tag{4.38}$$

$$\because \int_0^\infty \mathrm{e}^{-st} h(t)\,\mathrm{d}t = H(s),$$

$$\therefore \int_0^\infty h(t)\,\mathrm{d}t = H(s) = H(0) = 0, \quad \text{当 } s=0 \text{ 时}$$

由式(4.38)可知,显然两者是等价的。以式(4.35)为例,对应其系数应满足:

$$\frac{r_1}{r_2} + \frac{-r_6 r_5 + r_3 r_4}{r_4^2 + r_5^2} + \frac{-r_{10} r_9 + r_7 r_8}{r_8^2 + r_9^2} = 0 \tag{4.39}$$

综合上述分析,求取小波逼近函数的过程可概括为:对于给定的小波函数 $\psi(t)$,通过反褶和时延(或平移)得到 $\widetilde{\psi}(t)$,然后采用某种优化算法或软件工具使 $h(t) - \widetilde{\psi}(t)$ 的均方误差达到最小,从而求得 $h(t)$ 的各系数,继而获得小波逼近函数。那么,分别采用小波基函数和小波逼近函数求得的小波变换结果是否会近似呢?下面将对其进行分析与推导。

令 ξ^2 为构造的小波函数 $h(t)$ 与反褶和平移后的小波函数 $\widetilde{\psi}(t)$ 之间的均方误差,令 ζ^2 为通过小波基函数获得的小波变换 $\mathrm{WT}_{\widetilde{\psi}}(a,\tau)$ 结果与采用小波逼近函数获得的小波变换 $\mathrm{WT}_h(a,\tau)$ 结果之间的误差。根据上述理论分析,小波函数的逼近误差可表示为

$$\xi^2 = \| h(t) - \widetilde{\psi}(t) \|^2 = \int_{-\infty}^\infty | h(t) - \widetilde{\psi}(t) |^2 \mathrm{d}t \tag{4.40}$$

小波变换的误差可表示为

$$\zeta^2 = \| \mathrm{WT}_h(a,\tau) - \mathrm{WT}_{\widetilde{\psi}}(a,\tau) \|^2 = \| f(t) * h(t) - f(t) * \widetilde{\psi}(t) \|^2 \tag{4.41}$$

依据柯西不等式和内积与卷积之间的关系,则式(4.41)可整理为

$$\zeta^2 = \| f(t) * h(t) - f(t) * \widetilde{\psi}(t) \|^2 \leqslant \| f(t) \|^2 \cdot \| h(t) - \widetilde{\psi}(t) \|^2$$
$$= \| f(t) \|^2 \cdot \xi^2 \tag{4.42}$$

因为 $f(t) \in \mathrm{L}^2(\mathbf{R})$,所以,只要小波函数逼近误差的平方达到很小,即 ξ^2 足够小,就能使 ζ^2 取得足够小。由此可知,通过采用函数优化求解方法可求得小波函数 $\widetilde{\psi}(t)$ 的最优逼近函数 $h(t)$,可获得与原小波变换非常接近的结果。

综合以上分析,结合式(4.15)和式(4.34),构造出实小波逼近函数的优化数学模型(离散模型)为

$$
\begin{cases}
\min \mathrm{MSE} = \dfrac{1}{M} \sum_{\Omega=0}^{M} \left[h(\Omega \Delta t) - \psi(t_0 - \Omega \Delta t) \right]^2 \\
\mathrm{s.\,t.}\ \ b_i < 0, \quad i = 1, 2, \cdots, m \\
\qquad d_j < 0, \quad j = 1, 2, \cdots, n \\
\quad H(0) = 0 \Rightarrow \dfrac{a_i}{b_i} + \dfrac{-f_j \rho_j + c_j d_j}{d_j^2 + \rho_j^2} = 0
\end{cases}
\tag{4.43}
$$

式中,Ω 为采样点数;M 采样点总数;Δt 为采样时间间隔;t_0 为平移量。由式(4.43)可知,构造的数学模型对应为一个有约束条件的单一目标函数非线性优化问题。对于该类优化问题,文献[10]和[11]提出了基于最小二乘法的求解方法。但是,最小二乘法属于局部优化算法,算法易收敛至局部最优,难以获得全局最优解。而且,最小二乘法对初始值的选择非常敏感,在实际求解中需要对初始值选择做很多前期优化工作,致使求解过程变得复杂。众所周知,智能优化算法在求解最优化问题方面表现出了强大的应用能力,其突出特点是具有全局优化性能,且通用性强,能并行处理。因此,引入智能优化算法求解小波逼近函数是很好的选择,也是发展的必然方向。差分进化(differential evolution,DE)算法是一种由遗传算法发展而来的进化算法,在 1996 年的国际 IEEE 进化算法大会上,通过实验证明它是最快的进化算法[12]。同时,该算法简单易用、稳健性好、全局寻优能力强。因此,将采用差分进化算法求取式(4.43)对应有约束非线性优化问题的最优解。

4.4.2　差分进化算法及其改进

差分进化算法是由 Storn 和 Price[13] 于 1995 年提出的一种随机并行直接搜索算法。该算法的初衷是解决切比雪夫多项式问题,结果发现它能够很好地解决复杂优化问题。正因为如此,它的应用范围和实际价值远比预期的大得多。差分进化算法与其他进化算法有很多相似之处,例如,差分进化算法与粒子群优化(PSO)算法类似,两者都是基于群体智能理论的优化算法,且都是通过群体内个体间的合作与竞争产生的群体智能指导优化搜索,最终获得待优化问题的最优解[14]。由于差分进化算法考虑了多变量之间的相关性,所以在变量耦合问题上较微粒群算法更有优势。相比传统进化算法,差分进化算法的自参考种群繁殖方案不同。算法通过将种群中两个个体之间的加权差组合到第三个个体上产生新个体,即变异操作;将变异个体参数与预先确定的目标参数按一定规则混合来产生实验个体,如果实验向量的代价函数低于目标向量的代价函数,则实验向量在下一代中替代目标向量,即交叉操作;种群中所有个体都作为目标向量进行一次以上操作,使目标函数值最优的个体留下来进入下一代,即选择操作。选择过程中实验个体只与一个

个体进行比较,而不与种群中所有个体相比较。差分进化算法特有的记忆能力使其能够动态跟踪当前的搜索情况,以便及时调整其搜索策略[15],使算法具有较强的全局收敛能力和鲁棒性,而且不需要依靠待优化问题本身的特征信息。因此,差分进化算法特别适合于通过常规数学规划方法无法获得满意结果的复杂优化问题。

1. 标准差分进化算法

差分进化算法属于启发式算法,本质上是一种基于实数编码的具有保优思想的贪婪遗传算法[16]。假设可行解空间种群为 $P(G)$, G 表示进化代数,种群规模为 N_p ,则第 G 代种群可表示为 $X^G = [x_1^G, x_2^G, \cdots, x_{N_p}^G]$,种群中第 i 个体为 $x_i^G = [x_{i,1}^G, x_{i,2}^G, x_{i,3}^G, \cdots, x_{i,D}^G]$ 。该个体对应优化问题的解, D 为优化问题的维数。该算法基本步骤如下[12]。

步骤 1:初始化。为了建立优化搜索初始点,需要对种群初始化。在可行解空间 $P(G)$ 定义随机数初始化种群,确定种群规模 N_p 、变异率 F 、交叉率 C_R 、最大进化代数 $G_{\max}$,令初始代 $G = 0$ 。

步骤 2:对第 G 代个体执行步骤 3~步骤 5 的操作,产生第 $G+1$ 代种群的个体。

步骤 3:变异操作。根据式(4.44)对个体实施变异操作,生成变异个体 v_i^{G+1} ,

$$v_i^{G+1} = x_{r_1}^G + F \cdot (x_{r_2}^G - x_{r_3}^G), \quad r_1, r_2, r_3 \in \{1, 2, \cdots, N_p\}, r_1 \neq r_2 \neq r_3 \neq i$$
(4.44)

式中, $x_{r_1}^G$ 为父代基向量;$(x_{r_2}^G - x_{r_3}^G)$ 为父代差分向量;F 为变异率,用于对差分量进行放缩控制;v_i^{G+1} 为变异个体。

步骤 4:交叉操作。将式(4.44)生成的变异个体 v_i^{G+1} 与 x_i^G 按式(4.45)进行二项分布杂交,生成新个体 $\hat{x}_i^{G+1}$,

$$\hat{x}_i^{G+1} = \begin{cases} v_{i,k}^{G+1}, & \text{rand}(k) \leqslant C_R \text{ 或 } k = \text{mbr}(i) \\ x_{i,k}^G, & \text{其他} \end{cases}$$
(4.45)

式中, $\text{rand}(k)(k \in [1, D])$ 为 $[0,1]$ 区间的均匀分布概率;$\text{mbr}(i)$ 为 $[1, D]$ 区间随机选取的整数;C_R 为交叉概率。

步骤 5:选择操作。将 $\hat{x}_i^{G+1}$ 和 x_i^G 代入目标函数中,按式(4.46)的规则进行选择,使目标函数值小的个体作为新种群的个体 x_i^{G+1} :

$$x_i^{G+1} = \begin{cases} \hat{x}_i^{G+1}, & \varphi(\hat{x}_i^{G+1}) < \varphi(x_i^G) \\ x_i^G, & \text{其他} \end{cases}$$
(4.46)

式中, φ 为目标函数。

步骤 6:令 $G = G + 1$ 。

步骤7:收敛判断。当 $G > G_{max}$ 或目标函数值小于某一设定值时,算法结束。当前群体中具有最小目标函数值的个体就是最优解。否则,重复步骤2~步骤7直到求得最优解。

上述描述为差分进化算法的最基本形式,实际应用中还发展了一些变形形式,其变形主要集中在变异操作,这里不再赘述。

差分进化算法在低维空间的函数寻优问题求解中表现出速度快、求解质量高的特性,但对于高维、多峰值复杂函数,容易出现"早熟"现象,即陷入局部最优,而且在后期的收敛速度变慢,表现不稳健。式(4.43)对应的恰巧就是一个高维优化问题,因此,为了获得高精度的小波逼近函数,对标准差分进化算法进行改进是很有必要的。

2. 改进差分进化算法

随着学者对差分进化算法研究的不断深入,各种改进差分进化(modified differential evolution,MDE)算法不断涌现[17-25]。从目前改进算法的实现手段来看,主要集中在种群初始化、变异率和交叉率的调整以及多种优化算法的融合等。下面主要从三个方面着手介绍:种群初始化、变异率和交叉率的自适应确定。

1)种群的混沌初始化

由前面的标准差分进化算法可知,算法中的初始群体是随机产生的。这种初始化方式的缺点主要表现在:①初始化后的很大一部分个体远离最优解,个体质量比较差;②个体分布较凌乱,没有均匀分布在解空间中。因此,算法求解的效率不高,难以获得最优解。混沌是一种伪随机过程,具有遍历性。所以,利用混沌的遍历性产生初始种群,可以改变随机初始化时种群的盲目性和随机性,提高求解效率和改善解的质量。常见的一维 Logistic 混沌映射的数学表达式为

$$y_{k+1} = \mu y_k (1 - y_k), \quad k = 0, 1, 2, \cdots \tag{4.47}$$

式中,μ 为混沌控制参数;k 为迭代次数。当 $\mu = 4$,$y_0 \in [0,1]$ 时,系统呈现混沌状态。在区间 $[0,1]$ 内随机产生一个 D 维向量 $y_0 = (y_{01}, y_{02}, \cdots, y_{0D})$,依据式(4.47)产生 N 个不同的混沌向量 $y_\tau = (y_{\tau 1}, y_{\tau 2}, \cdots, y_{\tau D})$,$(\tau = 1, 2, \cdots, N; N \geqslant N_p)$。将 y_τ 的各分量变换到优化变量的取值范围,然后计算目标函数值,最后从 N 个初始种群的个体中选择目标函数值最小的 N_p 作为初始解。

2)自适应变异和混沌变异算子

差分进化算法的搜索性能与变异率取值有密切关系。变异率太大,算法近似随机搜索,效率较低,获得全局最优解的概率低;变异率太小,种群多样性降低,易陷入局部最优而出现"早熟"现象。因此,提出自适应变异算子,根据算法搜索情况自适应调整变异率很有必要。在算法早期使用较大的变异率,保持种群多样性,避免早熟;在搜索后期减小变异率,保留好的个体,避免破坏最优解,提高获得全局最

优解的概率[17]。

自适应变异算子的计算公式为

$$F = F_0 \cdot 2^\theta, \quad \theta = e^{[1 - G_{max}/(1 + G_{max} - G)]} \tag{4.48}$$

式中，F_0 为变异参数；G_{max} 为最大进化代数；G 为当前进化代数。算法在开始阶段变异率 $F = 2F_0$，此时变异率较大，个体多样性被保持；随着算法进化代数递增，变异率逐渐降低，到算法后期的变异率近似为 F_0，可有效避免最优解受到破坏。这种自适应调整变异率的策略可有效地保证算法获得最优解。

另外，还有一种基于 Logistic 映射（如式(4.47)）的混沌变异率调整方法，利用混沌具有的遍历性和伪随机性，调整算法的变异率，保持种群的多样性，有效防止"早熟"。其计算公式为

$$F_i = \mu F_{i-1}(1 - F_{i-1}), \quad i = 1, 2, \cdots, \ F_i \in (0, 1)$$
$$F_i \notin \{0, 0.25, 0.50, 0.75, 1\} \tag{4.49}$$

式中，F_i 为新产生的变异率，$F_i \in (0, 1)$。

3) 自适应交叉和指数递增交叉概率算子

差分进化算法的性能也与交叉率密切相关。在算法寻优过程中，种群多样性降低时，可增大交叉率，接受更多变异个体的基因，加强算法局部搜索能力和加快收敛速度；当种群多样性增大时，可减小交叉率，避免个体基因结构遭受大的破坏，保持种群的多样性和实现全局搜索。

自适应交叉算子的计算公式为

$$CR = CR_0 \cdot 2^\theta, \quad \theta = e^{[1 - G_{max}/(1 + G_{max} - G)]} \tag{4.50}$$

式中，CR_0 为变异参数；G_{max} 为最大进化代数；G 为当前进化代数。

实现随迭代次数指数递增交叉算子的计算公式为

$$C_R = C_{Rmin} + (C_{Rmax} - C_{Rmin})\theta, \quad \theta = e^{[-30/(1 - G/G_{max})^3]} \tag{4.51}$$

式中，C_R 为交叉概率；C_{Rmin} 为最小交叉概率；C_{Rmax} 为最大交叉概率。

4.4.3　实小波逼近实例

为了检验构造的时域小波逼近函数模型和改进差分进化算法的求解性能，现以几种常见的实小波为例，验证其提出方法的有效性。

(1) 高斯一阶导数小波的时域表达式为

$$\psi(t) = -2(2/\pi)^{1/4} t e^{-t^2} \tag{4.52}$$

其时域支撑域近似为 $[-2, 2]$。为了获得因果系统，现对系统函数进行平移。令 $t_0 = 2$，则平移后的高斯一阶导数小波 $\psi(t - t_0)$ 为

$$\psi(t - 2) = -2(2/\pi)^{1/4}(t - 2)e^{-(t-2)^2} \tag{4.53}$$

为了获得高斯一阶导数小波 $\psi(t - 2)$ 的时域逼近函数，采用 4.4.1 节构造的时域逼近模型。设八阶滤波器的冲激响应 $h(t)$ 的通用逼近函数模型为

$$h(t) = \sigma_1 e^{\sigma_2 t} \sin(\sigma_3 t) + \sigma_4 e^{\sigma_2 t} \cos(\sigma_3 t) + \sigma_5 e^{\sigma_6 t} \sin(\sigma_7 t)$$
$$+ \sigma_8 e^{\sigma_6 t} \cos(\sigma_7 t) + \sigma_9 e^{\sigma_{10} t} \sin(\sigma_{11} t) + \sigma_{12} e^{\sigma_{10} t} \cos(\sigma_{11} t)$$
$$+ \sigma_{13} e^{\sigma_{14} t} \sin(\sigma_{15} t) + \sigma_{16} e^{\sigma_{14} t} \cos(\sigma_{15} t) \tag{4.54}$$

式中，$\sigma_i (i=1,2,3,\cdots,16)$ 为待定系数。为了保证系统稳定性，该逼近函数模型中的系数应满足 $\sigma_i < 0 (i=2,6,10,14)$。定义 $h(t)$ 与 $\psi(t-2)$ 的逼近误差平方和为

$$E(\sigma) = \frac{1}{N} \sum_{m=1}^{N} \left[h(m\Delta t) - \psi(m\Delta t - 2) \right]^2 \tag{4.55}$$

式中，N 为采样点数；Δt 为采样间隔。

根据式(4.43)建立优化逼近模型为

$$\begin{cases} \min E(\sigma) = \dfrac{1}{N} \left\{ \displaystyle\sum_{m=1}^{N} \left[h(m\Delta t) - \psi(m\Delta t - 2) \right]^2 \right\} \\ \text{s. t.} \ \ \sigma_i < 0, \ i = 2,6,10,14, \ H(0) = 0 \end{cases} \tag{4.56}$$

采用改进差分进化算法求解式(4.56)所示优化问题。算法中首先采用式(4.47)的 Logistic 混沌序列初始化种群，设种群规模 $N_p = 10$，初始变异率 $F_0 = 0.6$，$\Delta t = 0.01$，$N = 500$，最大进化代数 $G_{\max} = 1.0 \times 10^4$，初始代数 $G = 0$。变异操作采用差分进化算法的一种变形形式：

$$v_i^{G+1} = x_i^G + F \cdot (x_{\text{best}} - x_i^G + x_{r_1}^G - x_{r_2}^G) \tag{4.57}$$

式中，$r_1, r_2 \in \{1, 2, \cdots, N_p\}$ 是随机选取的整数，且 $r_1 \neq r_2 \neq i$；x_{best} 为种群中的最优个体；x_r^G 为父代个体；v_i^{G+1} 为变异个体；变异率 F 的确定采用式(4.48)的自适应变异算子，交叉操作采用式(4.45)和式(4.51)结合，且令 $C_{Rmin} = 0.4$，$C_{Rmax} = 0.6$，选择操作依据式(4.46)进行。按照差分进化算法的操作步骤，对小波逼近函数系数全局寻优后的最优解如表 4.1 所示。将表 4.1 中的系数代入式(4.54)获得时域逼近函数 $h(t)$，并将 $h(t)$ 进行拉普拉斯变换，获得频域传递函数如下：

$$H(s) = (0.0687s^7 + 0.8496s^6 + 11.457s^5 + 42.1845s^4 + 450.1198s^3 + 328.7193s^2$$
$$+ 5.8363 \times 10^3 s - 34.1992)/(s^8 + 11.2088s^7 + 97.4509s^6 + 472.53s^5$$
$$+ 1.7931 \times 10^3 s^4 + 4.3828 \times 10^3 s^3 + 7.6893 \times 10^3 s^2 + 7.7916 \times 10^3 s$$
$$+ 3.8753 \times 10^3) \tag{4.58}$$

表 4.1　高斯一阶导数逼近函数的最优系数

i	σ_i	i	σ_i	i	σ_i
1	−0.036097	7	0.721736	13	−0.445666
2	−2.338262	8	5.623348	14	−1.109092
3	−5.116980	9	−1.418745	15	2.073555
4	0.359623	10	−1.122560	16	−6.914028
5	−5.702750	11	−3.557597	—	—
6	−1.034469	12	0.999715	—	—

　　图 4.5 给出了用四种不同算法求得的八阶时域逼近函数与高斯一阶导数小波函数的对比图。其中,改进差分进化算法的均方误差达到 2.54727×10^{-6},比文献 [26] 中采用 12 阶多项式逼近小波函数的均方误差 4.92189×10^{-6} 精度要高。四种不同算法采用不同阶次多项式逼近高斯一阶导数的均方误差比较如表 4.2 所示。由表可知,随着逼近函数阶次的增加,各算法逼近精度提高,其中,改进差分进化算法逼近误差最小,差分进化和 L_2 算法次之,Padé 法的逼近误差最大。但在实际应用中,时域逼近函数阶次的增加,将会使相应的实现电路变得更复杂,其电路设计复杂程度、体积、功耗等也会随之增加,因此,逼近阶数和逼近精度之间需要均衡考虑。在满足精度要求的同时,合理地选择逼近函数的阶次也很关键。

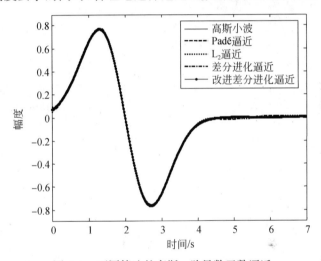

图 4.5　不同算法的高斯一阶导数函数逼近

表 4.2　四种不同算法逼近高斯一阶导数的均方误差比较

算法	均方误差		
	五阶逼近	八阶逼近	12 阶逼近
Padé	1.36580×10^{-3}(Padé[4/5])	5.13420×10^{-4}(Padé[7/8])	3.52450×10^{-5}(Padé[10/12])
L_2	2.54727×10^{-4}	7.37653×10^{-5}	4.92189×10^{-6}
差分进化	8.68749×10^{-5}	5.34767×10^{-6}	3.35674×10^{-7}
改进差分进化	5.53783×10^{-5}	2.54727×10^{-6}	1.73565×10^{-7}

　　(2) 研究其他几种常见的实小波(包括高斯小波、Marr 小波、db 小波和 Morlet 小波)的七阶逼近。设这几种实小波的通用七阶时域逼近函数模型为

$$h(t) = k_1 e^{k_2 t} + k_3 e^{k_4 t} \sin(k_5 t) + k_6 e^{k_4 t} \cos(k_5 t) + k_7 e^{k_8 t} \sin(k_9 t)$$
$$+ k_{10} e^{k_8 t} \cos(k_9 t) + k_{11} e^{k_{12} t} \sin(k_{13} t) + k_{14} e^{k_{12} t} \cos(k_{13} t) \quad (4.59)$$

式中,$k_i (i = 1, 2, 3, \cdots, 14)$ 为待定系数。该逼近函数中的系数 $k_i < 0 (i = 2, 4, 8, 12)$ 确保系统稳定。同式(4.15)和式(4.43),分别建立误差平方和函数与优化逼

近模型，并采用改进差分进化算法分别进行优化求解，获得的实小波逼近函数分别如图 4.6 中虚线所示。相应实小波函数表达式、选取的时延大小及逼近误差如表 4.3 所示。综合图、表可以看出，该方法逼近效果比较理想。同时，也可以看出小波函数波形的平坦部分逼近效果较差。此外，对于多峰值小波函数的逼近效果相对要比简单小波函数差很多，一般来说，对于波形较复杂的小波函数需要采用更高阶的逼近函数。

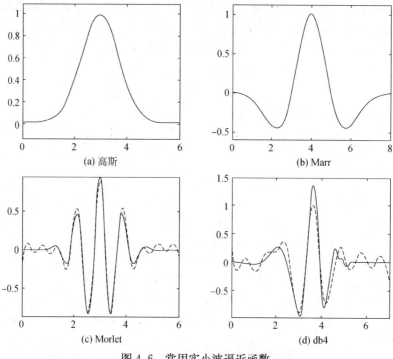

图 4.6 常用实小波逼近函数

表 4.3 常用实小波的时延 t_0 和逼近误差（均方误差）

小波类型	表达式	t_0	均方误差
高斯小波	$\psi(t) = e^{-t^2}$	3	4.801×10^{-5}
Marr 小波	$\psi(t) = (1 - t^2)e^{-t^2/2}$	4	5.281×10^{-5}
Morlet 小波	$\psi(t) = \cos(5\sqrt{2}\,t)e^{-t^2}$	3	2.540×10^{-3}
db4 小波	无	0	9.619×10^{-3}

4.5 复小波的时域通用逼近法

4.5.1 复小波的时域逼近模型构造

复小波的实质是将实小波的构造空间拓展到复数域。复小波除了保留实小波良好的时频局部化特性,还可以同时提取被分析信号的幅度信息和相位信息。而相位信息在分析某些时变或瞬态信号时是非常重要的特征,因此,研究复小波函数的构造与实现具有很强的实际意义。

从复小波函数本身来考虑,复小波函数由实部和虚部组成,因此,复小波函数可以看成由两个实小波函数组成。于是,复小波函数的构造问题就变得简单,可直接借用实小波函数的构造方法,采用实小波函数的逼近算法即可分别获得实部和虚部的逼近函数。

通常复小波函数可表示为

$$\psi(t) = \psi_r(t) + j\psi_i(t) \tag{4.60}$$

式中,$\psi_r(t)$ 和 $\psi_i(t)$ 分别为 $\psi(t)$ 的实部和虚部。

设 $f(t)$ 为实信号,则 $f(t)$ 在尺度 a 和位移 τ 时的连续复小波变换可表示为

$$WT_f(a,\tau) = \frac{1}{\sqrt{a}} \int_{-\infty}^{\infty} f(t)\psi^* \left(\frac{t-\tau}{a}\right) dt = f(t) * \frac{1}{\sqrt{a}}\psi_r\left(-\frac{t}{a}\right) - jf(t) * \frac{1}{\sqrt{a}}\psi_i\left(-\frac{t}{a}\right)$$

$$= WT_f(a,\tau)_r + WT_f(a,\tau)_i \tag{4.61}$$

式中,$\psi^*(t)$ 为 $\psi(t)$ 的复共轭;$*$ 为卷积运算;$WT_f(a,\tau)_r$ 为连续复小波变换的实部输出;$WT_f(a,\tau)_i$ 为连续复小波变换的虚部输出。此时,复小波函数的实部和虚部均为平方可积函数,且满足容许条件:

$$\begin{cases} C_{\psi r} = \int_{-\infty}^{\infty} \frac{|\Psi_r(\omega)|^2}{|\omega|} d\omega < \infty \\ C_{\psi i} = \int_{-\infty}^{\infty} \frac{|\Psi_i(\omega)|^2}{|\omega|} d\omega < \infty \end{cases} \tag{4.62}$$

式中,$\Psi_r(\omega)$ 和 $\Psi_i(\omega)$ 分别为 $\psi_r(t)$ 和 $\psi_i(t)$ 的傅里叶变换。

式(4.62)映射到时域,可得

$$\begin{cases} \int_{-\infty}^{\infty} \psi_r(t)\, dt = 0 \\ \int_{-\infty}^{\infty} \psi_i(t)\, dt = 0 \end{cases} \tag{4.63}$$

由式(4.61)可以看出,$f(t)$ 在尺度 a 时的复小波变换可看成对 $f(t)$ 进行两次实小波变换后求和。其中,两个实小波分别为 $\psi_r(t)$ 和 $-\psi_i(t)$。

从第 3 章的理论分析可知,实小波变换可通过设计冲激响应为实小波逼近函数的滤波器组来实现。依此类推,复小波变换可通过设计冲激响应分别为实小波 $\psi_r(t)$ 和 $-\psi_i(t)$ 逼近函数的滤波器组实现。于是,实小波变换和复小波变换的模拟滤波器实现问题就统一起来。两者的不同点仅是复小波变换需要多实现一组滤波器,且变换后的结果需进行求和运算。

信号 $f(t)$ 在 l 个尺度下的复小波变换实现原理图如图 4.7 所示。与实小波变换的模拟滤波器实现一样,复小波基的实部和虚部对应的函数一般都是非因果的,

其函数的拉普拉斯变换为非有理分式。因此,同样需要构造实部和虚部的函数逼近模型。

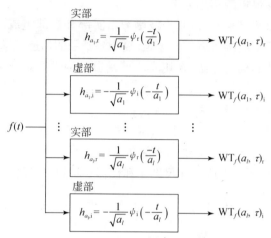

图 4.7　复小波变换的实现原理图

利用 4.4.1 节中的实小波逼近函数构造方法,可构造出复小波逼近函数的优化求解数学模型为

$$
\begin{cases}
\min \mathrm{MSE}_r = \dfrac{1}{M} \displaystyle\sum_{\Omega=1}^{M} \left[h_r(\Omega \Delta t) - \psi_r(t_0 - \Omega \Delta t) \right]^2 \\[3mm]
\min \mathrm{MSE}_i = \dfrac{1}{M} \displaystyle\sum_{\Omega=1}^{M} \left[h_i(\Omega \Delta t) - \psi_i(t_0 - \Omega \Delta t) \right]^2 \\[3mm]
\mathrm{s.t.}\ \ b_i^{\,\mathrm{real,image}} < 0,\ i=1,2,\cdots,m \\[2mm]
\qquad d_j^{\,\mathrm{real,image}} < 0,\ j=1,2,\cdots,n \\[2mm]
\qquad H_r(0) = 0,\ H_i(0) = 0
\end{cases}
\tag{4.64}
$$

由式(4.64)可知,该数学模型对应一个多目标优化问题。对于多目标优化问题的求解,采用原来的单一目标优化方法已不适应。因此,需要研究多目标优化求解的新方法。差分进化算法以其收敛速度快、控制参数少和容易实现等优点,被广泛地应用到多目标优化问题中。本书将采用差分进化算法结合多目标决策方法,对式(4.64)所描述的问题进行求解。

4.5.2　多目标优化差分进化算法

在多目标优化问题中,各个优化目标之间存在相互制约关系,使得所有优化目标同时取得最优解是很困难的。因此,只能在多目标之间进行协调,找到折中最优解,即 Pareto 最优解。由于传统的优化算法,如牛顿迭代法、单纯形法等,在求解复杂优化问题,特别是多目标优化中存在很大的局限,所以,进化算法在多目标优化应用中得以快速发展。差分进化算法作为具有代表性的进化算法,以其结构简单、控制参数少、收敛速度快和鲁棒性好的特点被广泛地应用于多目标优化问题。

对于待求解问题,目标可能是最大目标函数或最小目标函数。根据最大化问题和最小化问题可以相互转换的原理,即

$$\max\{f(x)\} \Leftrightarrow \min\{-f(x)\} \tag{4.65}$$

那么,多目标优化问题的通用数学模型可表示为

$$\begin{cases} \min & y = f(x) = [f_1(x), f_2(x), \cdots, f_m(x)]^{\mathrm{T}} \\ \text{s. t.} & g_j(x) \leqslant 0, \ j = 1, 2, \cdots, p \\ & h_j(x) = 0, \ j = 1, 2, \cdots, q \\ & x = [x_1, x_2, \cdots, x_n]^{\mathrm{T}} \in X \\ & y = [y_1, y_2, \cdots, y_n]^{\mathrm{T}} \in Y \end{cases} \tag{4.66}$$

式中,x 为决策向量;y 为目标向量;X 为 n 维决策向量空间;Y 为 m 维决策向量空间;$g_j(x)$ 和 $h_j(x)$ 为约束条件。

定义 4.1　向量 $x^* = \{x_1^*, x_2^*, \cdots, x_n^*\}$ 满足 $\exists x \in X$,$x > x^*$,称 x^* 为一个 Pareto 全局最优解。所有的 Pareto 最优解组成一个 Pareto 最优解集。

求解式(4.66)对应的多目标优化问题,一般不可能获得绝对最优解,而只可能找到 Pareto 最优解。迄今,求解多目标优化问题的 Pareto 最优解方法有很多,主要可以分为传统多目标决策方法和智能多目标优化算法两大类[27]。传统多目标决策方法中,主要包括目标加权和法、约束法和目标规划法;智能多目标优化算法主要包括基于智能优化算法的非 Pareto 法和 Pareto 支配法。为了简化小波函数的逼近过程,将采用基于差分进化算法的非 Pareto 法,该方法的基本思路是:根据各个目标在问题中的重要程度,事先确定一个权重系数,然后将带权重系数的各个目标函数求和后作为待求解问题的新目标,即多个目标函数转化为单目标函数,最后采用差分进化算法对该问题进行优化求解。该方法将差分进化算法与加权和法相结合,实现了将多目标问题转化为单目标问题的智能优化求解,算法具有结构简单、容易实现等特点。

定义 4.2　对应 m 个目标函数给定一组数 $w_1, w_2, \cdots, w_m$,且有

$$\sum_{i=1}^{m} w_i = 1, \ w_i \geqslant 0, \ i = 1, 2, \cdots, m \tag{4.67}$$

则称 $w_1, w_2, \cdots, w_m$ 为权系数,$w = [w_1, w_2, \cdots, w_m]^{\mathrm{T}}$ 为权向量。

差分进化算法和加权和法相结合的多目标优化算法步骤如下。

(1)根据各目标在待求解问题中的重要程度,确定各个目标的权重系数 w_1, $w_2, \cdots, w_m$,权重系数满足 $\sum\limits_{i=1}^{m} w_i = 1, w_i \geqslant 0, i = 1, 2, \cdots, m$。

(2)对于给定的 m 个优化目标 $f_i(x)(i=1,2,\cdots,m)$ 求加权和函数：

$$J_i(x)=\sum_{i=1}^{m}w_if_i(x),\quad i=1,2,\cdots,m \tag{4.68}$$

(3)构建多目标优化问题的单目标评价函数：

$$\begin{cases} \min \sum_{i=1}^{m}w_if_i(x),\ i=1,2,\cdots,m \\ \text{s. t.}\ \ g_j(x)\leqslant 0,\ j=1,2,\cdots,p \\ \qquad h_j(x)=0,\ j=1,2,\cdots,q \end{cases} \tag{4.69}$$

(4)采用差分进化算法的算法步骤求解式(4.69)的优化问题,获得问题的最优解。为了提高算法的性能,在实际中常结合一些如 4.4.2 节中的改进策略。

4.5.3　复小波逼近实例

复 Morlet 小波是高斯包络下的复正弦函数,其表达式为

$$\psi(t)=\mathrm{e}^{-t^2/2}\cdot \mathrm{e}^{\mathrm{j}5t} \tag{4.70}$$

相应的实部 $\psi_\mathrm{r}(t)$ 和虚部 $\psi_\mathrm{i}(t)$ 可表示为

$$\begin{cases} \psi_\mathrm{r}(t)=\mathrm{e}^{-t^2/2}\cos(5t) \\ \psi_\mathrm{i}(t)=\mathrm{e}^{-t^2/2}\sin(5t) \end{cases} \tag{4.71}$$

式中,$\mathrm{e}^{-t^2/2}$ 为高斯包络。复 Morlet 小波具有限时域支撑性,其支撑域近似为 $[-3,3]$。同样为了获得因果系统,将复 Morlet 小波 $\psi(t)$ 进行平移 $\psi(t-t_0)$。令 $t_0=3$,则有

$$\begin{cases} \psi(t-t_0)=\psi(t-3)=\mathrm{e}^{-(t-3)^2/2}\cdot \mathrm{e}^{\mathrm{j}5(t-3)} \\ \psi_\mathrm{r}(t-t_0)=\psi_\mathrm{r}(t-3)=\mathrm{e}^{-(t-3)^2/2}\cos[5(t-3)] \\ \psi_\mathrm{i}(t-t_0)=\psi_\mathrm{i}(t-3)=\mathrm{e}^{-(t-3)^2/2}\sin[5(t-3)] \end{cases} \tag{4.72}$$

接下来,其任务就是给复 Morlet 小波的实部和虚部构造逼近函数模型。通过分析复 Morlet 小波函数的特点,可以有两种构造方法：

第 1 种：选择合适的阶数,根据式(4.34)分别对 $\psi_\mathrm{r}(t-3)$ 和 $\psi_\mathrm{i}(t-3)$ 构造逼近函数模型。该方法属于通用方法,由于实部和虚部对应函数不相同,所以求解后的时域逼近函数也不相同。由于时域逼近函数不同,体现到实现实部和虚部的模拟滤波器电路不同,造成电路设计结构复杂,体积、功耗等也会变得不理想。这种逼近方法与实小波函数完全相同,所以在此不再重复叙述。

第 2 种：针对第 1 种构造方法存在的问题,分析 $\psi_\mathrm{r}(t-3)$ 和 $\psi_\mathrm{i}(t-3)$ 的函数特征可知,实部和虚部的包络是相同的,只是载波不一样。因此,考虑将包络采用式(4.34)构造逼近函数,即

$$e^{-(t-3)^2/2} \approx \sum_{i=1}^{m} a_i e^{b_i t} + \sum_{j=1}^{n} c_j e^{d_j t} \cos(\rho_j t) + f_j e^{d_j t} \sin(\rho_j t) , \quad m+n=N$$

$$(4.73)$$

式(4.73)的四阶逼近模型为

$$e^{-(t-3)^2/2} \approx \lambda_1 e^{\lambda_2 t} \sin(\lambda_3 t) + \lambda_4 e^{\lambda_2 t} \cos(\lambda_3 t) + \lambda_5 e^{\lambda_6 t} \sin(\lambda_7 t) + \lambda_8 e^{\lambda_6 t} \cos(\lambda_7 t)$$

$$(4.74)$$

那么，$\psi_r(t-3)$ 和 $\psi_i(t-3)$ 可分别表示为

$$\psi_r(t-3) \approx [\lambda_1 e^{\lambda_2 t} \sin(\lambda_3 t) + \lambda_4 e^{\lambda_2 t} \cos(\lambda_3 t) + \lambda_5 e^{\lambda_6 t} \sin(\lambda_7 t)$$
$$+ \lambda_8 e^{\lambda_6 t} \cos(\lambda_7 t)] \cos[5(t-t_0)]$$

$$(4.75)$$

$$\psi_i(t-3) \approx [\lambda_1 e^{\lambda_2 t} \sin(\lambda_3 t) + \lambda_4 e^{\lambda_2 t} \cos(\lambda_3 t) + \lambda_5 e^{\lambda_6 t} \sin(\lambda_7 t)$$
$$+ \lambda_8 e^{\lambda_6 t} \cos(\lambda_7 t)] \sin[5(t-t_0)]$$

$$(4.76)$$

分析式(4.75)和式(4.76)可知，实部和虚部对应的频域函数具有相同的极点。因此，在进行复小波变换电路设计时，可以将对应极点的电路实现共享，从而达到简化网络结构设计，减小电路体积、功耗和复杂度的目的。共享结构复小波变换电路将在 8.3.1 节中介绍。

设复小波实部和虚部的逼近函数与原函数实部和虚部之间的误差平方和分别为

$$\begin{cases} E_r(\lambda) = \dfrac{1}{N} \sum_{m=1}^{N} [h_r(m\Delta t) - \psi_r(m\Delta t - 3)]^2 \\ E_i(\lambda) = \dfrac{1}{N} \sum_{m=1}^{N} [h_i(m\Delta t) - \psi_i(m\Delta t - 3)]^2 \end{cases}$$

$$(4.77)$$

根据式(4.67)和式(4.68)，选取目标函数的权向量为 $w=[0.5,0.5]^T$，则单目标函数可表示为

$$\begin{cases} \min \{0.5E_r(\lambda) + 0.5E_i(\lambda)\} \\ \text{s. t. } \lambda_2 < 0, \lambda_6 < 0 \\ \quad H_r(0) = H_i(0) = 0 \end{cases}$$

$$(4.78)$$

采用改进差分进化算法求解式(4.78)中的优化问题。设种群规模 $N_p=10$，随机初始化种群。令 $\Delta t=0.01$，$N=900$，最大进化代数 $G_{\max}=1.2 \times 10^4$，初始代数 $G=0$，变异算子为

$$v_i^{G+1} = x_{r_1}^{G} + F_k(x_{\text{best}}^{G} - x_{r_2}^{G})$$

$$(4.79)$$

式中，变异率 F_k 的取值由式(4.49)确定，且 $F_1 = 0.48$。交叉操作仍然采用式(4.45)和式(4.51)，且 $C_{R\min}=0.4$，$C_{R\max}=0.6$。选择操作按式(4.46)进行。按照上述参数设置和差分进化算法的操作步骤，对小波逼近函数系数寻优后的最优解如表 4.4 所示。

表 4.4　复 Morlet 小波逼近函数的最优系数

i	λ_i	i	λ_i	i	λ_i
1	-0.980309	4	0.807204	7	0.488770
2	-0.466044	5	4.210495	8	-0.864179
3	1.512458	6	-0.554991	—	

　　将表 4.4 中的最优系数代入式(4.75)和式(4.76)，即可得到复小波的实部和虚部对应的有理逼近函数 $h_r(t)$ 和 $h_i(t)$，并分别对 $h_r(t)$ 和 $h_i(t)$ 进行拉普拉斯变换，可获得 $H_r(s)$ 和 $H_i(s)$ 分别为

$$H_r(s) = (0.0433s^7 - 0.5045s^6 + 7.2258s^5 - 29.5673s^4 + 188.2912s^3 + 374.6915s^2$$
$$- 712.3402s + 5.6461 \times 10^3)/(s^8 + 4.0841s^7 + 112.3425s^6 + 329.5792s^5$$
$$+ 4.2999 \times 10^3 s^4 + 8.1957 \times 10^3 s^3 + 6.5657 \times 10^4 s^2 + 6.2169 \times 10^4 s$$
$$+ 3.3183 \times 10^5) \tag{4.80}$$

$$H_i(s) = (0.0371s^7 - 0.0568s^6 - 0.8768s^5 + 23.8627s^4 - 241.6163s^3 + 999.4298s^2$$
$$- 2.0467 \times 10^3 s + 1.3736 \times 10^3)/(s^8 + 4.0841s^7 + 112.3425s^6$$
$$+ 329.5792s^5 + 4.2999 \times 10^3 s^4 + 8.1957 \times 10^3 s^3 + 6.5657 \times 10^4 s^2$$
$$+ 6.2169 \times 10^4 s + 3.3183 \times 10^5) \tag{4.81}$$

对比式(4.80)和式(4.81)可以看出，实部和虚部传递函数的分母部分是相同的，即对应系统具有相同的极点，其极点如表 4.5 所示。另外，由极点的分布可知，所提出的复小波逼近方法可保证系统的稳定性。复 Morlet 小波的实部和虚部逼近分别如图 4.8(a)和(b)所示。其误差平方和达到 3.104256×10^{-5}。同时，还给出了复 Morlet 小波的模和相位逼近效果，如图 4.8(c)和(d)所示。由图可以看出，实部和虚部的逼近函数与原函数基本重合，模和相位的逼近程度也很高。实验结果表明，采用的改进差分进化算法结合加权和多目标优化策略应用于复 Morlet 小波的逼近达到了比较好的效果。当然，本章采用多目标优化算法是基于差分进化算法与加权和策略，这种方法的优点是算法简单，都能够收敛到 Pareto 最优解。但是这种方法也存在如下缺陷：①通过设置权重将多目标优化问题转换为单目标优化问题，每次运行时只能得到一个最优解，如果需要获得一个最优解集，则需要不断调整参数并多次运行求解，而且获得的结果可能出现支配集，影响结果质量；②权重大小的选择需要借助研究者的经验和学识，由不同权重得到的解集偏差也很大，因此，合适的权重选择难度较大；③在针对 Pareto 最优前端为非凸形问题时，往往得不到理想的解集。综上所述，研究新的多目标优化算法应用于复小波函数的逼近问题十分必要，也是今后进一步研究的重要方向。

表 4.5　复 Morlet 小波逼近函数的极点

j	p_j	j	p_j
1	$-0.4662 + \mathrm{j}6.5132$	5	$-0.5555 + \mathrm{j}4.5122$
2	$-0.4662 - \mathrm{j}6.5132$	6	$-0.5555 - \mathrm{j}4.5122$
3	$-0.5544 + \mathrm{j}5.4872$	7	$-0.4659 + \mathrm{j}3.4874$
4	$-0.5544 - \mathrm{j}5.4872$	8	$-0.4659 - \mathrm{j}3.4874$

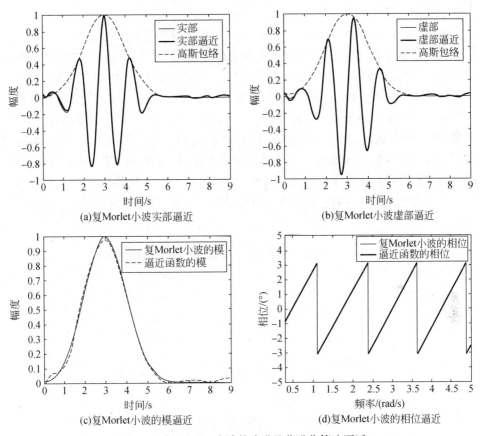

(a)复Morlet小波实部逼近　　　　　　(b)复Morlet小波虚部逼近

(c)复Morlet小波的模逼近　　　　　　(d)复Morlet小波的相位逼近

图 4.8　复 Morlet 小波的改进差分进化算法逼近

4.6　时域逼近中关联参数选择问题

在小波基的时域逼近函数构造时,由于参数 t_0(时延或平移量)、N(逼近阶数)和 Δt(采样点间隔)是相互关联的,因此,这些参数的选择对小波函数的逼近精度、滤波器电路的性能和求解效率具有重要意义。在实际应用中,一般思路是均衡各参数的影响,采用折中的原则。由于小波函数 $\psi(t)$ 通常为非因果函数,在逼近时需要进行延时 t_0。延迟时间 t_0 的大小与函数逼近精度之间的关系为:如果 t_0 选择太小,由于逼近是从 $t>0$ 开始的,波形在 $t<0$ 的部分截断太多,会使小波函数的逼近误差增大;如果 t_0 选择太大,在 $t=0$ 附近的波形较为平坦,需要获得较高逼近精度就必须采用高阶逼近函数,从而又涉及逼近阶数 N 问题。

若逼近阶数 N 选择得越大,小波函数逼近精度越高,但对应的滤波器电路的复杂程度增加,电路功耗、体积也随之增大;若 N 选择得越小,相应电路越简单,但小波函数逼近精度越低。

对于小波时延函数 $\psi(t-t_0)$ 或 $\psi(t_0-t)$ 离散采样间隔 Δt 的选择,首先在满足采样定理的基础上,适当地减小采样间隔 Δt,增加采样点的个数,提高小波函数的逼近精度。但是,采样点数的增加会使计算量增加,运算时间增长,工作效率降低。

下面以式(4.52)中的高斯一阶导数实小波为例,采用 4.4.3 节中的改进差分进化算法研究小波函数逼近过程中时延 t_0 和逼近阶数 N 之间的关系,如表 4.6 所示(其中 $\Delta t=0.01$)。由表可以看出,随着小波逼近函数的阶次增加,逼近精度越高。当 $t_0=2.5$ 时,小波逼近函数的逼近精度最好。t_0 增大可以确保系统是因果的,但小波函数的逼近精度下降。在实际应用中,可以利用优化算法在小波函数的近似支撑域附近进行 t_0 的优化选择,获得最佳 t_0 取值,这也是有待进一步研究的问题。

表 4.6　不同逼近阶数和时延的高斯一阶导数逼近误差比较

阶次	$t_0=2.0$	$t_0=2.5$	$t_0=3.0$	$t_0=3.5$
五	7.0057×10^{-5}	6.0793×10^{-5}	8.0820×10^{-5}	8.5859×10^{-5}
六	6.1591×10^{-5}	3.4999×10^{-5}	4.7334×10^{-5}	7.9887×10^{-5}
七	4.3520×10^{-5}	2.4325×10^{-5}	2.7688×10^{-5}	2.6749×10^{-5}
八	2.5473×10^{-6}	8.7348×10^{-7}	5.1847×10^{-6}	6.8194×10^{-6}

4.7　本章小结

由于小波函数通常是非因果的,不能直接通过电网络综合实现,所以小波函数逼近成为小波变换电路实现的首要问题。又因为常见的小波函数通常是采用时域形式来描述的,以至于小波函数的时域逼近成为小波函数逼近中的重要问题。本章首先从数学角度分析了函数逼近理论和方法以及数学上的函数逼近与小波函数逼近的区别;其次,结合电网络综合理论,阐述了小波函数逼近的约束条件和时域逼近的原理,为小波函数的逼近提供了比较翔实的理论基础;再次,针对小波函数的时域逼近,详细地介绍了傅里叶级数逼近法和基于智能优化算法的通用逼近法。

在通用逼近法中,构造了通用时域小波逼近函数并建立了其优化模型,给出了差分进化算法优化求解的操作步骤和该算法的改进策略;以常见的实小波为例,分别采用傅里叶级数法和基于改进差分进化算法的通用逼近法求解了其逼近函数,并将该通用逼近法与传统的求解方法进行了比较;此外,以复小波为例,采用改进差分进化算法结合加权和策略对多目标逼近模型进行了优化求解。由于傅里叶级数被广泛认知与应用,所以基于傅里叶级数的时域小波逼近法相对简单,但精度难以达到很高,系统稳定性也难以保证。基于智能优化算法的通用逼近法中,由于构造的时域逼近函数具有通用性,所以该方法适应于任意类型时域小波函数的逼近,而且精度可以达到很高,但算法参数设置比较困难。最后,以通用逼近法为研究对象,对时域逼近中关联参数的选择问题进行了分析与讨论,进而为这些参数的选择提供了理论依据。仿真实验结果表明,基于傅里叶级数和智能优化算法的时域逼近方法的可行性,为后续章节实、复小波变换的实现奠定了基础。

参 考 文 献

[1] Haddad S A P, Verwaal N, Houben R P M, et al. Optimized dynamic translinear implementation of the Gaussian wavelet transform[C]. IEEE International Symposium on Circuits and Systems, 2004:145-148.

[2] Haddad S A P, Sumit B, Serdijn W A. Log-domain wavelet bases[J]. IEEE Transactions on Circuits and Systems, 2005, 52(10):2023-2032.

[3] Karel J M H, Haddad S A P, Hiseni S. Implementing wavelets in continuous-time analog circuits with dynamic range optimization[J]. IEEE Transactions on Circuits and Systems, 2012, 59(1):2023-2032.

[4] Karel J M H, Peeters R L M, Wetra R L. An L_2-based approach for wavelet approximation[C]. IEEE Conference on Decision and Control, and European Control, 2005:7882-7887.

[5] Karel J M H, Peeters R L M, Wetra R L. Wavelet approximation for implementation in dynamic translinear circuits[C]. The 16th IFAC World Congress, 2005:184-189.

[6] Karel J M H, Peeters R L M, Wetra R L. L_2-approximation of wavelet functions[C]. The 24th Benelux Meeting on Systems and Control Conference, 2005:128.

[7] 吴宁. 电网络分析与综合[M]. 北京:科学出版社,2002.

[8] Lorentz G G. 函数逼近论[M]. 谢庭藩,施咸亮,译. 上海:上海科学技术出版社,1981.

[9] Kailath T. Linear Systems[M]. Englewood Cliffs:Prentice Hall,1980.

[10] 李宏民,何怡刚,郭杰荣,等. 用平衡式对数域积分器实现连续小波变换[J]. 湖南大学学报(自然科学版),2007,34(6):24-27.

[11] 李宏民,何怡刚,胡沁春,等. 基于CMOS对数域积分器的小波变换模拟VLSI实现[J]. 微电子学与计算机,2008,25(1):20-24.

[12] Storn R, Price K. Differential Evolution:A Simple and Efficient Adaptive Scheme for Global Optimization over Continuous Spaces[R]. TR-95-012. Berkeley:International Computer Science Institute,1995.

[13] Storn R, Price K. Differential evolution—A simple and efficient heuristic for global optimization over continuous spaces[J]. Journal of Global Optimization, 1997, 11(4): 341-359.

[14] 周艳平,顾幸生. 差分进化算法研究进展[J]. 化工自动化及仪表,2007,34(3):1-5.

[15] 刘波,王凌,金以惠. 差分进化算法研究进展[J]. 控制与决策,2007,22(7):721-729.

[16] 苏海军,杨煜普,王宇嘉. 微分进化算法的研究综述[J]. 系统工程与电子技术,2008, 30(9):1793-1797.

[17] 颜学峰,余娟,钱峰. 自适应变异差分进化算法估计软测量参数[J]. 控制理论与应用, 2006,23(5):744-748.

[18] 颜学峰,余娟,钱峰,等. 基于改进差分进化算法的超临界水氧化动力学参数估计[J]. 华东理工大学学报(自然科学版),2006,32(1):94-97.

[19] 胡桂武,彭宏. 利用混沌差分进化算法预测 RNA 二级结构[J]. 计算机科学,2007,34(9): 163-166.

[20] Fan Q Q, Yan X F. Self-adaptive differential evolution algorithm with zoning evolution of control parameters and adaptive mutation strategies[J]. IEEE Transactions on Cybernetics, 2016,46(1):219-232.

[21] Slowik A. Application of an adaptive differential evolution algorithm with multiple trial vectors to artificial neural network training[J]. IEEE Transactions on Industrial Electronics,2011,58(8): 3160-3167.

[22] Almansa M J, Camacho J R, Valencia F D L M. Design of three-phase induction machine using differential evolution algorithm[J]. IEEE Latin America Transactions,2015,13(7): 2202-2208.

[23] Elsayed S M, Sarker R A, Essam D L. An improved self-adaptive differential evolution algorithm for optimization problems[J]. IEEE Transactions on Industrial Informatics, 2013,9(1):89-99.

[24] Das S, Mandal A, Mukherjee R. An adaptive differential evolution algorithm for global optimization in dynamic environments[J]. IEEE Transactions on Cybernetics,2014,44(6): 966-978.

[25] Zhang L, Jiao Y C, Chen B, et al. Synthesis of linear aperiodic arrays using a self-adaptive hybrid differential evolution algorithm[J]. IET Microwaves, Antennas and Propagation, 2011,5(12):1524-1528.

[26] 赵文山,何怡刚. 一种改进的开关电流滤波器实现小波变换的方法[J]. 物理学报,2009, 58(2):843-851.

[27] 徐斌. 基于差分进化算法的多目标优化方法[D]. 上海:华东理工大学,2013.

第5章 小波函数的频域逼近

5.1 引　　言

　　时域和频域是信号的基本性质。时域反映真实世界,是唯一客观存在的域;而频域是一种数学构造,归属于遵循特定规则的数学范畴。时域和频域也是信号的两个观察面,即从不同的角度描述和分析信号,两者相互联系、相辅相成。信号或函数,可以用时域表示,也可以用频域表示。时域信号是以时间轴为坐标来描述信号的关系,而频域信号是以频率轴为坐标来描述信号的关系。第4章已对小波函数的时域逼近进行了研究:构造小波函数的时域逼近模型,采用傅里叶级数和智能优化算法对模型进行求解,从而获得了较高精度、可综合实现的小波逼近函数。迄今,针对小波函数的时域逼近方法研究比较活跃,因为可以直接借鉴时域函数逼近方法,所以取得的相应成果也比较多。与小波函数的时域逼近研究"欣欣向荣"的景象相比,小波函数的频域逼近研究比较"沉寂",相关报道比较少。其主要原因是频域逼近的精度难以达到很高,逼近过程相对较复杂,形象性与直观性不如时域逼近,且不能保证时域、频域同时获得良好的逼近效果。目前,最具代表性的小波函数频域逼近方法是 Haddad 提出的 Padé 逼近法[1,2]。通过 Padé 逼近法可直接获得小波滤波器的频域传递函数,而不需要像时域逼近那样将时域逼近函数转化为频域有理函数后再进行小波滤波器综合,在这点上频域法要强于时域法。但 Padé 逼近法中频域有理分式的分子和分母阶次选择、稳定性以及逼近精度方面都存在不足[3]。鉴于此,本章将研究三种小波函数的频域逼近新方法。第一种方法是基于函数链神经网络的频域函数逼近方法,其出发点有两个:①利用神经网络的自适应、自学习能力研究一种简单、快速的频域逼近法;②研究一种能够获得简单频域传递函数的逼近方法,从而得到简单结构的滤波器网络。第二种方法是基于最小二乘法的小波频域函数拟合法,即已知小波函数的频域特征,通过函数拟合获得小波频域逼近函数。第三种方法是奇异值分解算法,它通过矩阵奇异值分解获得小波频域逼近函数。对于小波函数的频域逼近新方法的研究,可以丰富和发展小波函数的逼近方法,推动小波函数的频域逼近研究。

5.2 函数频域逼近理论

　　网络函数的频域逼近简单来讲就是用有理函数 $\hat{H}(j\omega)$ 去逼近 $H(j\omega)$ 。然而,

一般情况下 $H(j\omega)$ 是 ω 的复数,要完整地逼近它比较困难。因此,通常频域逼近的研究仅限于对实数域的逼近。

$$H(j\omega) = |H(j\omega)| e^{-j\varphi(\omega)} \tag{5.1}$$

式中,$|H(j\omega)|$ 是 $H(j\omega)$ 的幅度,$\varphi(\omega)$ 是 $H(j\omega)$ 的相位,它们都是 ω 的实函数。频域逼近中通常只是对幅度和相位中的任意一个进行逼近,具体选择通过应用需求而定。有的应用要求具有所需的幅度特性,而有的应用要求具有所需的相位特性。令 $H(\omega^2)$ 表示幅度平方函数 $|H(j\omega)|^2$,用 $\hat{H}(\omega^2)$ 表示对 $|H(j\omega)|^2$ 的逼近。对于幅度特性函数的逼近问题,通常有以下评价准则:

(1)最大误差最小准则。该准则的含义是在逼近区间 $\omega_a \leqslant \omega \leqslant \omega_b$ 内,$H(\omega^2)$ 和 $\hat{H}(\omega^2)$ 的差异的最大值最小。其数学表达式为

$$\min \varepsilon(\omega) = \min \left(\max(|H(\omega^2) - \hat{H}(\omega^2)|) \right) \tag{5.2}$$

(2)最小均方误差准则。其数学表达式为

$$\min \varepsilon(\omega) = \min \left(\int_{\omega_a}^{\omega_b} |H(\omega^2) - \hat{H}(\omega^2)|^2 d\omega \right) \tag{5.3}$$

(3)泰勒逼近准则。泰勒逼近方法既可以用于时域逼近,也可以用于频域逼近中。而且在频域逼近中,该方法在数学上容易处理,逼近效果比较平稳。若 $H(\omega^2)$ 在 $\omega = \omega_0$ 处展开的泰勒级数为

$$H(\omega^2) = H(\omega_0^2) + H'(\omega_0^2)(\omega - \omega_0) + \frac{H''(\omega_0^2)}{2!}(\omega - \omega_0)^2$$
$$+ \cdots + \frac{H^{(n)}(\omega_0^2)}{n!}(\omega - \omega_0)^n + R_n \tag{5.4}$$

其中,R_n 为拉格朗日余项,那么 $\hat{H}(\omega^2)$ 在 $\omega = \omega_0$ 处展开的泰勒级数为

$$\hat{H}(\omega^2) = \hat{H}(\omega_0^2) + \hat{H}'(\omega_0^2)(\omega - \omega_0) + \frac{\hat{H}''(\omega_0^2)}{2!}(\omega - \omega_0)^2$$
$$+ \cdots + \frac{\hat{H}^{(n)}(\omega_0^2)}{n!}(\omega - \omega_0)^n + R_n \tag{5.5}$$

式(5.4)和式(5.5)中,若 $(\omega - \omega_0)$ 的各幂次项系数有 k 个相等,则称 $\hat{H}(\omega^2)$ 是 $H(\omega^2)$ 的 k 阶泰勒逼近。本书的小波函数频域逼近算法中,为了兼顾时域和频域逼近准则的统一性,也将采用最小均方误差作为评判准则。

5.3　函数链神经网络逼近法

5.3.1　函数链神经网络

函数链神经网络(functional links neural network,FLNN)是由 Pao 等于 1989

年提出的[4-9]。它以网络结构简单、收敛速度快和计算量小的特点被广泛应用于函数逼近和模式识别中。函数链神经网络的结构如图 5.1 所示。图中 FE 为函数扩展模块。定义 n 维输入向量为 $X = [x_1, x_2, \cdots, x_n]^T$，网络的权值为 $W = [w_1, w_2, \cdots, w_n]^T$。输入向量 X 通过 FE 模块后扩展为 $\Phi(X) = [\phi_1(x_1), \phi_2(x_2), \cdots, \phi_n(x_n)]^T$。函数链神经网络的输入输出关系可表示为

$$\hat{y}(k) = \rho\left(\sum_{j=1}^{n} \phi_j(x_j) w_j(k)\right) = \rho(W(k) \cdot \Phi(X)) \tag{5.6}$$

非线性函数 $\rho(\cdot) = \tanh(\cdot)$。第 k 个网络期望输出与实际输出之间的误差表示为 $e(k) = y(k) - \hat{y}(k)$。采用自学习策略，网络的权值更新算法为

$$W(k+1) = W(k) + \eta \cdot \delta(k) \cdot (\Phi(X))^T \tag{5.7}$$

式中，$\delta(k) = (1 - \hat{y}^2(k)) \cdot e(k)$；$\eta$ 为学习因子。函数链神经网络通过不断调整网络的权值使网络的输出与目标之间的误差达到预定值。该算法的具体步骤如下。

步骤 1：确定初始函数型连接 FE 及函数链神经网络结构。

步骤 2：随机选取初始权值 w_j，通常 $w_j < 0$，给定任意小的正数 ε，令最大迭代次数为 T，$e = 0$，$t = 1$，$k = 0$。

步骤 3：输入训练样本数据 x_n，并计算 $\phi_1, \phi_2, \cdots, \phi_n$。

步骤 4：求 $\hat{y}$，并计算误差 e，如果满足 $e < \varepsilon$，则跳转至步骤 7，否则执行步骤 5。

步骤 5：计算 δ 并调整权值 w_j。

步骤 6：$t \leftarrow t + 1$，若 $t < T$，重复步骤 4～步骤 6，否则执行步骤 7。

步骤 7：结束算法，取出当前网络权值 w_j。

下面将采用函数链神经网络逼近小波频域函数，验证该方法的有效性。

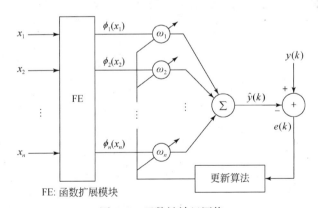

FE: 函数扩展模块

图 5.1　函数链神经网络

5.3.2　实例验证

设高斯一阶导数小波的表达式为

$$\psi(t) = -2t\mathrm{e}^{-t^2/2} \tag{5.8}$$

式(5.8)的反褶函数 $\psi(-t)$ 为

$$\psi(-t) = 2t\mathrm{e}^{-t^2/2} \tag{5.9}$$

$\psi(-t)$ 在尺度 a 时的傅里叶变换为

$$H(\mathrm{j}\omega) = -2\sqrt{2}\,\pi^{1/2}a^{3/2} \cdot \mathrm{j}\omega \cdot \mathrm{e}^{-a^2\omega^2/2} \tag{5.10}$$

令 $s = \mathrm{j}\omega$ 并考虑时延 t_0,则该小波的频域传递函数为

$$H(s) = -5.0133a^{3/2}s\mathrm{e}^{a^2s^2/2}\mathrm{e}^{-st_0} = \frac{-5.0133a^{3/2}s}{\mathrm{e}^{st_0-a^2s^2/2}} \tag{5.11}$$

由式(5.11)可知,分母的指数项需要采用幂级数多项式逼近后才能通过电路实现。设幂级数表达式为

$$\mathrm{e}^{x_it_0-a^2x_i^2/2} \approx \gamma_0 + \gamma_1 x_i + \gamma_2 x_i^2 + \cdots + \gamma_n x_i^n \tag{5.12}$$

为了实现小波滤波器,必须获得稳定的传递函数。然而,尺度 a、时延 t_0 和阶数 N 这三个参数是相互关联的,因此,必须选择合理的参数。图 5.2 给出了尺度 $a=1$ 的七阶传递函数取在不同时延 t_0 时的极点分布图。由图可知,当 $t_0=4$ 时,尺度为 1 的七阶传递函数的极点都在左半平面,此时对应的系统是稳定的。现取 $t_0=4$, $a=1$,传递函数的阶次 $N=7$,函数链神经网络的扩展函数为 $\{1, x_i, x_i^2, \cdots, x_i^7\}$,学习因子 $\eta=0.01$。通过函数链神经网络训练后,网络的权值对应幂级数的系数,即 $\gamma_i = w_i$。逼近指数项的多项式系数如表 5.1 所示。对应的七阶频域传递函数为

$$H(s) = \frac{-5.0133s}{0.13s^7 + 1.2078s^6 + 3.7738s^5 + 6.8718s^4 + 8.6476s^3 + 7.4847s^2 + 4.0013s + 1.0004} \tag{5.13}$$

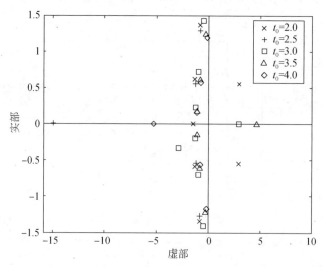

图 5.2　不同时延 t_0 时七阶传递函数的极点分布

表 5.1 函数链神经网络逼近的多项式系数

系数	系数值	系数	系数值
γ_0	1.0004	γ_4	6.8718
γ_1	4.0013	γ_5	3.7738
γ_2	7.4847	γ_6	1.2078
γ_3	8.6476	γ_7	0.1300

不同阶次多项式逼近的高斯小波如图 5.3 所示。由图可以看出,七阶多项式逼近的效果要优于六阶逼近,也就是说,逼近阶数越高,小波函数的逼近效果越好,但相应滤波器的结构也越复杂。因此,一般做法是在满足精度要求的同时,尽量采用低阶逼近。那么,采用函数链神经网络逼近频域小波函数的优势是什么呢? 概括起来有两点:① 函数链神经网络结构简单,收敛速度快,具有自适应、自学习能力,且易于实现;② 由式(5.13)所示传递函数可以看出,该方法获得的频域逼近函数分子特别简单(该式中分子只有一次项),对应到小波滤波器结构设计中,多环反馈结构的前馈网络结构非常简单,有效简化了电路结构。因此,函数链神经网络应用于小波函数的频域逼近是十分有效的。

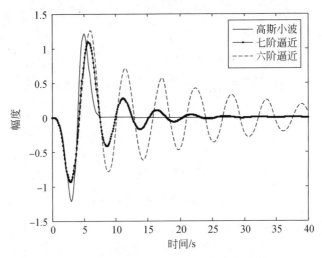

图 5.3 不同阶次多项式逼近的高斯小波

通过分析基于函数链神经网络的频域逼近方法可知,该方法在小波函数的频域逼近中也存在一些局限性。首先,待逼近的小波函数必须存在频域函数,例如,无显示表达式的 db 小波就不适合采用该方法;其次,如果逼近阶次很高,神经网络的结构也相应变得复杂,增加了逼近网络的构建和收敛方面的难度。当然,因为该方法可以获得分子非常简单的频域传递函数,如果单纯从简化电路结构、减小电路体积和降低功耗的角度考虑,采用基于函数链神经网络的小波函数频域逼近法仍不失为一种比较好的方法,也是目前能够获得最简小波频域函数较理想的方法。

5.4　小波频域函数拟合法

5.4.1　频域函数拟合法

频域函数拟合法的实质就是根据函数的频率特性拟合传递函数。也就是说,先获取函数的实部频率特性 $Re(\omega)$ 和虚部频率特性 $Im(\omega)$,再利用 $Re(\omega)$ 和 $Im(\omega)$ 估计出传递函数。

设一个小波滤波器的传递函数为

$$H(s)=\frac{b_m s^m+b_{m-1}s^{m-1}+\cdots+b_1 s+b_0}{a_n s^n+a_{n-1}s^{n-1}+\cdots+a_1 s+a_0} \tag{5.14}$$

式中,$n>m$,其对应的频域响应可表示为[10-12]

$$H(j\omega)=\frac{(b_0-b_2\omega^2+b_4\omega^4-\cdots)+j\omega(b_1-b_3\omega^2+b_5\omega^4-\cdots)}{(1-a_2\omega^2+a_4\omega^4-\cdots)+j\omega(a_1-a_3\omega^2+a_5\omega^4-\cdots)}$$

$$=\frac{\alpha(\omega)+j\beta(\omega)}{\theta(\omega)+j\rho(\omega)}\equiv\frac{N(j\omega)}{D(j\omega)} \tag{5.15}$$

设小波逼近函数的频率特性数据为

$$\hat{H}(j\omega_i)=Re(\omega_i)+jIm(\omega_i),\quad i=1,2,\cdots,M \tag{5.16}$$

则在频率点 ω_i 上,估计的频域响应与实际频域响应之间的误差为

$$\varepsilon_i=\varepsilon_i(j\omega)=\hat{H}(j\omega_i)-H(j\omega_i)$$

$$=Re(\omega_i)+jIm(\omega_i)-\frac{N(j\omega)}{D(j\omega)} \tag{5.17}$$

采用最小二乘算法使目标误差 J 达到最小,即

$$J=\min\left(\sum_{i=1}^{M}\|\varepsilon(j\omega_i)\|^2\right) \tag{5.18}$$

原则上采用式(5.18)作为频域逼近优化目标函数,可以求得传递函数 $H(s)$ 的系数。然而,该误差准则关于参数空间是非线性的,求解该极小值问题相对困难。因此,可修正式(5.18)所示误差准则。一种将非线性极小化问题转化为线性极小化问题的加权最小二乘法准则为

$$J=\min\left(\sum_{i=1}^{M}\|D(j\omega_i)\varepsilon(j\omega_i)\|^2\right) \tag{5.19}$$

根据式(5.17)和式(5.18),可改写式(5.19)为

$$\hat{J}=\min\left(\sum_{i=1}^{M}\|e_i\|^2\right)=\sum_{i=1}^{M}\|(P_i+jQ_i)D(j\omega_i)-N(j\omega_i)\|^2$$

$$= \min\left(\sum_{i=1}^{M} \| H(\omega_i) - jF(\omega_i) \|^2\right)$$

$$= \min\left(\sum_{i=1}^{M} \| H^2(\omega_i) + F^2(\omega_i) \|^2\right) \tag{5.20}$$

式中

$$H(\omega_i) = P_i\sigma(\omega_i) - Q_i\tau(\omega_i) - \alpha(\omega_i)$$
$$F(\omega_i) = Q_i\sigma(\omega_i) + P_i\tau(\omega_i) - \beta(\omega_i) \tag{5.21}$$

令 $\partial \hat{J}/\partial\theta = 0$，即

$$\sum_{i=1}^{M}\left[H(\omega_i)\frac{\partial H(\omega_i)}{\partial\theta} + F(\omega_i)\frac{\partial F(\omega_i)}{\partial\theta}\right] = 0 \tag{5.22}$$

式中

$$
\begin{cases}
\dfrac{\partial H(\omega_i)}{\partial a_{2k}} = (-1)^k P_i\omega_i^{2k}, & k=1,2,\cdots \\[2mm]
\dfrac{\partial H(\omega_i)}{\partial a_{2k+1}} = (-1)^{k+1} Q_i\omega_i^{2k+1}, & k=0,1,2,\cdots \\[2mm]
\dfrac{\partial F(\omega_i)}{\partial a_{2k}} = (-1)^k Q_i\omega_i^{2k}, & k=1,2,\cdots \\[2mm]
\dfrac{\partial F(\omega_i)}{\partial a_{2k+1}} = (-1)^{k+1} P_i\omega_i^{2k+1}, & k=0,1,2,\cdots \\[2mm]
\dfrac{\partial H(\omega_i)}{\partial b_{2k}} = (-1)^k \omega_i^{2k}, & k=1,2,\cdots \\[2mm]
\dfrac{\partial H(\omega_i)}{\partial b_{2k+1}} = 0, & k=0,1,2,\cdots \\[2mm]
\dfrac{\partial F(\omega_i)}{\partial b_{2k}} = 0, & k=1,2,\cdots \\[2mm]
\dfrac{\partial F(\omega_i)}{\partial B_{2k+1}} = (-1)^{k+1}\omega_i^{2k+1}, & k=0,1,2,\cdots
\end{cases} \tag{5.23}
$$

5.4.2　实例验证

本节以高斯小波为例验证该方法的性能。设高斯小波函数为

$$\psi(t) = -2te^{-t^2} \tag{5.24}$$

该小波的支撑域近似为 $[-2,2]$。为了获得因果系统，小波函数延迟 $t_0 = 2$，则有

$$\psi(t-2) = -2(t-2)e^{-(t-2)^2} \tag{5.25}$$

取 $n=6$，$m=5$，$M=629$，$J=0.01$，利用上述方法拟合小波频域函数，获得的幅频特性和相频特性分别如图 5.4(a) 和 (b) 所示。由幅频特性和相频特性的逼近效果可以看出该方法能够较好地实现小波频域函数的拟合。图 5.5(a) 给出了小波函数在时域的逼近，由图可知，该方法对小波函数的时域逼近同样表现得比较理

想。该方法求出的小波滤波器传递函数为

$$H(s) = \frac{0.5233s^5 - 1.583s^4 + 26.386s^3 - 46.9515s^2 + 304.7354s - 0.8948}{s^6 + 7.9062s^5 + 42.1082s^4 + 131.7887s^3 + 271.0489s^2 + 321.2184s + 174.1368}$$

(5.26)

式(5.26)的极点如表 5.2 所示,零极点分布如图 5.5(b)所示。由极点分布可知,采用频域函数拟合法获得的逼近函数对应的系统是稳定的。

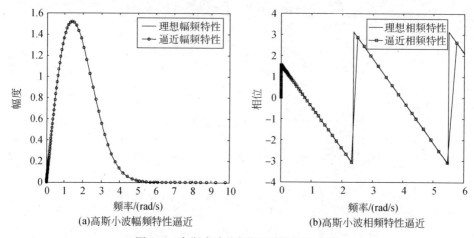

(a)高斯小波幅频特性逼近   (b)高斯小波相频特性逼近

图 5.4 高斯小波的幅频和相频特性逼近

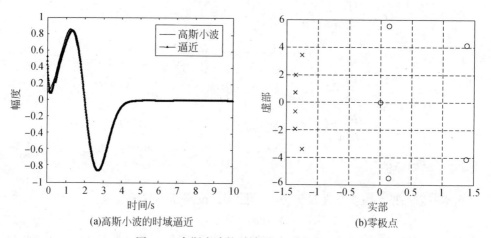

(a)高斯小波的时域逼近   (b)零极点

图 5.5 高斯小波的时域逼近及零极点分布

与函数链神经网络逼近法相比,小波频域函数拟合法主要存在以下优点:①拟合法的求解过程更简洁,算法参数设置也很简单,相对而言,神经网络逼近法的参数设置要复杂得多;②频域函数拟合法的逼近精度高于函数链神经网络法。例如,本例中的六阶逼近精度比上例的七阶高。小波频域函数拟合法的缺点是获得的传递函数分子比函数链神经网络法获得的频域函数分子复杂,那么,意味着在小波滤波器结构设计中的前馈网络部分要复杂。此外,式(5.18)对应的误差评判准则关于参数空间是非线性的,在求解极小值问题时比较困难,因此,通常将其转换为线性极小值问题来求解。当然,在实际应用中求解可借助 MATLAB 中的系统辨识工具箱。根据文献[13]中复小波函数的频域逼近理论可知,前面提出的两种频域逼近法同样适合于复小波函数的频域逼近,在此不再赘述。

表 5.2　频域函数拟合法求得的小波逼近函数的极点

j	p_j	j	p_j
1	$-1.2455 + \mathrm{j}3.4184$	4	$-1.3549 - \mathrm{j}1.9839$
2	$-1.2455 - \mathrm{j}3.4184$	5	$-1.3527 + \mathrm{j}0.6704$
3	$-1.3549 + \mathrm{j}1.9839$	6	$-1.3527 - \mathrm{j}0.6704$

5.5　矩阵奇异值分解逼近法

5.5.1　奇异值分解逼近

奇异值分解(singular value decomposition, SVD)是线性代数中一种重要的矩阵分解,在信号分析、图像处理和统计学等领域有重要应用[14-23]。奇异值分解在某些方面与对称矩阵等基于特征向量的对角化类似,但也有明显的不同。其区别在于:对称矩阵特征向量分解的基础是谱分析,而奇异值分解则是谱分析理论在任意矩阵上的推广。本节将介绍基于奇异值分解的小波频域函数逼近算法。

首先回顾矩阵奇异值分解的定义:设 $A \in C_r^{m \times n}(r > 0)$,则存在 m 阶酉矩阵 U 和 n 阶酉矩阵 V ,使得

$$A = U \cdot \begin{bmatrix} \Sigma & 0 \\ 0 & 0 \end{bmatrix} \cdot V^{\mathrm{T}} \tag{5.27}$$

式中,矩阵 $\Sigma = \mathrm{diag}(\sigma_1, \sigma_2, \cdots, \sigma_r)$,而数 $\sigma_1, \sigma_2, \cdots, \sigma_r$ 是矩阵 A 的所有非零奇异值,称式(5.27)是矩阵 A 的奇异值分解。

考虑线性系统的离散状态空间模型:

$$\begin{cases} x(k+1) = Ax(k) + Bu(k) \\ y(k) = Cx(k) + Du(k) \end{cases} \tag{5.28}$$

为了获得严格因果系统,令矩阵 $D = 0$,状态空间系统的脉冲响应可表示为

$$h = \begin{bmatrix} \cdots & 0 & 0 & 0 & \boxed{D} & CB & CAB & CA^2B & \cdots \end{bmatrix} \tag{5.29}$$

现将 h 矩阵变换成 Hankel(H)矩阵形式:

$$H = \begin{bmatrix} CB & CAB & CA^2B & \cdots \\ CAB & CA^2B & & \\ CA^2B & & & \\ \cdots & & & \end{bmatrix} \tag{5.30}$$

分析式(5.30)可知,矩阵 H 的列为脉冲响应的转移结果。同时,矩阵 H 能够表示为可测矩阵 O 和可控矩阵 K 的乘积,即

$$H = O \cdot K \tag{5.31}$$

矩阵 O 和 K 分别定义为

$$\begin{cases} O = [C \quad AC \quad A^2C \quad \cdots]^{\mathrm{T}} \\ K = [B \quad AB \quad A^2B \quad \cdots] \end{cases} \tag{5.32}$$

为了从 H 矩阵中提取出 A、B、C 和 D 矩阵,基于 Hankel 矩阵的奇异值分解被用于求解矩阵 O 和 K。基于 Hankel 矩阵的奇异值分解可表示为

$$H = U \cdot \Sigma \cdot V^{\mathrm{T}} \tag{5.33}$$

矩阵 O 和 K 能够通过奇异值分解求得

$$O = \tilde{U} \cdot \tilde{\Sigma}^{1/2} \tag{5.34}$$

$$K = \tilde{\Sigma}^{1/2} \cdot \tilde{V}^{\mathrm{T}} \tag{5.35}$$

式中,$\tilde{U}$、$\tilde{\Sigma}$ 和 $\tilde{V}$ 分别表示矩阵 U、Σ 和 V 的逼近。

为了从状态空间描述中提取出矩阵 A,现将矩阵 O 分解成两个部分和两种形式,令矩阵 O 为

$$O = [\overbrace{C \quad CA \quad CA^2 \quad \cdots \quad CA^{n-1}}^{O_x} CA^n]^{\mathrm{T}} \tag{5.36}$$

$$O = [C \quad \overbrace{CA \quad CA^2 \quad \cdots \quad CA^{n-1} \quad CA^n}^{O_y}]^{\mathrm{T}} \tag{5.37}$$

分析可知,$O_x \cdot A = O_y$,所以 $A = O_x^+ \cdot O_y$,其中 O_x^+ 为 O_x 的伪逆矩阵。矩阵 B 和 C 能够分别从矩阵 O 的第一行和 K 的第一列获得,即

$$\begin{cases} B = K(:,1) \\ C = O(1,:) \end{cases} \tag{5.38}$$

至此,矩阵 A、B、C 和 D 全部求得。

5.5.2　实例验证

以复 Gabor 小波函数为例,采用奇异值分解方法分别求解其实部和虚部的逼近函数。复 Gabor 小波表达式为

$$\psi(t) = \psi^{\mathrm{r}}(t) + \mathrm{j}\psi^{\mathrm{i}}(t) = \cos(2t)\mathrm{e}^{-t^2} - \mathrm{j}\sin(2t)\mathrm{e}^{-t^2} \tag{5.39}$$

时延 $t_0 = 2.5$ 的复 Gabor 小波函数为

$$\psi(t - t_0) = \psi^{\mathrm{r}}(t - t_0) + \mathrm{j}\psi^{\mathrm{i}}(t - t_0) = \psi^{\mathrm{r}}(t - 2.5) + \mathrm{j}\psi^{\mathrm{i}}(t - 2.5) \tag{5.40}$$

采用奇异值分解方法的复 Gabor 小波实部和虚部七阶逼近如图 5.6 所示。其实部和虚部逼近误差分别为 3.2093×10^{-5} 和 6.879×10^{-5}。图 5.7 为复 Gabor 小波的模和相位的七阶逼近效果。由图 5.6 和图 5.7 可以看出，奇异值分解方法对复 Gabor 小波实部和虚部及模的逼近效果较好，但在相位的逼近中前端和后端效果较差，这是由于小波函数的实部和虚部前端和后端逼近效果较差而相位反映比较敏感所致。

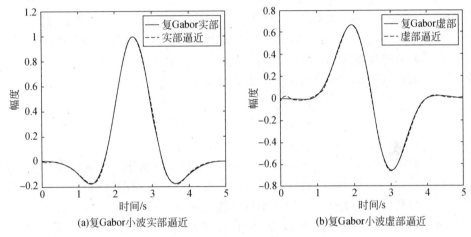

(a)复Gabor小波实部逼近　　　　　(b)复Gabor小波虚部逼近

图 5.6　复 Gabor 小波实部和虚部逼近

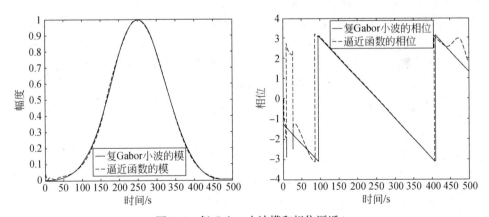

图 5.7　复 Gabor 小波模和相位逼近

采用奇异值分解逼近法求得的七阶实部和虚部频域逼近函数（尺度 $a=1$）分别为

$$h_{a=1}^{r}(s) = \frac{7.335s^6 - 1.611 \times 10^2 s^5 + 1.879 \times 10^3 s^4 - 1.384 \times 10^4 s^3 + 6.437 \times 10^4 s^2 - 1.979 \times 10^5 s + 1.948 \times 10^5}{s^7 + 6.392s^6 + 49.22s^5 + 1.807 \times 10^2 s^4 + 5.848 \times 10^2 s^3 + 1.131 \times 10^3 s^2 - 1.514 \times 10^3 s + 979.2}$$

$$(5.41)$$

$$h_{a=1}^i(s) = \frac{-11.89s^6 + 2.007 \times 10^2 s^5 - 2.034 \times 10^3 s^4 + 1.139 \times 10^4 s^3 - 4.364 \times 10^4 s^2 + 7.413 \times 10^4 s - 1676}{s^7 + 5.071s^6 + 39.69s^5 + 1.197 \times 10^2 s^4 + 3.778 \times 10^2 s^3 + 5.916 \times 10^2 s^2 + 7.401s + 327.6}$$

$$(5.42)$$

　　与前面提出的两种频域逼近方法相比,基于奇异值分解的复小波函数逼近法计算过程相对要复杂些,但算法参数设置较少。同时,通过该方法可以直接获得状态空间描述中的 A、B、C 和 D 矩阵,在离散时间电路设计中很容易实现。另外,通常情况下采用该方法求得的矩阵为全稠密矩阵,意味着电路各模块间有很多的连接,增加了电路复杂度、附加噪声和电路功耗。通过对这些系数矩阵进行优化,可达到状态空间优化的目的,这是前两种方法所不具备的。对比 4.4 节所提出的基于多目标差分进化算法的复 Morlet 小波逼近方法(图 4.6)可知,基于奇异值分解的复小波逼近算法在相位逼近中的效果相对要差。

5.6　本章小结

　　小波滤波器综合设计以小波频域传递函数为基础,采用时域逼近法获得的逼近函数仍为时域函数,因此,滤波器设计时需要通过拉普拉斯变换获得频域函数。由小波函数频域逼近法得到的逼近函数直接为频域函数,可减少拉普拉斯变换过程。最常见的频域逼近法是 Padé 法,但存在诸多缺陷,本章以频域函数逼近理论为基础,提出了基于函数链神经网络的小波函数频域逼近法、小波频域函数拟合法和奇异值分解逼近法,分别以高斯一阶导数和复 Gabor 小波为例,介绍了这三种方法的具体操作过程。实验结果验证了所提频域逼近方法的有效性,并对这三种方法的特点进行了分析与比较,总结了各自的优缺点。本章提出的小波函数频域逼近新方法既丰富和发展了小波函数逼近方法,也为小波变换电路实现奠定了基础,同时为其他函数逼近以及滤波器设计提供了新思路。

参 考 文 献

[1] Haddad S A P, Sumit B, Serdijn W A. Log-domain wavelet bases[J]. IEEE Transactions on Circuits and Systems,2005,52(10):2023-2032.

[2] Haddad S A P, Serdijn W A. Ultra Low-Power Biomedical Signal Processing:An Analog Wavelet Filter Approach for Pacemakers[M]. Berlin:Springer,2009.

[3] Akansu A N, Serdijn W A,Selesnick I W. Emerging applications of wavelets:A review[J]. Physical Communication,2010,3(1):1-18.

[4] Pao Y H. Adaptive Pattern Recognition and Neural Networks [M]. Boston:Addison Wesley,1989.

[5] Pao Y H,Phillips S M,Sobajic D J. Neural-net computing and intelligent control systems[J]. International Journal of Control,1992,56(2):263-289.

[6] Pao Y H,Takefuji Y. Functional-link net computing:Theory, system architecture, and func-

tionalities[J]. Computer,1992,25(5):76-79.

[7] Li M Y,Liu J T,Jiang Y,et al. Complex-Chebyshev functional link neural network behavioral model for broadband wireless power amplifiers[J]. IEEE Transactions on Microwave Theory and Techniques,2012,60(6):1979-1989.

[8] Patra J C,Kot A C. Nonlinear dynamic system identification using Chebyshev functional link artificial neural networks[J]. IEEE Transactions on Systems,Man,and Cybernetics,2002,32 (4):505-511.

[9] Zhao H Q,Zhang J S. Pipelined Chebyshev functional link artificial recurrent neural network for nonlinear adaptive filter[J]. IEEE Transactions on Systems,Man,and Cybernetics,2010, 40(1):162-172.

[10] Gustavsen B,Semlyen A. Rational approximation of frequency domain responses by vector fitting[J]. IEEE Transactions on Power Delivery,1999,14(3):1052-1061.

[11] Sheshyekani K, Karami H R, Dehkhoda P. Application of the matrix pencil method to rational fitting of frequency-domain responses[J]. IEEE Transactions on Power Delivery, 2012,27(4):2399-2408.

[12] Deschrijver D,Gustavsen B,Dhaene T. Advancements in iterative methods for rational approximation in the frequency domain[J]. IEEE Transactions on Power Delivery,2007, 22(3):1633-1642.

[13] Haddad S A P,Karel J M H,Peeters R L M,et al. Analog complex wavelet filters[C]. IEEE International Symposium on Circuits and Systems,2005:3287-3290.

[14] van der Veen A J,Deprettere E F,Swindlehurst A L. Subspace-based signal analysis using singular value decomposition[C]. Proceedings of the IEEE,1993:1277-1308.

[15] Grashuis M. A Fully Differential Switched Capacitor Wavelet Filter[D]. Delft: Delft University of Technology,2009.

[16] Song L P, Zhang S Y. Singular value decomposition-based reconstruction algorithm for seismic traveltime tomography[J]. IEEE Transactions on Image Processing, 1999,8(8): 1152-1154.

[17] Liu J,Liu X Q,Ma X L. First-order perturbation analysis of singular vectors in singular value decomposition[J]. IEEE Transactions on Signal Processing,2008,56(7):3045-3049.

[18] Jiang Y L,Hayashi I,Wang S Y. Knowledge acquisition method based on singular value decomposition for human motion analysis[J]. IEEE Transactions on Knowledge and Data Engineering,2014,26(12):3038-3050.

[19] Jha S K,Yadava R D S. Denoising by singular value decomposition and its application to electronic nose data processing[J]. IEEE Sensors Journal,2011,11(1):35-44.

[20] Ashtiani M B,Shahrtash S M. Partial discharge de-noising employing adaptive singular value decomposition[J]. IEEE Transactions on Dielectrics and Electrical Insulation,2014,21(2): 775-782.

[21] Rajwade A,Rangarajan A,Banerjee A. Image denoising using the higher order singular value decomposition[J]. IEEE Transactions on Pattern Analysis and Machine Intelligence,2013,

　　　　35(4):849-862.

[22] Jian M W, Lam K M. Simultaneous hallucination and recognition of low-resolution faces based on singular value decomposition[J]. IEEE Transactions on Circuits and Systems for Video Technology,2015,25(11):1761-1772.

[23] Li M,He Y G. Implementing complex wavelet transform in analog circuit and singular value decomposition algorithm[J]. WSEAS Transactions on Circuits and Systems,2015,14(45):380-388.

第6章 小波变换的单开关电流积分器实现

6.1 引　　言

小波变换以其在信号分析方面具有的良好时频局部化特性成为目前广泛采用的时频分析工具[1-3]。继而,小波变换的硬件实现也成为当前学术界的研究热点。由前面章节介绍的理论可知,通常,小波变换的模拟滤波器实现分为两大步,其一为小波函数逼近,即获得可以电网络综合实现的小波频域函数;其二为小波变换电路设计,即设计冲激响应为小波逼近函数的滤波器实现小波变换。文献[4]和[5]提出了基于电压模开关电容技术的小波变换电路,其电路特点是通过调节时钟频率或电容比可方便地改变电路的时间常数,但该电路的动态范围受电源电压降低的限制,而且制作工艺与数字 CMOS 工艺不兼容,因此,其发展和应用受到一定限制。文献[6]～[12]提出了基于对数域滤波器的小波变换实现方法。由于对数域积分器的时间常数与热电压 V_T 成正比,容易引起滤波器频率特性不稳定;另外,在对数域滤波器中,为了获得 MOS 管的 I-V 指数特性,要求 MOS 管工作在亚阈值区,致使系统的偏置电流不能太大,因此,滤波器的工作带宽也受到限制。文献[13]和[14]提出了基于跨导电容滤波器的小波变换实现方法。然而,跨导电容滤波器工作在高频率时,各节点积分电容的值逐渐减小,寄生电容占总电容比例相应升高,从而提高了高频跨导电容滤波器频响的不确定性,同时,在小尺寸、低电压工艺上设计能够同时满足高线性度和宽可调谐范围的跨导电容滤波器就显得越发困难。文献[15]～[17]设计了基于开关电流滤波器的小波变换实现方法。开关电流电路可通过调节时钟频率或宽长比改变电路的时间常数满足频率特性要求,同时,电路设计与数字 CMOS 工艺完全兼容。综合分析上述小波变换实现方法可以概括出以下几点特征:①在这些设计方法中,小波滤波器的冲激响应不是小波基本身,而是小波基的逼近函数,因此,小波变换电路的性能受小波函数逼近精度的影响;②为了获得小波基的高精度逼近函数,通常采用高阶多项式进行逼近,致使小波变换电路的结构变得复杂,电路的功耗和体积随之增加;③随着小波分析理论与应用的不断发展,针对不同应用而构造出来的新小波基可谓"层出不穷",其中,有的小波基本身就是因果的,并不需要通过逼近而可以直接通过电网络综合实现。由第 2 章中的滤波器综合理论可知,滤波器的综合实现方法中有直接综合法,即直接以滤波器的频域函数作为传递函数,采用特定的电路结构实现。因此,研究基于开关电流滤波器的直接法实现小波变换具有重要的理论意义和实际价值,对新小波基的构造与实现起到了推动作用。

　　鉴于上述原因,本章提出一种基于单开关电流积分器实现小波变换的新方法。根据小波变换原理,将某一带通滤波器的网络函数作为研究对象,先证明其为小波基,然后以单个开关电流积分器为基本单元设计冲激响应为该小波基的带通滤波器,通过调节电路时钟频率获得不同尺度小波函数,从而实现小波变换。仿真实验结果表明,该方法实现小波变换具有设计精度高、滤波器结构简单、容易实现、小波函数尺度方便调节等特点。

6.2　小波函数容许条件及稳定性

　　为了获得小波基,现考虑某一带通滤波器的频域函数:

$$H(\omega) = \frac{(\omega_0/q)\mathrm{j}\omega}{(\mathrm{j}\omega)^2 + (\omega_0/q)\mathrm{j}\omega + \omega_0^2} \tag{6.1}$$

式中,取 $q = \sqrt{2}$,$\omega_0 = 2\pi f_0$,$f_0 = 13.45\mathrm{kHz}$。该滤波器的冲激响应 $h(t)$ 如图 6.1 所示。由 3.2 节中小波变换的滤波器实现原理可知,小波变换的模拟滤波器实现转化为设计冲激响应为不同尺度小波函数的滤波器组。因此,令 $\psi(t) = h(t)$,设计冲激响应为 $h(t)$ 的滤波器,通过调节滤波器的时间常数即可获得不同尺度的小波函数,从而实现连续小波变换。由小波分析理论可知,虽然小波变换没有固定的核函数,但并不是所有的函数都可以作为小波变换的小波基,其必须满足容许条件和稳定性条件,因此,首先需要证明构造出的函数为小波基函数。

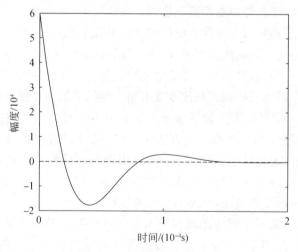

图 6.1　滤波器的冲激响应

定理 6.1　$\psi(t)$ 的傅里叶变换 $H(\omega)$ 满足容许条件 $C_\psi = \int_{-\infty}^{+\infty} |H(\omega)|^2/|\omega|$ $\mathrm{d}\omega < \infty$，则 $\psi(t)$ 是允许小波。

证明　因为 $C_\psi = \int_{-\infty}^{+\infty} |H(\omega)|^2/|\omega|\,\mathrm{d}\omega = 2\int_0^{+\infty} |H(\omega)|^2/\omega\mathrm{d}\omega$，故将其展开后得

$$C_\psi = 2\int_0^{\omega_0} |H(\omega)|^2/\omega\mathrm{d}\omega + 2\int_{\omega_0}^{+\infty} |H(\omega)|^2/\omega\mathrm{d}\omega \tag{6.2}$$

由图 6.2 中的函数 $|H(\omega)|^2/\omega$ 的波特(Bode)图可知，式(6.2)中的被积函数 $|H(\omega)|^2/\omega$ 是有界的，因此，第一项积分 $\int_0^{\omega_0} |H(\omega)|^2/\omega\mathrm{d}\omega$ 必定有界，那么，C_ψ 的收敛性由第二项广义积分的收敛性决定。

同样，由图 6.2 可以看出，第二项积分 $\int_{\omega_0}^{+\infty} |H(\omega)|^2/\omega\mathrm{d}\omega$ 的函数曲线总是在 $10^{11}/\omega^3$ 以下，而 $\int_{\omega_0}^{+\infty} 10^{11}/\omega^3\,\mathrm{d}\omega$ 是收敛的，所以，式(6.2)中的第二项积分也是收敛的。

综合以上分析可得，$C_\psi = \int_{-\infty}^{+\infty} |H(\omega)|^2/|\omega|\,\mathrm{d}\omega < \infty$ 成立，满足允许小波的条件，所以 $\psi(t)$ 是允许小波。证毕。

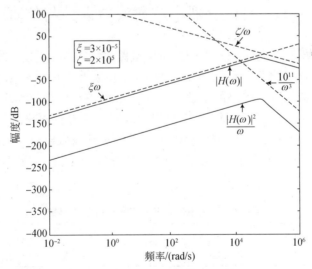

图 6.2　函数 $|H(\omega)|^2/\omega$ 和 $|H(\omega)|$ 的波特图

定理 6.2　对于半离散小波变换的稳定条件，要求常数 α 和 β 应满足关系式：

$$0 < \alpha \leqslant \sum_{m=-\infty}^{\infty} |H(r^m\omega)|^2 \leqslant \beta < \infty, \quad 0 < \omega < \infty \tag{6.3}$$

式中,r^m 为尺度因子;m 为整数。

证明　令 $r=\sqrt{2}$,结合式(6.1)可求解 $\sum\limits_{m=-30}^{30} |H(r^m\omega)|^2$。事实上,因为 $\sum\limits_{m=-30}^{30}$ $|H(r^m\omega)|^2 \geqslant 0$,通过选择 $-30 < m < 30$ 足够可以找到一个下限 α 满足式(6.3)。通过求解得 α 最小值为 $\alpha = 2.628$。另外,通过图 6.2 可知,$|H(\omega)|$ 位于曲线 $\xi\omega$ 和 ζ/ω 之下,又因为 $\xi\omega$ 和 ζ/ω 分别为递增和递减函数,所以有

$$|H(\omega)| \leqslant \xi\omega, \quad \omega \in [r^{-1}\omega, \omega] \tag{6.4}$$

$$|H(\omega)| \leqslant \frac{\zeta}{\omega}, \quad \omega \in [\omega, r\omega] \tag{6.5}$$

根据式(6.4)和式(6.5),将 $\sum\limits_{m=-\infty}^{\infty} |H(r^m\omega)|^2$ 展开求上限 β,可得

$$\sum_{m=-\infty}^{\infty} |H(r^m\omega)|^2 \leqslant \sum_{m=-\infty}^{\infty} (\xi r^m \omega_d) + \sum_{m=-\infty}^{\infty} [\zeta/(r^m\omega_d)]^2$$

$$= \frac{(\xi^2\omega_d^2 + \zeta^2/\omega_d^2)r^2}{r^2 - 1}$$

$$= \beta \tag{6.6}$$

式中,ω_d 为 $(0,\infty)$ 中的任意期望频率。取 $\omega_d = \omega_0$ 并代入式(6.1),则可求得 $\beta = 442.55$。证毕。

6.3　单积分器小波滤波器设计与仿真

本节将采用开关电流积分器的二阶节电路设计式(6.1)对应的带通滤波器。开关电流积分器二阶节电路如图 2.5 所示,根据表 2.2 中的系数表达式可求得开关电流积分器二阶节电路的参数 $\alpha_1 \sim \alpha_6$。由于在 s 域与 z 域的变换过程中存在非线性关系引起的频率翘曲效应,所以设计时需要进行预翘曲处理[18,19],但本设计中选定的工作频率远小于抽样频率,这种频率翘曲效应较小而可以忽略。通过上述方法求得开关电流积分器二阶节电路中晶体管宽长比(W/L)参数如表 6.1 所示。

表 6.1　开关电流积分器二阶节电路的参数

α_i	α_1	α_2	α_3	α_4	α_5	α_6
W/L	0	0.8110	1.0000	0.6791	0.6791	0.3395

图 6.3 给出了 ASIZ[20] 仿真软件绘制的以开关电流积分器二阶节为基本模块的小波滤波器电路,图中所有电流源应仿真软件要求而省略,接地开关在实际电路设计也不需要,另外,图中符号"⊥"表示接地,"-〜〜-"表示电阻。将表 6.1 中所列参数设置电路中相应 MOS 管的 W/L 值,其他未列出 MOS 管的 W/L 均设置为 1,并

令 $I_s = 1\text{A}, R = 1\Omega$。根据开关电流滤波器的特性,通过调节滤波器电路的时钟频率能够得到其他不同尺度的小波函数。设置时钟频率分别为 100kHz、50kHz、25kHz 和 12.5kHz 并对电路进行仿真,获得尺度分别为 1、2、4 和 8 的小波滤波器冲激响应如图 6.4 所示,对比图 6.4 与图 6.1 中的波形形状可以看出,采用单开关电流积分器实现的小波滤波器冲激响应与原函数逼近效果比较理想。其冲激响应波形在 $t = 0$ 处取得峰值均为 0.606A,与原函数在归一化后的幅度 0.5976A 很接近,可见通过调节滤波器电路的时钟频率,设计的开关电流小波滤波器较为理想地实现了不同尺度的小波函数。图 6.5 为不同尺度小波滤波器的频域响应($a = 1, 2,$ 4, 8),频率 f 分别在 13.317kHz、6.6585kHz、3.3293kHz 和 1.6646kHz 处取得峰值为 0.9659dB,与理论分析中的中心频率点基本吻合。同时,在频率特性曲线的阻带尾部存在较大纹波起伏,这是由频率增大、电路频率特性变差所致。图 6.5 中的小窗口为尺度为 1 时系统的零极点图,由于所有极点均采用 $z^{1/2}$ 的幂形式来表示,所以对于二阶传递函数,窗口中共有 4 个极点("×"点)。由图可以看出,所有极点均位于单位圆内,表明所设计的系统是稳定的。与文献[9]~[17]中基于小波函数逼近的小波滤波器实现方法相比较,由于该方法不需要小波函数逼近,所以电路设计精度不受小波函数逼近精度的影响;同时,为了获得较高的小波函数逼近精度,基于小波函数逼近的小波滤波器阶数远高于本方法设计的滤波器阶数,因此,应用本方法设计的电路结构更简单,也降低了电路的功耗,减小了整个电路的体积。

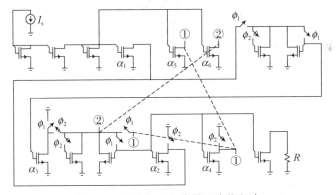

图 6.3　开关电流积分器二阶节电路

为了检验所设计的开关电流小波滤波器具有低灵敏度特性,对该电路进行灵敏度分析。考虑开关电流小波滤波器电路中所有晶体管跨导存在 ±5% 的随机误差,通过统计计算得到尺度为 1 时幅频特性误差范围(图 6.6)。图 6.6 中实线对应正常幅频特性。比较正常幅频特性曲线与误差上下限可知,所设计的滤波器电路在元件存在误差的情况下,幅频特性误差范围很小,最大增益误差为 0.89dB,验证了滤波器电路的低灵敏度。

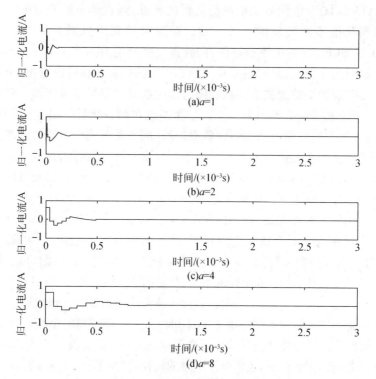

图 6.4　小波滤波器冲激响应

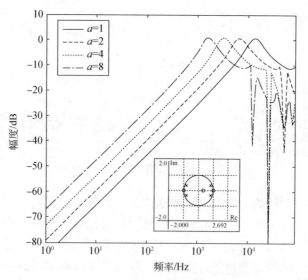

图 6.5　不同尺度小波滤波器波特图

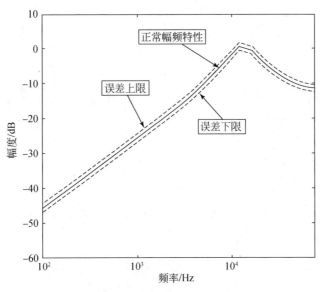

图 6.6　小波滤波器的频率响应误差范围

由于 MOS 晶体管存在非理想特性,将影响开关电流电路的性能。为了检验元件非理想性对所设计开关电流小波滤波器的影响程度,现选择晶体管的输出-输入电导比误差和寄生电容比进行研究。假设晶体管的输入电导与输出电导的比值 G_m/G_{ds},以及晶体管的栅极与源极和栅极与漏极之间的寄生电容比 C_{gs}/C_{gd} 均为1000,电路中其他参数保持不变,小波滤波器脉冲响应波形的等高线和时频分布如图 6.7 所示,对比图 6.7(a)和(b)中等高线、图 6.7(c)和(d)中脉冲响应的时频分布可知,正常情况下和非理想条件下的等高线、脉冲响应的时频分布基本一致,只存在比较细微的差别,说明所设计的电路受输出-输入电导比误差和寄生电容比的影响很小。综合上述仿真结果表明,前面提出的基于单开关电流积分器的小波变换电路设计方法是可行的。

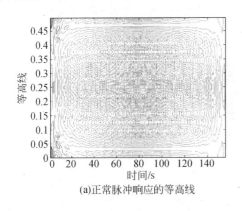

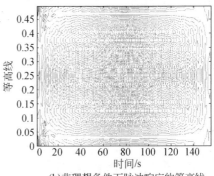

(a)正常脉冲响应的等高线　　　　　　　　(b)非理想条件下脉冲响应的等高线

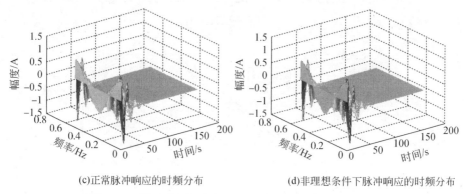

(c)正常脉冲响应的时频分布　　　　　(d)非理想条件下脉冲响应的时频分布

图 6.7　正常和非理想条件下脉冲响应的等高线及时频分布

6.4　实 例 验 证

为了验证前面提出的基于单开关电流积分器实现小波变换方法的有效性,将开关电流小波变换电路应用于待测信号的小波变换。现取信号 $s(t)$ 如图 6.8(a)所示,该信号由三部分组成,每部分信号取 151 个采样点,其信号函数表达式为 $s(t) = \sin t \cdot \sin(\omega t)$,其中 ω 分别取 80rad/s、40rad/s 和 20rad/s。将信号 $s(t)$ 输入开关电流小波变换电路,四种不同尺度 ($a = 1, 2, 4, 8$) 小波变换系数绝对值的灰度图如图 6.8(b)所示,图中横坐标表示变换系数的系号,纵坐标表示尺度,灰度颜色越深,表示系数的值越大,图中灰度值的分布反映了开关电流小波变换对信号进行变换时在低尺度下的高频率和高尺度下的低频率特性。为了比较开关电流小波变换电路的变换能力,采用 Morlet 小波在相同尺度下对 $s(t)$ 进行了小波变换,其小波变换系数绝对值的灰度图如图 6.8(c)所示。对比图 6.8(b)和(c)可以看出,两个灰度图的分布规律具有相似性,其明亮部分的分布位置基本相同且都比较集中,表明两者都有比较好的时频分析能力。实例测试结果进一步验证了所提开关电流小波变换电路设计方法的有效性。

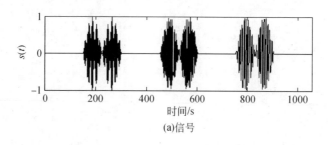

(a)信号

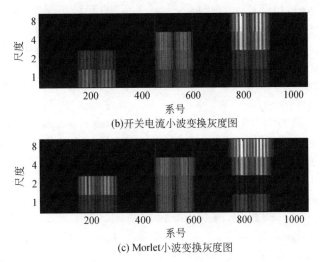

(b)开关电流小波变换灰度图

(c) Morlet小波变换灰度图

图 6.8 开关电流小波变换与 Morlet 小波变换系数绝对值的灰度图

6.5 本章小结

本章提出了一种基于单开关电流积分器的小波变换实现方法。依据小波变换理论,以一带通滤波器的网络函数为被研究频域传递函数,证明该函数满足小波函数容许条件和稳定性条件,然后采用单开关电流积分器为基本单元设计出冲激响应为该小波函数的滤波器。由于开关电流滤波器的膨胀系数具有可调谐性,所以,只需设计出基本小波函数滤波器后,通过调节开关电流滤波器电路的时钟频率即可获得不同尺度的小波函数实现小波变换,简化了小波变换电路设计过程。提出的设计实现小波变换方法中无需进行小波函数逼近,因此,所设计电路的精度不受小波函数逼近精度的影响,而直接以滤波器的频域函数作为传递函数综合实现小波变换。该方法设计的开关电流小波滤波器只由一个单积分器二阶节构成,电路结构非常简单,涉及的滤波器参数很少,小波函数尺度易于调节,特别适合于低压、低功耗和实时的工程应用,此外,所提方法也具有通用性,适合其他开关电流带通滤波器的设计。

参 考 文 献

[1] Daubechies I. Ten Lectures on Wavelets[M]. Philadelphia:SIAM,1992:1-2.

[2] Mallat S. A Wavelet Tour of Signal Processing[M]. New York:Academic,2001:14-17.

[3] Rioul O,Vetterli M. Wavelets and signal processing[J]. IEEE Signal Processing Magazine, 1991,8(4):14-38.

[4] Edwards R T,Cauwenberghs G. A VLSI of the implementation continuous wavelet transform

[C]. Proceedings of IEEE International Symposium on Circuits and Systems,1996:368-371.

[5] Lin J, Ki W H, Edwards T, et al. Analog VLSI implementations of auditory wavelet transforms using switched-capacitor circuits[J]. IEEE Transactions on Circuits and Systems, 1994,41(9):572-583.

[6] 黄清秀,何怡刚. 瞬时缩展模拟 CMOS 高频连续小波变换电路[J]. 湖南大学学报(自然科学版),2004,31(3):21-23.

[7] Huang Q X, He Y G. Low-voltage/low-power instantaneous companding circuits for continuous wavelet transform[C]. IEEE International Conference on Neural Networks and Signal Processing,2003:331-336.

[8] Huang Q X, He Y G. Analog CMOS high-frequency continuous wavelet transform implemented by instantaneous companding circuits[C]. IEEE International Conference on Robotics, Intelligent Systems and Signal Processing,2003:154-159.

[9] Haddad S A P, Sumit B, Serdijn W A. Log-domain wavelet bases[J]. IEEE Transactions on Circuits and Systems,2005,52(10):2023-2032.

[10] Li H M, He Y G, Sun Y. Detection of cardiac signal characteristic point using log-domain wavelet transform circuits[J]. Circuits, Systems and Signal Processing, 2008, 27 (5): 683-698.

[11] 李宏民,何怡刚,郭杰荣,等. 用平衡式对数域积分器实现连续小波变换[J]. 湖南大学学报 (自然科学版),2007,34(6):24-27.

[12] 李宏民,何怡刚,胡沁春,等. 基于 CMOS 对数域积分器的小波变换模拟 VLSI 实现[J]. 微电子学与计算机,2008,25(1):20-24.

[13] Casson A J, Rodriguez-Villegas E. A 60pW g_m-C continuous wavelet transform circuit for portable EEG systems[J]. IEEE Journal of Solid-State Circuits,2011,46(6):1406-1415.

[14] Karel J M H, Haddad S A P, Hiseni S, et al. Implementing wavelets in continuous-time analog circuits with dynamic range optimization[J]. IEEE Transactions on Circuits and Systems,2012,59(1):2023-2032.

[15] 赵文山,何怡刚. 一种改进的开关电流滤波器实现小波变换的方法[J]. 物理学报,2009,58 (2):843-851.

[16] 胡沁春,何怡刚,郭迪新,等. 基于开关电流技术的小波变换的滤波器电路实现[J]. 物理学报,2006,55(2):641-647.

[17] 胡沁春,何怡刚,郭迪新,等. 小波滤波器的开关电流电路设计与实现[J]. 仪器仪表学报, 2006,27(9):1116-1119.

[18] Hughes J B, Macbeth I C, Pattullo D M. Switched current filter[J]. IEE Proceedings G: Circuits, Devices and Systems,1990,137(4):156-162.

[19] Fakhfakh M, Loulou M. A novel design of a fully programmable switched current filter[J]. International Journal of Electronics,2010,97(6):623-636.

[20] de Queiroz A C M, Pinheriro P R M, Caloba L P. Nodal analysis of switched-current filters [J]. IEEE Transactions on Circuits and Systems,1993,40(1):10-18.

第7章 小波变换的级联开关电流小波滤波器实现

7.1 引　言

第6章根据小波变换的模拟滤波器实现原理,设计了基于单开关电流积分器的小波变换电路。从整个设计过程可以看出,该方法无需进行小波基函数的逼近,系统设计精度比较高,且设计实现的小波变换电路结构简单。但是,这种方法只适合小波基的函数关系为因果的情况,只有这样的小波基才能采用电路直接实现。然而,常见的小波基函数通常都是非因果的,所以,该方法的适应性存在一些局限。由频域法实现小波变换理论可知,小波变换的模拟滤波器实现就是设计冲激响应为小波逼近函数及其膨胀函数的小波滤波器组[1-3]。由于小波变换具有多尺度性,所以,设计的开关电流小波变换电路也要具有多尺度的特征。由于开关电流技术属于抽样数据信号处理技术,开关电流滤波器的时间常数与时钟频率呈比例关系,所以,在设计多尺度滤波器时可以充分利用这个特性,通过设计一个传递函数为 $H(s)$ 的开关电流滤波器,按现有时钟频率整数倍的比例关系调整系统的时钟频率,即可获得传递函数为 $H(as)$ 的不同尺度滤波器。由此可见,在小波变换的开关电流滤波器实现中,只需设计某一尺度的开关电流小波滤波器,通过调整系统时钟频率就能获得不同尺度下的小波变换[4-11],从而大大简化电路设计的过程。另外,由小波变换的理论分析可知,信号的小波变换类似于不同中心频率的恒 Q 值带通滤波器对信号进行滤波,而尺度因子 a 的变化相当于调整带通滤波器的中心频率。因此,从滤波器的设计类型来看,不同尺度小波变换电路实现相当于设计不同中心频率的带通滤波器组。从信号与系统的角度来看,信号的小波变换就是将信号在不同尺度下分解成小波变换系数,然后,根据获得的小波变换系数对信号的特征进行分析,进而得到需要的结果。理论上讲,尺度分解越细,获得的信号特征反映得越精细,也越有利于分析出信号的突变特征。然而,在小波变换的开关电流滤波器实现中,如果尺度分解越多,电路结构越复杂,继而系统的体积、功耗等性能也会变差。事实上,通常在对信号进行小波变换时,并不需要很多尺度的小波变换,而只是在信号特征反映明显的几个尺度下进行小波变换。因此,在实际的小波变换开关电流滤波器实现中,只需要根据信号频率范围,设计几个开关电流小波滤波器,使滤波器的频率范围覆盖信号频率的范围即可,从而简化小波变换电路的设计过程和复杂程度。具体实施过程就是将小波逼近函数进行去归一化处理,使小波滤波器的中心频率处在预期的频率点上。

　　由上述理论分析可知,小波变换的开关电流滤波器实现关键是开关电流小波滤波器设计问题。开关电流小波滤波器的设计步骤可归纳为:首先,对小波函数进行逼近,获得可综合实现的小波逼近函数;然后,选择合适的模拟滤波器结构和电路单元实现小波变换。由第3章和第4章的小波函数逼近方法可知,为了实现基于任意小波函数的小波变换且提高系统设计精度,小波函数通常采用高阶多项式进行逼近,显然,采用第6章中的直接滤波器实现方法已不适合,因此,采用级联或多环反馈结构设计小波滤波器成为必然选择。本章将提出串联和并联两种级联结构的小波滤波器实现小波变换方法,并对设计的小波变换电路进行仿真分析与验证。

7.2　串联结构开关电流小波滤波器设计

7.2.1　奇数阶和偶数阶实小波逼近函数求解

　　在求解算法一致的情况下,小波逼近函数的阶数选择不同,对应的逼近精度也不相同。逼近阶数越高,小波函数的逼近精度越高,相应滤波器结构越复杂。同时,奇数阶逼近函数对应的串联结构滤波器与偶数阶串联结构滤波器的结构单元组成也不同,奇数阶串联滤波器需要一阶节和二阶节电路,而偶数阶只需要二阶节电路。下面将分别对实小波函数进行奇数阶和偶数阶逼近。

1. 实小波函数的奇数阶逼近

　　以 Marr 小波为例,研究小波函数的奇数阶逼近问题。Marr 小波是小波分析中常用的小波基,其时域表达式为

$$\psi(t) = (1 - t^2)e^{-t^2/2} \tag{7.1}$$

其时域支撑域近似为 $[-4, 4]$,由于该小波函数是非因果的,为了得到因果系统,令 $t_0 = 4$,则时延 Marr 基本小波函数 $\psi(t - t_0)$ 的表达式为

$$\psi(t - 4) = [1 - (t - 4)^2]e^{-(t-4)^2/2} \tag{7.2}$$

此时,其时域支撑域为 $[0, 8]$。设某一滤波器的冲激响应函数为 $h(t)$,则信号 $f(t)$ 通过该滤波器的响应为

$$f(t) * h(t) = f(t) * \psi(t - t_0) = f(t) * \psi(t - 4) \tag{7.3}$$

此为信号 $f(t)$ 的小波变换延迟 $t_0 (t_0 = 4)$ 的结果。根据第4章中小波函数的时域逼近方法,设 Marr 小波的七阶逼近函数模型如式(4.59)所示。

　　定义 $h(t)$ 与 $\psi(t - 4)$ 的逼近误差平方和为

$$E(k) = \sum_{m=0}^{N-1} [h(m\Delta T) - \psi(m\Delta T - 4)]^2 \tag{7.4}$$

式中,ΔT 为采样间隔,N 为采样点数。求 $\psi(t-4)$ 的最佳逼近函数 $h(t)$ 等价于使 $E(k)$ 达到最小值的有约束条件最优化问题,即

$$
\begin{cases}
\min E(k) = \min \sum_{m=0}^{N-1} \left[h(m\Delta T) - \psi(m\Delta T - 4) \right]^2 \\
\text{s.t. } k_i < 0, \ i = 2,4,8,12
\end{cases} \tag{7.5}
$$

接下来,采用第 4 章介绍的标准差分进化(DE)算法求解式(7.5)中的优化问题。设置种群规模 $N_p = 10$,交叉率 $CR = 0.7$,变异率 $F = 0.85$,$\Delta T = 0.01$,$N = 800$,设置最大进化代数 $G_{\max} = 25000$。经差分进化算法对小波逼近函数模型参数的全局寻优后求得最优解如表 7.1 所示。

表 7.1　Marr 小波逼近函数模型参数

i	k_i	i	k_i	i	k_i
1	2.6469	6	−0.6069	11	−0.9157
2	−1.8223	7	−4.6507	12	−0.3458
3	−3.3089	8	−0.8241	13	2.6033
4	−0.3756	9	−1.8743	14	0.2608
5	1.2211	10	−2.2817	—	—

对应的 Marr 小波逼近函数表达式为

$$
\begin{aligned}
h(t) =\ & 2.6469\mathrm{e}^{-1.8223t} - 3.3089\mathrm{e}^{-0.3756t}\sin(1.2211t) - 0.6069\mathrm{e}^{-0.3756t}\cos(1.2211t) \\
& - 4.6507\mathrm{e}^{-0.8241t}\sin(-1.8743t) - 2.2817\mathrm{e}^{-0.8241t}\cos(-1.8743t) \\
& - 0.9157\mathrm{e}^{-0.3458t}\sin(2.6033t) + 0.2608\mathrm{e}^{-0.3458t}\cos(2.6033t)
\end{aligned} \tag{7.6}
$$

图 7.1 和图 7.2 分别给出了 Marr 小波与其小波逼近函数的时域对比图和逼近误差。由图 7.1 可以看出,构造出的逼近函数与原函数很接近。为了比较逼近函数 $h(t)$ 与原小波时延函数 $\psi(t-4)$ 之间的误差,定义均方误差(MSE)为

$$
\text{MSE} = \frac{1}{8}\int_0^8 |h(t) - \psi(t-4)|^2 \mathrm{d}t \tag{7.7}
$$

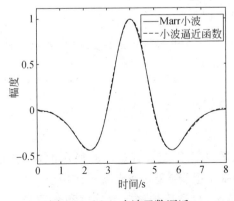

图 7.1　Marr 小波函数逼近

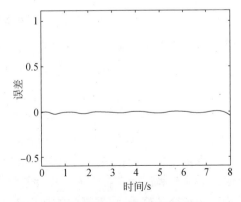

图 7.2　Marr 小波函数逼近误差

图 7.2 中对应的均方误差达到 6.0762×10^{-5}。采用同一种算法对不同阶数的小波逼近函数模型参数进行寻优,其均方误差如表 7.2 所示。由表 7.2 可以看出,逼近阶数越高,相应逼近精度也越高。

表 7.2　不同逼近阶数时的均方误差比较

逼近阶数	五	六	七	八	九
均方误差	5.89518×10^{-4}	2.45862×10^{-4}	6.07620×10^{-5}	5.41755×10^{-5}	2.14622×10^{-6}

2. 实小波函数的偶数阶逼近

以高斯一阶导数小波为例,研究小波函数的偶数阶逼近问题。高斯一阶导数是小波分析中常见的小波函数,其时域表达式为

$$\psi(t) = -2 (2/\pi)^{(1/4)} t e^{-t^2} \tag{7.8}$$

其时域支撑域为 $[-2,2]$,由于该小波函数是非因果的,为了得到因果系统,令 $t_0 = 2$,则时延高斯一阶导数函数 $\psi(t-2)$ 为

$$\psi(t-2) = -2 (2/\pi)^{(1/4)} (t-2) e^{-(t-2)^2} \tag{7.9}$$

现求取时延高斯一阶导数函数 $\psi(t-2)$ 的逼近函数,依据网络函数结构,令滤波器冲激响应 $h(t)$ 的六阶逼近函数通用模型为

$$h(t) = \sigma_1 e^{\sigma_2 t} \sin(\sigma_3 t) + \sigma_4 e^{\sigma_2 t} \cos(\sigma_3 t) + \sigma_5 e^{\sigma_6 t} \sin(\sigma_7 t)$$
$$+ \sigma_8 e^{\sigma_6 t} \cos(\sigma_7 t) + \sigma_9 e^{\sigma_{10} t} \sin(\sigma_{11} t) + \sigma_{12} e^{\sigma_{10} t} \cos(\sigma_{11} t) \tag{7.10}$$

式中, $\sigma_i (i = 1,2,3,\cdots,12)$ 为待定系数。为了保证系统稳定,其系数应满足 $\sigma_i < 0$ $(i = 2,6,10)$。根据函数逼近理论可求得 $h(t)$ 与 $\psi(t-2)$ 逼近时的各系数。定义 $h(t)$ 与 $\psi(t-2)$ 的逼近误差平方和为

$$\| h(t) - \psi(t-2) \|^2 = \int_0^\infty [h(t) - \psi(t-2)]^2 dt \tag{7.11}$$

式(7.11)对于离散点可表示为

$$S(\sigma) = \sum_{m=1}^N [h(m\Delta T) - \psi(m\Delta T - 2)]^2 \tag{7.12}$$

式中, ΔT 为采样间隔, N 为采样点数。求 $\psi(t-2)$ 的最佳逼近函数 $h(t)$ 等价于使 $S(\sigma)$ 达到最小值的有约束条件最优化问题,即

$$\begin{cases} \min_\sigma S(\sigma) = \min_\sigma \sum_{m=1}^N [h(m\Delta T) - \psi(m\Delta T - 2)]^2 \\ \text{s. t.}\ \ \sigma_i < 0, i = 2,6,10 \end{cases} \tag{7.13}$$

现采用自适应混沌差分进化(ACDE)算法优化求解式(7.13)所示的极值问题。ACDE 算法是在标准差分进化算法的基础上,在变异和交叉操作中引入自适应变异和交叉算子,根据算法的搜索进展情况,自适应地确定变异率和交叉率,提

高算法的全局寻优能力。利用 Logistic 混沌序列（式(4.47)）初始化种群[12]，并采用差分进化算法改进策略中的自适应变异（式(4.48)）和自适应交叉算子（式(4.50)）。确定种群规模 N_p 为 10，初始交叉率 CR_0 为 0.2，初始变异率 F_0 为 0.6，ΔT 为 0.01，N 为 700，设置最大进化代数 G_{max} 为 15000。按照差分进化算法的步骤对小波逼近函数系的全局寻优后求得最优解如表 7.3 所示。图 7.3 为高斯一阶导数函数与其逼近函数的时域对比图和均方误差，由图可以看出，两者之间的逼近效果比较好。将高斯一阶导数逼近函数 $h(t)$ 求拉普拉斯变换，获得尺度为 1 的逼近函数滤波器频域传递函数，并对其进行分解后如式(7.14)所示：

$$H(s) = \frac{0.0696s + 1.7768 \times 10^{-5}}{s^2 + 1.5438s + 12.1364} \cdot \frac{s^2 + 7.2658s + 75.1864}{s^2 + 1.7563s + 4.8379} \cdot \frac{s^2 - 1.8422s + 19.6093}{s^2 + 1.6491s + 1.2004}$$

(7.14)

式(7.14)中滤波器频域传递函数对应的零极点图如图 7.4 所示，全部极点位于虚轴的左半平面，因此，该系统是稳定的。

表 7.3　高斯一阶导数逼近函数的最优系数

i	σ_i	i	σ_i	i	σ_i
1	0.14495	5	0.69346	9	-2.82145
2	-0.77189	6	-0.87815	10	-0.82457
3	3.39711	7	2.01664	11	0.72145
4	0.80319	8	-3.59970	12	2.86608

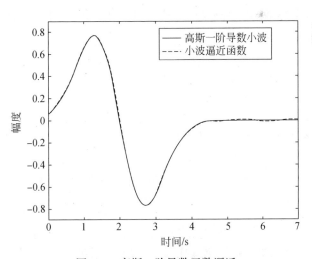

图 7.3　高斯一阶导数函数逼近

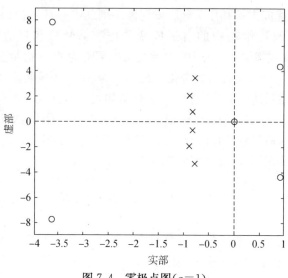

图 7.4　零极点图($a=1$)

7.2.2　串联结构开关电流实小波滤波器设计

7.2.1 节分别获得了奇数阶和偶数阶实小波逼近函数,现在采用开关电流积分器和微分器为基本单元设计相应的串联结构实小波滤波器。

1. 奇数阶串联结构实小波滤波器设计(以积分器为基本单元)

将式(7.6)所示 Marr 小波逼近函数进行拉普拉斯变换,得到尺度为 1 时的频域传递函数为

$$H(s) = \frac{0.0192s^6 - 0.419s^5 + 2.542s^4 - 13.929s^3 + 33.973s^2 - 75.326s + 11.652}{s^7 + 4.913s^6 + 21.251s^5 + 55.734s^4 + 109.285s^3 + 153.592s^2 + 129.200s + 85.993}$$

$$(7.15)$$

对式(7.15)所示频域函数进行分解得

$$H(s) = \frac{0.0191s - 0.3079}{s + 1.822} \cdot \frac{s - 0.1663}{s^2 + 0.6916s + 6.897} \cdot \frac{s^2 - 2.362s + 17.94}{s^2 + 1.648s + 4.192} \cdot \frac{s^2 - 3.286s + 12.68}{s^2 + 0.7512s + 1.632}$$

$$(7.16)$$

由式(7.16)可以看出,它是一个七阶滤波器,可由 1 个开关电流积分器一阶节和 3 个开关电流积分器二阶节电路串联构成。其他尺度的小波逼近函数滤波器传递函数可根据拉普拉斯变换的尺度变换性质求得。求得不同尺度小波滤波器传递函数后,采用第 2 章介绍的开关电流积分器一阶节(图 2.3)和二阶节电路(图 2.5)实现该小波滤波器。现将式(7.16)去归一化后,根据表 2.1 和表 2.2 可求得 Marr 小波

开关电流电路参数如表 7.4 所示。

表 7.4　Marr 小波开关电流电路参数

参数	第 1 节	第 2 节	第 3 节	第 4 节
α_1	0.01281	0.0003	0.029631	0.020584
α_2	0.02628	0.0112	0.006924	0.002649
α_3	1.07568	1.00002	1.000000	1.000000
α_4	—	0.0280	0.068049	0.030486
α_5	—	0.0404	0.097531	0.133356
α_6	—	0.0203	1.039706	1.086405

　　采用 ASIZ 绘制出的 Marr 小波开关电流电路如图 7.5 所示,按照表 7.4 中所列参数设置电路中相应 MOS 管的 W/L 值,其他 MOS 管的 W/L 均设置为 1,并令 $I_s=1\text{A}$, $r=1\Omega$。根据开关电流滤波器的特性,通过调节滤波器的时钟频率就能够得到其他不同尺度的小波函数。现取时钟频率分别为 125kHz、62.5kHz、31.25 kHz 和 15.625kHz 对电路进行仿真,获得尺度分别为 1、2、4 和 8 的小波滤波器冲激响应如图 7.6 所示。对比图 7.6 与图 7.1 中的波形可以看出,采用开关电流电路实现小波滤波器的冲激响应与 Marr 小波的逼近效果比较理想,其冲激响应波形分别在 0.58ms、1.18ms、2.35ms 和 4.7ms 处取得峰值 4.15mA。图 7.7 为不同尺度下的小波滤波器频率响应,图中的小窗口为零极点图,由图可知所设计的系统是稳定的。如果需要改变不同尺度小波函数的增益,可以通过调节滤波器输出电流镜中晶体管的 W/L 来实现。例如,将开关电流滤波器输出电流镜中晶体管的 W/L 设置为 2 时,获得尺度 $a=1$ 时小波滤波器的冲激响应如图 7.8 所示,波形在 0.58ms 处取得峰值,峰值为 8.26mA,与 W/L 为 1 时的波形相比,电路输出信号波形的幅度增加。上述仿真实验结果表明,构建的开关电流小波滤波器较为理想地实现了不同尺度和增益的 Marr 小波函数。

　　为了检验书中提出的开关电流小波变换电路的有效性,将设计的开关电流 Marr 小波变换电路应用于突变信号的检测。现选取具有两个突变点的信号 $s(t)$ 作为测试信号,该信号分别在 $t=500\text{s}$ 和 $t=1000\text{s}$ 时发生突变。将待测信号输入开关电流 Marr 小波滤波器组,其系统结构如图 7.9 所示。信号 $s(t)$ 通过该小波滤波器组时相当于对信号进行四种不同尺度的小波变换,其结果如图 7.10 所示,图中给出了尺度分别为 1、2、4 和 8 时的小波变换结果,其中,由尺度 $a=1,2$ 时的小波变换结果基本可以看出信号的正确突变点,当 $a=4,8$ 时的小波变换结果能够更清晰地获得信号的突变点,其原因是小波在高尺度上对信号进行了更精细的分解。综合小波变换结果可知,经开关电流 Marr 小波变换电路处理后,能够正确地检测出输入信号的突变点,实验结果验证了上述设计方法的有效性。

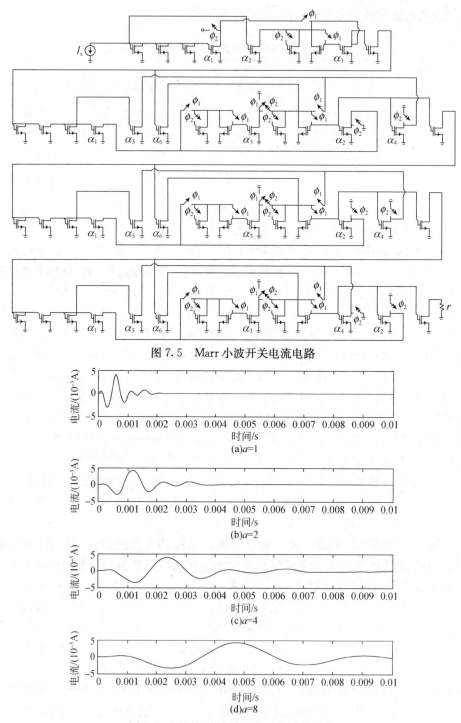

图 7.5　Marr 小波开关电流电路

(a)a=1

(b)a=2

(c)a=4

(d)a=8

图 7.6　不同尺度小波滤波器的冲激响应

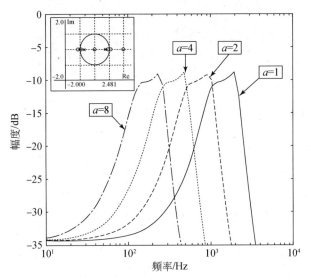

图 7.7　不同尺度小波滤波器的频率响应及零极点图

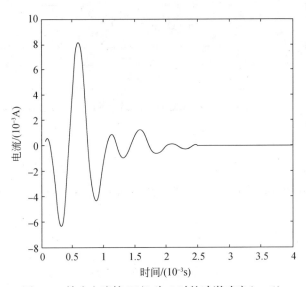

图 7.8　输出电流镜 W/L 为 2 时的冲激响应 $(a=1)$

2. 偶数阶串联结构实小波滤波器设计(以积分器为基本单元)

由式(7.14)可知,它对应一个六阶滤波器,可由三个开关电流积分器二阶节电路串联构成,其他尺度的传递函数可根据拉普拉斯变换的尺度变换性质求得。获得不同尺度滤波器传递函数后,采用第 2 章介绍的开关电流积分器二阶节电路(图 2.5)实现相应滤波器。同样,将式(7.14)去归一化后,根据表 2.2 可求得高斯一阶导数小波开关电流电路参数,如表 7.5 所示。

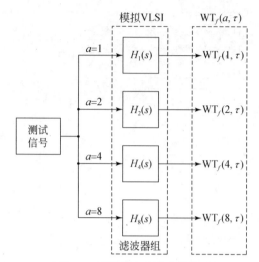

图 7.9　开关电流小波变换模型

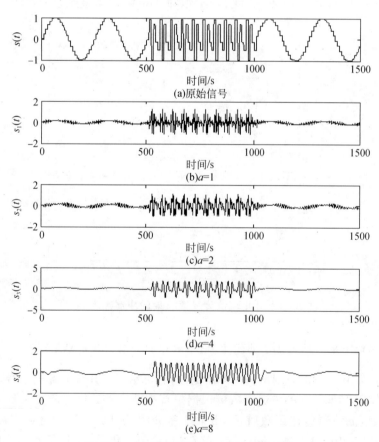

图 7.10　测试信号的 Marr 小波变换结果

表 7.5 高斯一阶导数小波开关电流电路参数

α_i	第 1 节	第 2 节	第 3 节
α_1	1.114×10^{-6}	5.489311	1.508187
α_2	0.761070	0.353212	0.092325
α_3	1.000000	1.000000	1.000000
α_4	0.387245	0.512901	0.507341
α_5	0.017458	2.121885	0.566748
α_6	0.008729	1.479535	4.304481

以开关电流二阶节电路为基本模块的高斯一阶导数滤波器电路如图 7.11 所示,图中所有电流源由于软件要求而省略,接地开关在实际电路设计中也不需要。将表 7.5 所列参数设置电路中相应 MOS 管的 W/L 值与其他 MOS 管的 W/L 均设置为 1,并取 $I_s=1A$, $r=1\Omega$。根据开关电流滤波器的特性,通过调节滤波器的时钟频率可以得到其他不同尺度的高斯一阶导数函数,现取时钟频率分别为 20MHz、10MHz、5MHz、2.5MHz 和 1.25MHz 时对电路进行仿真,获得尺度分别为 1、2、4、8 和 16 的高斯一阶导数滤波器脉冲响应如图 7.12 所示。对比图 7.12 与图 7.3 中的波形形状可看出,采用开关电流电路实现高斯一阶导数滤波器的冲激响应与原函数逼近效果比较理想,其冲激响应波形分别在 $0.3\mu s$、$0.6\mu s$、$1.2\mu s$、$2.4\mu s$ 和 $4.8\mu s$ 处取得峰值为 $0.5959A$,与原函数去归一化幅度基本一致,可见通过调节时钟频率,本书构造的开关电流滤波器较为理想地实现了不同尺度的高斯一阶导数函数。图 7.13 为不同尺度高斯一阶导数滤波器的幅频响应, f 分别在

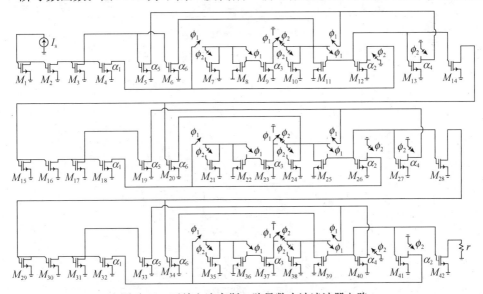

图 7.11 开关电流高斯一阶导数小波滤波器电路

2.048MHz、1.024MHz、0.512MHz、0.256MHz 和 0.128MHz 时出现峰值为 10.2736dB,与理论分析基本吻合。综合上述仿真结果表明,设计开关电流高斯一阶导数滤波器的方法是可行的。

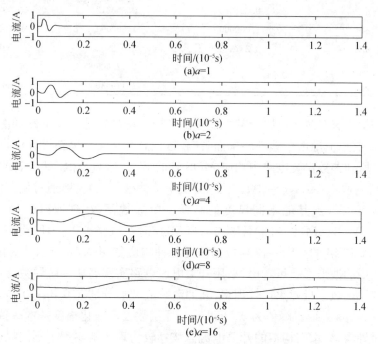

图 7.12　不同尺度高斯—阶导数滤波器脉冲响应

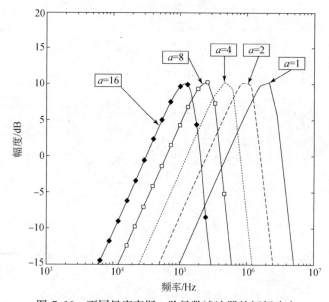

图 7.13　不同尺度高斯—阶导数滤波器的幅频响应

　　为了进一步验证前面提出方法的正确性和实际应用能力,将开关电流高斯一阶导数小波变换电路应用于电力负载电流信号传感器的故障检测。将电力负载电流信号 $s(t)$ 输入开关电流高斯一阶导数小波变换电路,三种不同尺度滤波器($a=1,2,4$)的输出信号如图 7.14 所示,由图可以看出,输入信号在 $t=200\text{s}$ 和 $t=1300\text{s}$ 之间发生了突变,表明传感器在此期间发生了故障,由传感器故障引入误差噪声才出现了图中的小波变换结果。实例测试结果验证了开关电流高斯一阶导数小波变换电路设计方案的可行性。

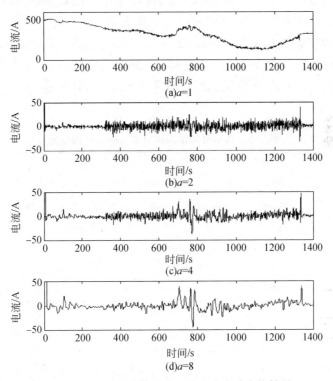

图 7.14　电力负载信号的开关电流小波变换结果

3. 偶数阶串联结构实小波滤波器设计(以微分器为基本单元)

　　前面两种串联结构实小波滤波器都是以开关电流积分器为基本单元。积分器在滤波器设计中使用较多,这是因为系统的信号流图通常都由积分运算组成,通过传递函数直接实现滤波器比较方便。目前,采用开关电流微分器进行小波滤波器设计方面的研究很少,因此,研究微分器的开关电流小波滤波器设计问题很有必要。事实上,微分器电路具有良好的噪声抑制特性,且可以有效地避免与用积分器实现一些电路而出现的不稳定问题[13,14]。本设计将采用开关电流微分器为基本单元设计开关电流小波滤波器实现小波变换电路,丰富和发展开关电流小波滤波器的设计实现手段。

以 4.3.3 节中的高斯一阶导数小波为例,其滤波器的传递函数如式(4.58)所示,对该式进行因式分解得

$$H(s) = \frac{0.0687s - 4.02444 \times 10^{-4}}{s^2 + 4.6766s + 31.6497} \cdot \frac{s^2 + 12.6910s + 116.0172}{s^2 + 2.2453s + 13.9176} \cdot \frac{s^2 + 1.475s + 37.5438}{s^2 + 2.2181s + 5.5298}$$
$$\cdot \frac{s^2 - 1.7934s + 19.5103}{s^2 + 2.0689s + 1.5910} \tag{7.17}$$

由式(7.17)可以看出,其对应一个八阶滤波器,可由 4 个开关电流微分器二阶节电路串联构成。现将式(7.17)去归一化后,根据表 2.3 中的公式可求得各节开关电流微分器二阶节电路的参数($\alpha_0 \sim \alpha_5$)如表 7.6 所示。同时,可观察到表 7.6 中第一个开关电流微分器二阶节电路的系数 α_0、α_1 和 α_2 的参数值很小,对电路的影响也将会很小,因此,在实际电路设计时往往可忽略不计,从而进一步简化电路参数设置。

表 7.6　各节开关电流微分器二阶节电路参数

α_i	第 1 节	第 2 节	第 3 节	第 4 节
α_0	1.271557×10^{-5}	8.336006	6.789360	12.262916
α_1	0.021706	9.118670	2.667366	11.272156
α_2	0.010850	4.709813	18.447494	71.555360
α_3	1.000000	1.000000	1.000000	1.000000
α_4	1.477613	1.613281	4.011176	13.003771
α_5	4.148394	8.241787	20.339425	69.605437

以开关电流微分器二阶节电路(图 2.8)为基本单元的高斯一阶导数滤波器电路如图 7.15 所示,将表 7.6 所列参数设置电路中相应 MOS 管的 W/L 值。根据开关电流滤波器的特性,通过调节滤波器的时钟频率可以得到其他不同尺度的高斯一阶导数函数,现取时钟频率分别为 100kHz、50kHz、25kHz 和 12.5kHz 时对电路进行仿真,获得尺度分别为 1、2、4 和 8 的高斯一阶导数滤波器冲激响应如图 7.16 所示,对比图 7.16 与图 4.5 中的波形形状可以看出,采用开关电流电路实现的高斯一阶导数滤波器冲激响应与原函数逼近效果比较理想,其冲激响应波形分别在 0.1ms、0.2ms、0.4ms 和 0.8ms 处取得峰值为 0.07907A,与原函数去归一化后的幅度基本一致,可见通过调节时钟频率,所设计的开关电流滤波器较为理想地实现了不同尺度的高斯一阶导数函数。如果需要调整输出小波函数的幅度,可通过修改电路中输出晶体管(M_{o6})的 W/L 值改变其幅度。图 7.17 为滤波器的频率响应($a = 1$),波形在频率为 2.03kHz 处取得峰值 2.45dB,与理想值接近。图 7.17 中的小窗口为系统零极点图,由图可以看出,所有极点均位于单位圆内,说明系统是稳

定的。综合上述仿真结果及分析表明该方法实现小波变换是可行的。

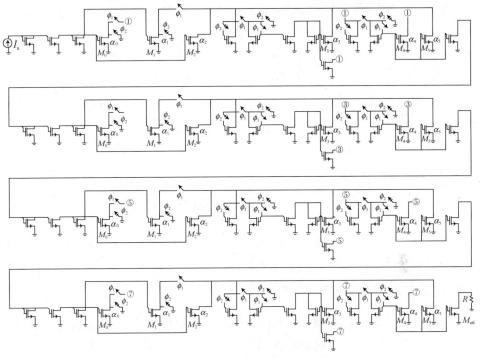

图 7.15　基于开关电流微分器的高斯—阶导数小波滤波器

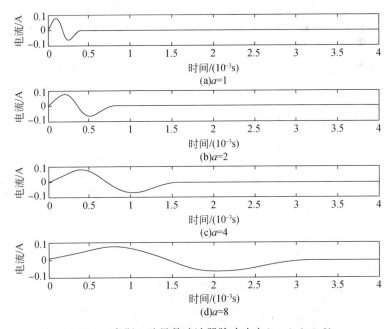

图 7.16　高斯—阶导数滤波器脉冲响应($a=1,2,4,8$)

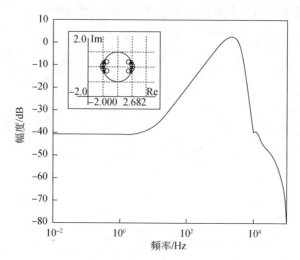

图 7.17　高斯一阶导数滤波器频率响应及零极点图$(a=1)$

7.2.3　串联结构开关电流复小波滤波器设计

由图 4.5 中复小波变换的滤波器实现原理框图可知,复小波变换的实现只是比实小波变换实现多一个滤波器组,即对应于复小波虚部的滤波器组。因此,复小波变换实现与实小波变换实现就具有了统一性,实小波滤波器设计方法可以直接应用于复小波滤波器设计中。当然,复小波变换还有其他实现方法,例如,滤波器结构更简单的共享结构实现法,将在第 8 章多环反馈结构复小波滤波器设计中介绍。

现以复 Morlet 小波为例,介绍串联结构开关电流复小波滤波器设计方法。4.4 节已经求得了复 Morlet 小波逼近函数如式(4.80)和式(4.81)所示。将式(4.80)和式(4.81)进行因式分解得

$$H_r(s) = \frac{0.0433(s+3.1449)}{(s^2+0.9324s+42.6385)} \cdot \frac{(s^2-9.3239s+84.1888)}{(s^2+1.1088s+30.4171)}$$

$$\cdot \frac{(s^2-3.2792s+63.2169)}{(s^2+1.1111s+20.6690)} \cdot \frac{(s^2-2.1931s+7.7904)}{(s^2+0.9318s+12.3787)}$$

$$(7.18)$$

$$H_i(s) = \frac{0.0371(s-1.1752)}{(s^2+1.1088s+30.4171)} \cdot \frac{(s^2+6.5570s-56.8453)}{(s^2+0.9324s+42.6385)}$$

$$\cdot \frac{(s^2-2.2839s+57.9924)}{(s^2+1.1111s+20.6690)} \cdot \frac{(s^2-4.629s+9.557)}{(s^2+0.9318s+12.3787)} \quad (7.19)$$

由式(7.18)和式(7.19)可以看出,它们分别对应一个八阶滤波器,可由 4 个开关电流积分器二阶节电路串联构成。现采用图 2.5 所示的开关电流积分器设计相应的实部和虚部滤波器,将式(7.18)和式(7.19)去归一化后,依据表 2.2 中的公式可求得开关电流积分器二阶节电路参数分别如表 7.7 和表 7.8 所示。

表 7.7　复 Morlet 小波滤波器实部电路参数(f_{co}＝5MHz, f_{ck}＝20MHz)

W/L	第 1 节	第 2 节	第 3 节	第 4 节
α_1	0.005492	3.936507	3.336856	0.452113
α_2	1.719653	1.422245	1.090997	0.718394
α_3	1.000000	1.000000	1.000000	1.000000
α_4	0.150418	0.207381	0.234594	0.216307
α_5	0.006985	1.743871	0.692360	0.509103
α_6	0.002120	2.604192	2.024942	1.296135

注: f_{co} 为中心频率, f_{ck} 为采样频率。

表 7.8　复 Morlet 小波滤波器虚部电路参数(f_{co}＝5MHz, f_{ck}＝20MHz)

W/L	第 1 节	第 2 节	第 3 节	第 4 节
α_1	0.002055	2.292554	3.061085	0.554637
α_2	1.422245	1.719598	1.090997	0.718394
α_3	1.000000	1.000000	1.000000	1.000000
α_4	0.207382	0.150349	0.234594	0.216307
α_5	0.006939	1.057767	0.482216	1.074570
α_6	0.003979	0.456747	1.850927	1.604499

注: f_{co} 为中心频率, f_{ck} 为采样频率。

图 7.18 为构建复 Morlet 小波的实部和虚部滤波器的开关电流积分器二阶节电路及简化符号。由式(7.18)和式(7.19)可知,实部和虚部滤波器具有相同的电路结构,只是相应电路中的晶体管参数设置不同,所以实部和虚部滤波器可以有相同的电路组成。图 7.19 为开关电流积分器二阶节电路构成的复 Morlet 小波实部(或虚部)滤波器电路。依据表 7.7 和表 7.8 分别设置图 7.19 中相应晶体管的参数,并采用 ASIZ 软件进行仿真。复 Morlet 小波实部对应的滤波器脉冲响应如图 7.20 所示,其波形与图 4.8(a)中的波形很相近,其小窗口为系统零极点图,所以极点均分布在单位圆内,即说明系统是稳定的。复 Morlet 小波虚部对应的滤波器脉冲响应如图 7.21 所示,与图 4.8(b)中的波形相比基本一致,同时给出的零极点分布图也说明系统是稳定的。仿真实验结果验证了所提复小波滤波器设计方法的可行性。

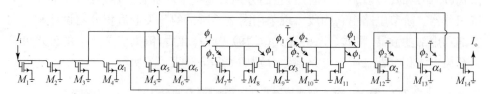

(a)开关电流积分器二阶节电路

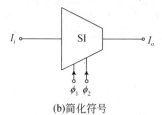

(b)简化符号

图 7.18　开关电流积分器二阶节电路及简化符号

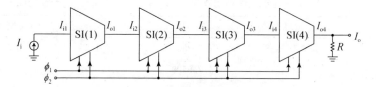

图 7.19　复 Morlet 小波实部(或虚部)滤波器电路

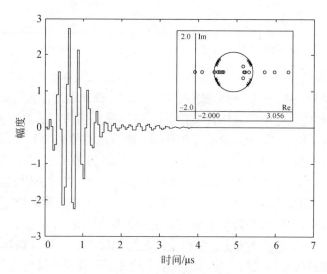

图 7.20　复 Morlet 小波实部滤波器的脉冲响应($a=1$)

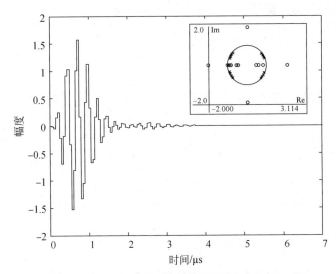

图 7.21　复 Morlet 小波虚部滤波器的脉冲响应($a=1$)

7.3　并联结构开关电流小波滤波器设计

7.2 节研究了串联结构小波滤波器设计，提出了实、复小波滤波器的串联结构设计方法。就滤波器结构，串联结构存在以下几点不足：①滤波器对各级单元电路要求较高，其性能直接影响整个滤波器的性能；②各级电路之间容易产生相互串扰，影响小波变换的实现精度；③信号串行传递，信号延迟较大，处理速度不如并联结构。因此，研究并联结构的开关电流小波滤波器设计很有必要。并联结构开关电流小波滤波器设计可以串联结构小波滤波器设计方法为基础，将通过逼近方法获得的小波滤波器传递函数分解为有理分式之和，然后采用合适的积分器或微分器为基本结构单元实现相应滤波器。为了更好地将逼近获得的传递函数分解为有理分式之和，本节对小波逼近函数模型进行变形。下面将以实小波为例，研究基于新逼近函数模型的小波函数逼近及并联结构小波滤波器设计。

7.3.1　小波函数逼近模型及求解

以常用的 Marr 小波为例，其表达式如式（7.1）所示。小波逼近函数模型设置为[15]

$$h(t) = k_1 e^{k_2 t} + 2|k_3| e^{k_4 t} \cos(k_5 t + k_6) + 2|k_7| e^{k_8 t} \cos(k_9 t + k_{10})$$
$$+ 2|k_{11}| e^{k_{12} t} \cos(k_{13} t + k_{14}) \tag{7.20}$$

为了保证系统稳定，式（7.20）中 k_2、k_4、k_8 和 k_{12} 必须为负值。为了求解式（7.20）中

的系数,建立离散优化模型为

$$\begin{cases} \min E(k) = \min \sum_{\lambda=0}^{N-1} \left[h(\lambda\Delta T) - \psi(\lambda\Delta T - 4) \right]^2 \\ \text{s. t. } k_i < 0, i = 2,4,8,12 \end{cases} \quad (7.21)$$

式中,$E(k)$ 为误差平方和;N 为采样点个数;ΔT 为采样间隔。采用第 4 章中介绍的标准差分进化算法对式(7.21)进行优化求解。设置 $N_p = 10$,$\mathrm{CR} = 0.7$,$F = 0.85$,$N = 800$,$G_{\max} = 25000$,$\Delta T = 0.01$,根据标准差分进化算法的步骤求解后得到式(7.20)的系数如表 7.9 所示。将表中系数代入式(7.20)中进行拉普拉斯变换,然后进行因式分解,求得有理分式之和如式(7.22)所示:

$$H(s) = \frac{0.5583}{s + 0.6139} + \frac{-0.7762s + 0.7746}{s^2 + 0.4584s + 4.7658} + \frac{0.0741s - 1.4489}{s^2 + 0.3796s + 1.5247}$$
$$+ \frac{0.1604s + 0.4630}{s^2 + 0.6404s + 9.9515} \quad (7.22)$$

　　为了比较逼近函数与原小波函数之间的误差,计算得出两者之间的均方误差(MSE)为 1.2088×10^{-5},比 7.2.1 节中应用相同算法和参数求得的逼近误差要小,说明新构造的小波逼近函数模型不但能够有利于进行有理分式求和的分解,而且能够提高小波函数的逼近精度。

表 7.9　Marr 小波函数的最优系数

i	k_i	i	k_i	i	k_i
1	0.5583	6	1.5091	11	0.1036
2	−0.6139	7	0.4458	12	−0.3202
3	0.6007	8	−0.2292	13	−3.1383
4	−0.1898	9	−2.1710	14	−5.5977
5	1.2201	10	2.6271	—	—

7.3.2　并联结构开关电流 Marr 小波滤波器设计

　　由式(7.22)可知,它为一个七阶滤波器,可以通过 1 个积分器一阶节和 3 个积分器二阶节并联而成,采用图 2.5 所示的开关电流积分器设计该 Marr 小波滤波器。将式(7.22)去归一化后,按照表 2.2 中的公式可求得开关电流积分器一阶节和二阶节电路参数如表 7.10 所示。

表 7.10　并联结构 Marr 小波滤波器的晶体管参数

α_i	第 1 节	第 2 节	第 3 节	第 4 节
α_1	0.057599	0.007832	0.014712	0.004663
α_2	0.028799	0.048188	0.015482	0.100231

α_i	第 1 节	第 2 节	第 3 节	第 4 节
α_3	0.063340	1.000000	1.000000	1.000000
α_4	—	0.046350	0.038545	0.064501
α_5	—	0.078483	0.007524	0.016155
α_6	—	0.041200	0.007440	0.006912

由开关电流积分器一阶节和二阶节构建的并联结构 Marr 小波滤波器电路如图 7.22 所示。根据表 7.10 设置图 7.22 中的相应晶体管参数,并对该电路进行仿真分析。利用开关电流小波滤波器可以通过调节时钟频率获得不同尺度函数的特点,设置时钟频率分别为 100kHz、50kHz、25kHz 和 12.5kHz,获得的不同尺度小波函数如图 7.23 所示。图中波形分别在 0.4ms、0.8ms、1.6ms 和 3.2ms 处得到最大正峰值 25.83mA,与归一化后的理想波形基本一致。图 7.24 为并联结构 Marr 小波滤波器的幅频响应($a=1$),其波形在 2kHz 处取得峰值 -3.44dB,与理论分析相吻合。同时,图中给出的零极点分布情况也说明了所设计的系统是稳定的。上述仿真分析验证了并联结构开关电流小波滤波器设计方法的可行性。

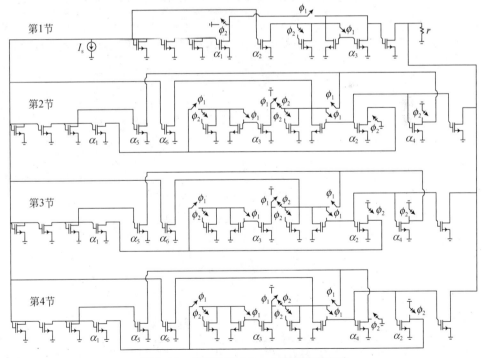

图 7.22　并联结构 Marr 小波滤波器电路

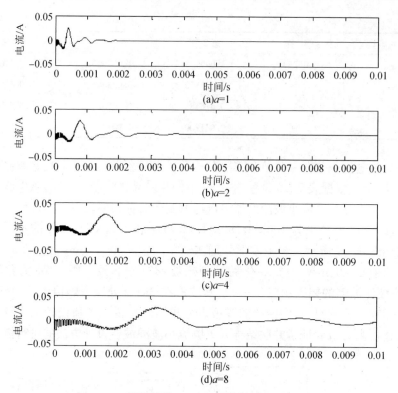

图 7.23　并联结构 Marr 小波滤波器的脉冲响应

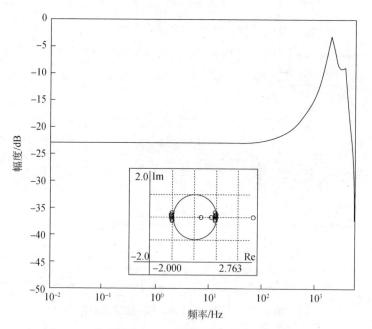

图 7.24　并联结构 Marr 小波滤波器的幅频响应($a=1$)

7.4　本章小结

本章主要研究了小波变换的级联结构开关电流小波滤波器设计,提出了基于串联结构和并联结构的开关电流小波滤波器实现小波变换方法。首先,以小波函数的逼近理论为基础,采用差分进化算法优化求解获得小波频域逼近函数;然后,将该函数作为小波滤波器传递函数进行有理分式分解,得到有理分式之积或有理分式之和;根据分解后的有理分式,选择合适的开关电流积分器一阶节、二阶节电路或开关电流微分器一阶节、二阶节电路作为滤波器基本结构单元设计相应滤波器。最后,利用 ASIZ 软件对设计的串、并联开关电流小波滤波器进行仿真分析,验证所提方法的有效性。为了获得高精度的小波逼近函数和提高小波变换电路的性能,小波函数通常利用高阶多项式进行逼近,因此,采用高阶级联结构小波滤波器实现小波变换是一种不错的选择。高阶级联结构小波滤波器实现小波变换不但设计原理简单,而且电路结构简洁、清晰,调谐也容易,是小波变换实现的常用方法。本章研究的级联结构开关电流小波滤波器设计方法,将推动开关电流小波变换实现方法的发展,同时,也为其他开关电流滤波器设计方法的研究提供了直接参考,有利于促进模拟取样数据信号处理电路的发展。

参 考 文 献

[1] Li M,He Y G,Long Y. Analog VLSI implementation of wavelet transform using switched-current circuits[J]. Analog Integrated Circuits and Signal Processing,2012,71(2):283-291.

[2] Li M, He Y G. Analog wavelet transform using multiple-loop feedback switched-current filters and simulated annealing algorithms[J]. AEÜ-International Journal of Electronics and Communications,2014,68(5):388-394.

[3] Li H, He Y, Sun Y C. Detection of cardiac signal characteristic point using log-domain wavelet transform circuits[J]. Circuits,Systems and Signal Processing,2008,27(5):683-698.

[4] 胡沁春,何怡刚,郭迪新,等. 基于开关电流技术的小波变换的滤波器电路实现[J]. 物理学报,2006,55(2):641-647.

[5] 胡沁春,何怡刚,郭迪新,等. 小波滤波器的开关电流电路设计与实现[J]. 仪器仪表学报,2006,27(9):1116-1119.

[6] 龙佳乐,何怡刚,张建民. 用开关电流技术实现小波变换的改进方法[J]. 信息与控制,2007,36(4):441-444.

[7] 胡沁春,黄立宏,何怡刚,等. Morlet 小波变换的开关电流模拟实现[J]. 湖南大学学报(自然科学版),2009,36(2):58-61.

[8] 龙佳乐,张建民,何怡刚. Marr 小波变换的模拟开关电流技术实现[J]. 电路与系统学报,2009,14(2):103-106.

[9] 李目,何怡刚. 基于开关电流双线性积分器的 IFLF 小波滤波器设计[J]. 电路与系统学报,

2013,18(2):191-195.

[10] Zhao W S, He Y G. Realization of wavelet transform using switched- current filters[J]. Analog Integrated Circuits and Signal Processing,2012,71(3):571-581.

[11] 赵文山,何怡刚. 一种改进的开关电流滤波器实现小波变换的方法[J]. 物理学报,2009, 58(2):843-851.

[12] 胡桂武,彭宏. 利用混沌差分进化算法预测 RNA 二级结构[J]. 计算机科学,2007,34(9): 163-166.

[13] 李目,何怡刚. 基于改进差分进化算法的连续小波变换电路[J]. 微电子学,2012,42(4): 497-501.

[14] 左圆圆,何怡刚. 基于开关电流电路的小波变换实现[J]. 电路与系统学报,2011,16(4): 35-39.

[15] Li M,He Y G. Analogue implementation of wavelet transform using discrete time switched- current filters[C]. International Conference on Electric and Electronics,2011:677-682.

第8章 小波变换的多环反馈开关电流小波滤波器实现

8.1 引 言

小波变换的模拟开关电流滤波器实现包括小波函数的有理逼近、开关电流小波滤波器结构设计和开关电流小波滤波器电路设计三个方面的工作,小波变换电路的性能与这三个方面密切相关,而小波滤波器结构设计处于小波变换电路实现的中间环节,充当着承上启下的"角色"。从滤波器设计的角度来看,滤波器的结构设计很大程度上决定了滤波器的性能优劣,如灵敏度、动态范围和网络结构复杂程度等。第7章已经对小波变换的级联结构开关电流小波滤波器设计方法进行了研究,提出了串、并联结构开关电流小波滤波器设计方法。本章的主要任务是研究小波变换的多环反馈结构开关电流小波滤波器的设计方法。

滤波器的结构设计是模拟滤波器设计中的重要内容。目前,许多种滤波器结构得以实现,特别是在连续时间滤波器设计中,不同结构的滤波器电路常见于报道[1-3]。国内外学者在实现具体问题时常对不同结构的滤波器性能进行比较[4,5],论证其结构的优越性。此方面研究较多的根本原因在于:对于同一传递函数,采用不同的滤波器结构会使电路呈现出相异的性能,因此,必然要求进行最优结构设计,这也是设计高性能小波滤波器的必然之路。由第4章和第5章中的研究结果可知,采用各种方法获得的小波逼近函数通常为多零极点高阶传递函数。因此,小波滤波器设计的实质就是高阶模拟滤波器设计问题。迄今,模拟连续时间滤波器结构设计技术比较成熟,如级联结构、模拟梯形结构和多环反馈结构的滤波器已很常见。相比之下,在以开关电容和开关电流技术为代表的离散时间滤波器设计方面,主要以级联结构和模拟梯形结构滤波器居多,其他结构的滤波器鲜有报道。众所周知,在滤波器设计中,级联结构设计方法最为简单,但滤波器性能对元件变化的灵敏度高,特别是随着滤波器阶次的增加,灵敏度高的问题表现得更加突出[4]。梯形结构滤波器设计以无源 LC 滤波器为设计基础,对其滤波器原型进行模拟,包括元件模拟法和运算模拟法。该方法的灵敏度优于级联结构,但它只能实现虚轴零点[6],其应用范围受到限制。由此看来,以上两种方法都不能满足开关电流小波滤波器的设计要求。因此,借鉴模拟连续时间滤波器的多环反馈结构设计方法,将其应用于开关电流小波滤波器的设计成为一种新途径。文献资料已证明,多环反馈结构滤波器具有灵敏度低、结构简单和可直接通过传递函数求解电路参数等优点,所以,近年来引起开关电流滤波器研究学者的广泛关注。

　　基于以上原因,本章提出实、复小波变换的多环反馈结构开关电流小波滤波器设计新方法。首先,以开关电流反相微分器和多输出电流镜电路为基本结构单元,设计 IFLF 结构开关电流实小波滤波器;然后,以开关电流双线性积分器为基本单元设计精简 FLF 结构开关电流实小波滤波器;最后,以双线性积分器为基本单元设计共享结构复小波滤波器。本章会对每种结构都给出具体的设计过程和参数求解方法,并对设计的电路进行仿真分析。

8.2　多环反馈结构实小波滤波器设计

8.2.1　基于反相微分器的多环反馈实小波滤波器设计

1. 实小波逼近函数求解

　　以高斯一阶导数为例,其表达式为

$$\psi(t) = -2te^{-t^2} \tag{8.1}$$

该小波函数是非因果的,不能直接电网络综合实现。根据第 3 章中小波变换的模拟滤波器综合实现原理,对该函数进行反褶与时延,即 $\psi(t_0-t)$。由于时延 t_0 的大小直接影响小波函数的逼近精度,而现有文献中基本上都是根据经验或参照文献直接给定的时延值,所以研究时延大小对小波函数逼近精度的影响很有必要。

　　根据第 4 章中的时域小波函数逼近模型,设高斯一阶导数小波的五阶逼近模型为

$$h(t) = r_1 e^{r_2 t} + r_3 e^{r_4 t}\cos(r_5 t) + r_6 e^{r_4 t}\sin(r_5 t) + r_7 e^{r_8 t}\cos(r_9 t) + r_{10} e^{r_8 t}\sin(r_9 t) \tag{8.2}$$

式中,系数 r_2、r_4 和 r_8 为负值,以保证系统稳定性。

　　定义小波与小波逼近函数之间的均方误差公式为

$$\mathrm{MSE} = \int_0^\infty |h(t) - \psi(t_0 - t)|^2 \mathrm{d}t \tag{8.3}$$

定义时域小波函数的离散优化模型为

$$\begin{cases} \min e(r) = \min \sum_{n=0}^{M} \left[h(n\Delta t) - \psi(t_0 - n\Delta t) \right]^2 \\ \text{s. t. } r_k < 0, k = 2, 4, 8 \end{cases} \tag{8.4}$$

式中,$e(r)$ 为均方误差和;$r = (r_1, r_2, r_3, \cdots, r_{10})^T$;$\Delta t$ 为取样间隔;M 为取样点个数。

　　对于式(8.4)所示的待优化模型,可以采用多种智能优化算法进行求解。从理

论上讲,这种通用模型适应于任何智能优化算法求解,关键在于选择速度快、参数少、全局搜索能力强和简单易用的智能优化算法。常见的遗传算法、微粒群算法、蚁群算法、鱼群算法和差分进化算法等智能优化算法,其参数普遍较多,程序设计复杂,迭代次数多。前面章节主要采用差分进化算法及其改进算法来求解,取得了令人满意的逼近效果。然而,差分进化算法中需要设置的参数比较多,各参数设置不相同,算法收敛结果差别较大,实际操作比较烦琐。基于此方面的考虑,本节将选择算法参数相对较少、算法操作过程相对简单、程序设计容易的模拟退火算法(simulated annealing algorithm,SAA)对式(8.4)所示的模型进行优化求解。

模拟退火算法的思想最早是由 Metropolis 等于 1953 年提出的。1983 年,Kirkpatrick 等成功地将退火思想引入组合优化领域,从而开启了模拟退火算法的应用之门[7,8]。模拟退火算法从某一较高初始温度出发,伴随温度参数的不断下降,结合概率突跳特性在解空间中随机寻找目标函数的全局最优解,即在局部最优解中概率性地跳出并最终趋于全局最优。最小化问题求解的模拟退火算法基本步骤如下。

步骤 1:初始化模拟退火算法的初始温度 T_0、每个温度的迭代次数 L 和初始随机解 S_0。设 $T = T_0$,当前解 $S = S_0$,最优解 $S_{best} = S_0$,迭代计算器 $n = 1$,并计算目标函数值 $e(S_0)$。

步骤 2:在 S_0 的邻域产生一个新解 S_n,并计算 $\Delta e = e(S_n) - e(S_0)$。

步骤 3:如果 $\Delta e \leqslant 0$,则新解代替当前解,即 $S = S_n$,否则,按照条件概率接收新解为当前解。例如,产生一个随机数 $q \in (0,1)$,如果 $q < p = \mathrm{e}^{-\Delta e/T}$,则 $S = S_n$,$n = n + 1$。

步骤 4:如果 $e(S) < e(S_{best})$,则 $S_{best} = S_n$。

步骤 5:重复步骤 2~步骤 4 直至迭代次数 L。

步骤 6:降低温度 T,其降温策略为 $T_{i+1} = \beta T_i$,其中 β 为常数,且 $\beta < 1$。

步骤 7:重复步骤 2~步骤 6 直至满足终止条件。

针对式(8.4)中的优化问题,设置模拟退火算法的参数为 $T = 100$,$L = 100$,$\beta = 0.95$ 和 $M = 600$,并按照模拟退火算法的操作步骤对优化问题进行求解。对于不同逼近阶数和时延的逼近误差(MSE)比较如表 8.1 所示。由表 8.1 中数据分析可知,小波逼近函数的阶次越高,其逼近精度越高。时延大小与逼近精度关系比较复杂,与小波函数本身的性质有关。总体趋势是时延不能取得太大,因为小波函数的起始部分较平缓,逼近精度较低;若 t_0 太小,小波能量截断较多,可能导致积分不为零。例如,表 8.1 中,对于高斯一阶导数小波的五阶逼近,$t_0 = 4.0$ 时的逼近误差比 $t_0 = 2.5$ 和 3.0 时的要大,但又比 $t_0 = 3.5$ 时要小,其中最小的是 $t_0 = 2.0$,因此,在这些时延参数中 $t_0 = 2.0$ 是最佳时延值。

表 8.1　不同逼近阶数和时延的高斯一阶导数逼近误差(MSE)比较

阶次	$t_0=2.0$	$t_0=2.5$	$t_0=3.0$	$t_0=3.5$	$t_0=4.0$
五	7.7841×10^{-4}	1.0368×10^{-3}	1.3616×10^{-3}	5.0837×10^{-3}	3.6120×10^{-3}
六	2.9929×10^{-4}	8.4681×10^{-4}	1.1560×10^{-3}	4.2903×10^{-3}	2.5908×10^{-3}
七	2.3716×10^{-4}	6.6049×10^{-4}	1.1089×10^{-3}	1.1223×10^{-3}	1.2299×10^{-3}
八	1.7161×10^{-4}	4.4521×10^{-4}	5.3361×10^{-4}	6.8854×10^{-4}	7.3170×10^{-4}

　　现选择高斯一阶导数小波的五阶逼近为例,并取 $t_0=2.0$ 为延迟时间,采用模拟退火算法优化求解后获得式(8.2)中系数如表 8.2 所示。将表中的系数代入式(8.2)并进行拉普拉斯变换,获得高斯一阶导数小波滤波器($a=1$)的传递函数为

$$H(s)=\frac{-0.1674s^4+0.0218s^3-2.2983s^2-11.2535s+1.7574}{s^5+1.8112s^4+10.6953s^3+9.2496s^2+17.3045s+1.3958} \tag{8.5}$$

表 8.2　高斯一阶导数小波逼近系数($N=5,t_0=2$)

i	r_i	i	r_i
1	0.168253	6	0.268011
2	-0.084074	7	1.436899
3	-0.819217	8	-0.422216
4	-0.441334	9	-1.413499
5	-2.726476	10	-0.603626

　　为了检验采用模拟退火算法逼近高斯一阶导数小波的逼近效果,与常用的 Padé 和 L_2 算法进行了比较,其不同算法逼近高斯一阶导数小波的波形图如图 8.1

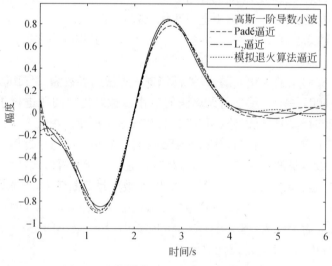

图 8.1　不同算法逼近高斯一阶导数小波

所示。由图可以看出,在相同条件下,模拟退火算法逼近情况优于 L_2 算法和 Padé 算法。表 8.3 列出了这三种算法的逼近误差,模拟退火算法的逼近误差明显小于其他两种算法。综合分析可知,模拟退火算法的控制参数较少,操作过程比较简单,且逼近小波函数的精度较高,因此,模拟退火算法不失为小波逼近函数求解的另一种选择。

表 8.3 不同算法的高斯一阶导数小波逼近误差比较($N=5$,$t_0=2$)

算法	均方误差
Padé算法	2.3426×10^{-3}
L_2算法	1.0758×10^{-3}
模拟退火算法	7.7841×10^{-4}

2. 实小波滤波器的多环反馈滤波器设计

众所周知,在滤波器设计中,特别是高阶滤波器实现时,级联结构的高灵敏度特性成为显著缺点。然而,作为滤波器设计的一个重要指标——低灵敏度,使得具有低灵敏度特点的多环反馈结构受到人们的普遍关注。接下来将研究基于开关电流微分器和电流镜的多环反馈实小波滤波器设计方法。

以($z^{-1}-1$)为基本单元的通用 z 域传递函数[9,10]可表示为

$$H(z) = \frac{-b_0 + \sum_{n=1}^{N} b_n (z^{-1}-1)^n}{a_0 - \sum_{n=1}^{N} a_n (z^{-1}-1)^n} \tag{8.6}$$

式(8.6)采用多环反馈结构滤波器实现的信号流图(SFG)如图 8.2 所示。

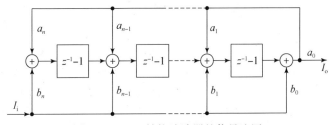

图 8.2 IFLF 结构滤波器的信号流图

由图 8.2 中的信号流图可知,设计该滤波器需要三个主要部件,即加法器、系数乘法器和微分器。由于采用开关电流电路设计滤波器,而开关电流电路属于电流模电路,所以,信号可直接相连而不需要加法器;系数乘法器将采用电流镜电路来实现;微分器将采用开关电流反相微分器一阶节电路(图 2.6)实现。

　　首先,介绍构建系数乘法器的电流镜电路。电流镜(current mirror,CM)属于信号处理电路的基本部件,也是模拟集成电路中最基本的结构单元。它能够将输入电流按一定比例在输出端重现或复制,并能实现低输入阻抗向高输出阻抗的转换。正因为它具有将电流按比例进行复制的能力,所以,可利用它方便地实现多环反馈滤波器结构中的权重系数。

　　电流镜具有电流比由晶体管的 W/L 决定,不随温度变化,且输入阻抗低而输出阻抗高等特点,特别适合实现多环反馈滤波器结构中的权重系数。目前,电流镜的类型主要包括基本电流镜、共源共栅电流镜及其改进型、Wilson 电流镜等。基本级联型电流镜电路如图 8.3 所示,共源共栅级联型电流镜电路如图 8.4 所示。图中 $N_i(i=1,2,\cdots,k)$ 为 NMOS 晶体管,$M_i(i=1,2,\cdots,k)$ 为 PMOS 晶体管,n_i 和 m_i 分别为输出晶体管的 W/L 比,电流 I_{n_i} 为图 8.2 多环反馈网络提供反馈权重系数,电流 I_{m_i} 为多环反馈网络提供前馈权重系数。电流镜电路中输出电流与晶体管 W/L 的关系式为

$$I_{n_i} = \frac{(W/L)_{n_i}}{(W/L)_1} I_{\text{ref}}, \quad I_{m_i} = \frac{(W/L)_{m_i}}{(W/L)_1} I_{\text{ref}} \tag{8.7}$$

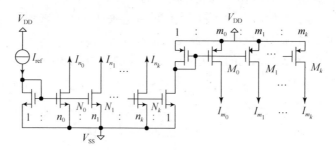

图 8.3　基本级联型电流镜

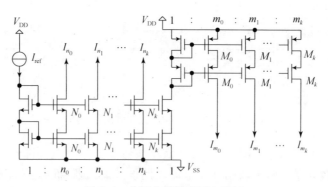

图 8.4　共源共栅级联型电流镜

　　然后,根据式(8.5)中的频域传递函数,计算式(8.6)中的系数 a_i 和 b_i。利用双线性变换 $s \to 2(1-z^{-1})/[T(1+z^{-1})]$,并把式(8.5)的分子和分母整理成关于 $(z^{-1}-1)$ 的多项式为

$$H(z) = [0.05565(z^{-1}-1)^5 + 0.62136(z^{-1}-1)^4 + 2.27492(z^{-1}-1)^3$$
$$+ 3.58592(z^{-1}-1)^2 + 2.28065(z^{-1}-1) - (-0.25615)]$$
$$/[-0.38624(z^{-1}-1)^5 - 1.48131(z^{-1}-1)^4 - 3.06567(z^{-1}-1)^3$$
$$- 3.18767(z^{-1}-1)^2 - 2.01362(z^{-1}-1) + (-0.20345)] \qquad (8.8)$$

　　对比式(8.8)与式(8.6),则可得到系数 a_i 和 b_i 的取值如式(8.9)所示:

$$a_0 = -0.2034, \quad a_1 = 2.0136, \quad a_2 = 3.1877,$$
$$a_3 = 3.0657, \quad a_4 = 1.4813, \quad a_5 = 0.3862,$$
$$b_0 = -0.2562, \quad b_1 = 2.2806, \quad b_2 = 3.5860,$$
$$b_3 = 2.2750, \quad b_4 = 0.6214, \quad b_5 = 0.05565 \qquad (8.9)$$

　　基于上述理论基础,结合图 8.2 中的信号流图,利用图 2.6 中的开关电流微分器一阶节和图 8.4 中的共源共栅级联型电流镜,设计 IFLF 结构开关电流高斯一阶导数小波滤波器[11,12]如图 8.5 所示。图中虚线为网络"飞线",在实际电路中表示物理相连接。

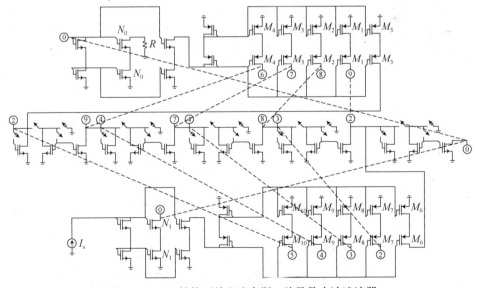

图 8.5　IFLF 结构开关电流高斯一阶导数小波滤波器

3. 验证与分析

为了检验所设计的 IFLF 结构开关电流高斯一阶导数小波滤波器的有效性，采用 ASIZ 软件对该电路进行仿真分析。根据式(8.9)中的系数，设置图 8.5 中用于实现网络系数(包括前馈和反馈系数)的级联型电流镜电路的晶体管宽长比 (W/L)参数如表 8.4 所示，电路未列出的晶体管的 W/L 全部设置为 1。同时，设置 $R=1\Omega$，$I_s=1A$，采样频率为 10Hz。

表 8.4　级联型电流镜电路的晶体管 W/L 参数

系数	W/L(晶体管)	系数	W/L(晶体管)
a_0	$0.2034(N_0)$	b_0	$0.2562(N_1)$
a_1	$2.0136(M_1)$	b_1	$2.2806(M_6)$
a_2	$3.1877(M_2)$	b_2	$3.5860(M_7)$
a_3	$3.0657(M_3)$	b_3	$2.2750(M_8)$
a_4	$1.4813(M_4)$	b_4	$0.6214(M_9)$
a_5	$0.3862(M_5)$	b_5	$0.0557(M_{10})$

首先，分析高斯一阶导数小波的理想频率特性如图 8.6 所示，其波形在中心频率 $f_0=0.221Hz$ 处取得峰值 4.674dB。图 8.7 为电路仿真获得的高斯一阶导数小波滤波器频率响应(实线所示)及零极点图。其波形在 $f_0=0.226Hz$ 处取得峰值 4.674dB，与图 8.6 中峰值所处位置基本一致。

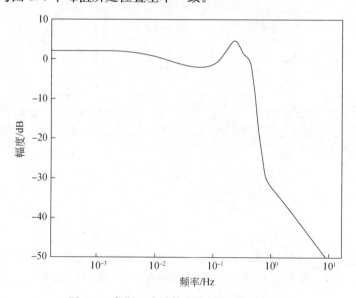

图 8.6　高斯一阶导数小波的理想频率特性

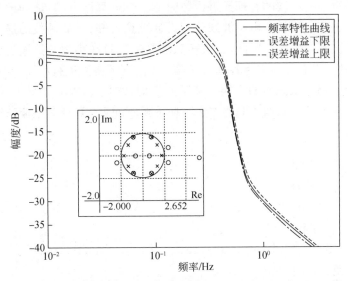

图 8.7　高斯一阶导数小波滤波器频率误差范围及零极点图($a=1$)

其次,为了证明所设计的开关电流高斯一阶导数小波滤波器具有低灵敏度特性,利用 ASIZ 软件中的灵敏度分析功能分析所设计滤波器的灵敏度。ASIZ 软件在进行灵敏度分析时通过选择一组电路参数,并假定所选择的参数具有相同的变化,计算出电路输出的误差范围。电路参数的灵敏度表现形式为频率特性窗口中频率特性的误差上下限,低灵敏度表现为误差上下限的曲线与幅频特性曲线的间距很小。考虑所设计的开关电流高斯一阶导数小波滤波器中所有晶体管的跨导存在 $\pm 5\%$ 的容差,其电路的频率特性误差上下限如图 8.7 中的虚线所示,误差约为 ± 0.7dB。误差上限和下限紧贴理想误差曲线,说明所设计的滤波器灵敏度低,受晶体管参数变化影响很小。另外,图 8.7 中小窗口给出了所设计滤波器的零极点分布图,极点("×"所示)全部分布在单位圆内,证明了系统的稳定性。

再次,对该滤波器进行脉冲响应仿真分析。小波滤波器在尺度 $a=1$ 时的脉冲响应如图 8.8 所示。波形的正向和负向峰值分别在 $t=1.5$s 和 $t=3.5$s 时取得,与理想时域波形分别在 $t=1.28$s 和 $t=2.79$s 处取得正向和负向峰值相差很小。为了实现小波变换,必须获得尺度和位移变化的小波函数,所以,利用开关电流电路中尺度变化可以通过调节时钟频率得到的特性,通过调节小波滤波器电路的时钟频率获得不同尺度小波函数实现小波变换。在电路结构不变的情况下,调整时钟频率分别为 5Hz、2.5Hz 和 1.25Hz,得到尺度为 $a=2,4,8$ 的小波函数如图 8.9 所示。波形分别在 $t=0.7$s、$t=1.4$s 和 $t=2.8$s 处取得正向峰值。图 8.10 给出了尺度为 $a=2,4,8$,中心频率范围为 0.0275~0.11Hz 的频率特性。事实上,式(8.5)中的传递函数可以归一化至任意中心频率以满足实际需要。

　　本节求解高斯小波的有理逼近函数时,对 Padé 算法、L_2算法和模拟退火算法的逼近精度进行了比较。由小波滤波器设计理论可知,小波函数的逼近精度直接影响小波滤波器的精度。因此,绝大多数的文献都只在小波函数逼近中比较了算法的逼近精度,没有具体地将各算法获得的小波逼近函数进行小波滤波器实现,并直观地比较了相应滤波器的性能。基于此考虑,本例将 Padé 算法和 L_2算法获得的高斯小波逼近函数采用相同的方法实现了相应的 IFLF 开关电流高斯小波滤波

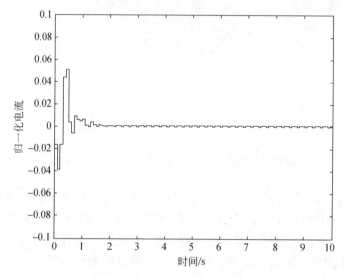

图 8.8　高斯一阶导数小波滤波器脉冲响应($a=1$)

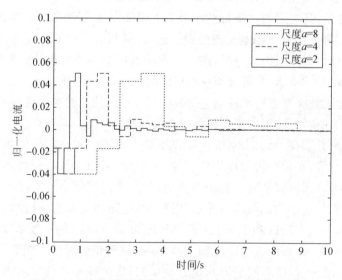

图 8.9　不同尺度的高斯一阶导数小波滤波器脉冲响应

器,并采用 ASIZ 软件进行了仿真。图 8.11 给出了 Padé、L_2 和模拟退火算法三种算法获得的小波逼近函数所对应的开关电流小波滤波器的频率响应。由图可以看出,由于三种算法逼近精度不同,致使开关电流高斯小波滤波器的幅频特性各异。模拟退火算法对应的幅频特性与图 8.6 中的理想幅频特性最为接近;Padé 法对应的幅频特性与理想幅频特性相差最大,表现在中心频率点偏离大,频带宽度最宽,即选择性越差;L_2 法的性能居中。图 8.11 直观地反映了不同算法逼近小波函数对小波滤波器性能的影响程度。

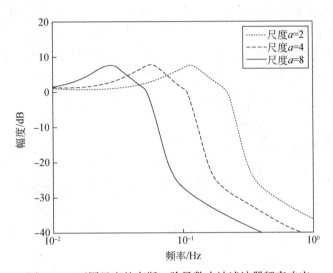

图 8.10　不同尺度的高斯一阶导数小波滤波器频率响应

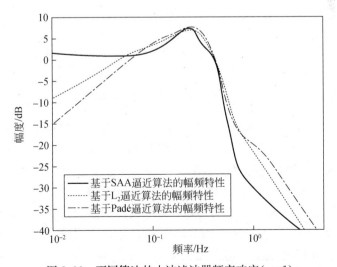

图 8.11　不同算法的小波滤波器频率响应($a=1$)

最后,由于实际电路受工艺限制,晶体管为非理想元件,滤波器电路的实际性能也会受到影响。因此,对于电路的非理想性仿真分析很有必要。而且,为了进一步比较由不同算法获得的小波逼近函数对应的开关电流小波滤波器受非理想性因素影响的程度,考虑晶体管中的输出/输入电导比误差和寄生电容,假定电路维持不变,晶体管的输入电导(G_m)与输出电导(即漏极电导 G_{ds})的比值 G_m/G_{ds} 为 1000,晶体管的栅极与源极和栅极与漏极之间的寄生电容比 C_{gs}/C_{gd} 为 1000,基准电源和信号电源为理想值,此时,非理想条件下不同算法的高斯小波滤波器的频率响应如图 8.12 所示,由图可以看出,由于电路结构相同,只是对应的电路参数不同,所以整体上各电路受非理想性因素影响不大。相比而言,Padé 法所对应的小波滤波器受非理想性因素的影响要大些,模拟退火算法设计的小波滤波器受影响程度最小。以上仿真分析结果验证了所设计的 IFLF 结构开关电流高斯小波滤波器的有效性。

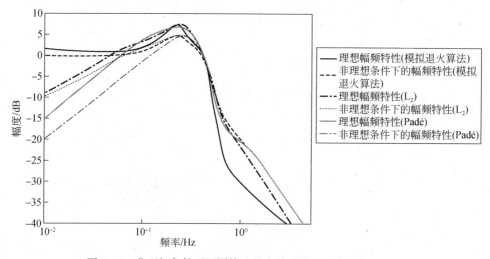

图 8.12　非理想条件下不同算法的小波滤波器频率响应($a=1$)

8.2.2　基于双线性积分器的精简结构实小波滤波器设计

由开关电流小波滤波器的设计理论可知,滤波器的结构是否简单与小波逼近函数的复杂程度密切相关。因此,要获得精简结构的开关电流小波滤波器,首先需要得到简单的滤波器传递函数。由第 4 章和第 5 章提出的小波函数时、频域逼近方法可知,基于函数链神经网络的小波函数频域逼近法可直接获得简单的小波频域函数。具体观察其小波逼近函数,可发现小波逼近函数的分子部分很简单,只有单独一项。对应到本章将要采用的多环反馈结构中,意味着多环反馈结构中的前馈网络将会很简单,也使整个电路结构变得简单。事实上,在工程实践中,如果对精度要求不是很高的场合,还可以减小分母部分的阶次,对应简化多环反馈结构中的反馈网络,从而达到精简电路结构的目的。因此,研究这种精简结构的开关电流实小波滤波器设计方法具有很强的实际意义和工程价值。

以第 5 章中通过函数链神经网络方法获得的高斯一阶导数小波逼近函数(式(5.13))为例,研究基于双线性积分器的精简结构实小波滤波器设计方法。

1. 多环反馈滤波器参数求解及电路设计

首先,介绍将用于滤波器设计中的多输出电流镜电路。每个输出都具有任意增益的典型电流镜电路及简化符号如图 8.13 所示。其中,增益因子 k_1 和 k_2 可以通过调整相应晶体管参数获得。

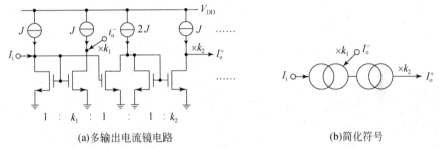

(a)多输出电流镜电路 (b)简化符号

图 8.13 多输出电流镜电路及简化符号

其次,研究开关电流小波滤波器中晶体管参数的定标问题。假设任意阶模拟滤波器的传递函数为

$$H(s) = \frac{A_{n-1}s^{n-1} + A_{n-2}s^{n-2} + \cdots + A_1 s + A_0}{s^n + B_{n-1}s^{n-1} + B_{n-2}s^{n-2} + \cdots + B_1 s + B_0} \tag{8.10}$$

分析式(8.10)可知,它可以采用理想积分器为基本单元通过 FLF 结构滤波器实现。然而,为了实际实现的方便性,通常采用通用积分器($1/(s\tau)$)代替理想积分器($1/s$)。因此,式(8.10)可以改写为

$$H(s) = \frac{\dfrac{a_{n-1}}{\tau_1}s^{n-1} + \dfrac{a_{n-2}}{\tau_1\tau_2}s^{n-2} + \dfrac{a_{n-3}}{\tau_1\tau_2\tau_3}s^{n-3} + \cdots + \dfrac{a_1}{\tau_1\tau_2\tau_3\cdots\tau_{n-1}}s + \dfrac{a_0}{\tau_1\tau_2\tau_3\cdots\tau_n}}{s^n + \dfrac{b_{n-1}}{\tau_1}s^{n-1} + \dfrac{b_{n-2}}{\tau_1\tau_2}s^{n-2} + \dfrac{b_{n-3}}{\tau_1\tau_2\tau_3}s^{n-3} + \cdots + \dfrac{b_1}{\tau_1\tau_2\tau_3\cdots\tau_{n-1}}s + \dfrac{b_0}{\tau_1\tau_2\tau_3\cdots\tau_n}}$$

$$= \frac{\sum\limits_i \left(a_{n-i} / \prod\limits_{j=1}^i \tau_j\right)s^{n-i}}{s^n + \sum\limits_i \left(b_{n-i} / \prod\limits_{j=1}^i \tau_j\right)s^{n-i}}, \quad i = 1, 2, \cdots, n \tag{8.11}$$

对照式(8.10)和式(8.11)中的分子与分母,改写后的传递函数中的系数很容易获得。式(8.11)中的传递函数能够采用通用开关电流双线性积分器和多输出电流镜电路实现。式(5.13)所示的高斯一阶导数小波逼近函数对应的 FLF 结构开关电

流滤波器电路如图 8.14 所示。图中 α_i、α_{fi} 和 α_{ri} 分别为双线性积分器的晶体管参数、FLF 网络结构中的反馈系数和前馈系数。结合式(8.10)和式(8.11)以及图 8.14,可以推出系数 α_i、α_{fi} 和 α_{ri} 的计算公式为

$$\alpha_i = T/(2\tau_i), \quad i = 1,2,\cdots,n \tag{8.12}$$

$$\alpha_{r(n-i)} = \alpha_i \cdot a_{n-i} = [T/(2\tau_i)]A_{n-i}\prod_{j=1}^{i}\tau_j, \quad i = 1,2,\cdots,n \tag{8.13}$$

$$\alpha_{f(n-i)} = \alpha_i \cdot b_{n-i} = [T/(2\tau_i)]B_{n-i}\prod_{j=1}^{i}\tau_j, \quad i = 1,2,\cdots,n \tag{8.14}$$

对应图 8.14 的原理框图,七阶开关电流高斯一阶导数小波滤波器电路如图 8.15 所示,图中所有基准电流源应软件要求均已省略。

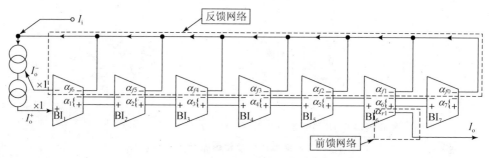

图 8.14　FLF 结构高斯一阶导数小波滤波器框图

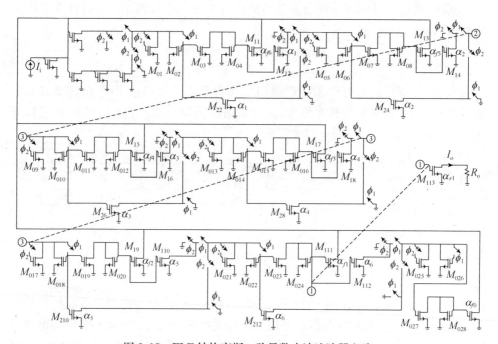

图 8.15　FLF 结构高斯一阶导数小波滤波器电路

2. 验证与分析

为了验证所设计的精简结构 FLF 高斯一阶导数小波滤波器的有效性,将对图 8.15 中的电路进行仿真分析。

首先,可根据实际需要将式(5.13)归一化至任意中心频率,此处,对应尺度为 1 的传递函数中心频率选取为 10kHz。同时,根据采样定理,选取采样频率为 100 kHz。令 $\tau_1=\tau_2=1/4$, $\tau_3=1/2$ 和 $\tau_4=\tau_5=\tau_6=\tau_7=1$,并根据式(8.12)~式(8.14),求得图 8.15 中各晶体管宽长比(W/L)参数 α 如表 8.5 所示。图 8.16 为不同尺度高斯一阶导数小波滤波器脉冲响应,其波形分别在 0.26ms、0.52ms、1.04ms 和 2.08ms 处取得峰值 0.218A,与理想峰值 0.22A 非常接近。不同尺度小波滤波器的频率响应如图 8.17 所示。频率特性波形分别在 10.019kHz、5.010kHz、2.505kHz 和 1.252kHz 处取得峰值为 12.48dB,与理想频率特性的峰值 12.44dB 相差很小。图 8.17 中的小窗口给出了系统零极点分布,由图可以看出,所有极点位于单位圆内,表明所设计的系统是稳定的。

表 8.5　FLF 结构高斯一阶导数小波滤波器的晶体管参数

参数	W/L	参数	W/L	参数	W/L
α_1	0.4488	α_6	0.1122	α_{f3}	0.2333
α_2	0.4488	α_7	0.1122	α_{f4}	0.3706
α_3	0.2244	α_{f0}	0.0267	α_{f5}	0.8135
α_4	0.1122	α_{f1}	0.1079	α_{f6}	1.0443
α_5	0.1122	α_{f2}	0.2017	α_{f7}	0.1352

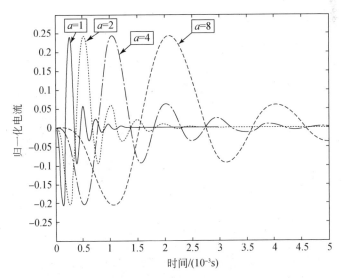

图 8.16　不同尺度高斯一阶导数小波滤波器脉冲响应($a=1,2,4,8$)

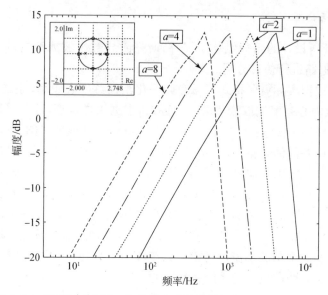

图 8.17　不同尺度高斯一阶导数小波滤波器频率响应($a=1,2,4,8$)

　　其次,分析所设计滤波器的灵敏度特性。考虑滤波器中所有晶体管跨导存在 $\pm 5\%$ 的容差,通过增益偏差统计得到的频率特性如图 8.18 所示。由图 8.18 可以看出,通带内的频率点与理想频率点相差较小,表明所设计的小波滤波器具有低灵敏度特性。同时,图中也给出了采用文献中不同结构小波滤波器的增益误差范围,通过比较可知,所提出的精简结构小波滤波器的误差范围小于其他结构类型。

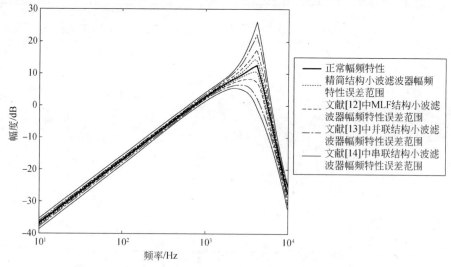

图 8.18　高斯一阶导数小波滤波器频率特性误差曲线($a=1$)

最后,对所设计的滤波器非理想性进行分析。设 G_m/G_{ds} 和 C_{gs}/C_{gd} 均为 1000,此时滤波器的频率响应如图 8.19 所示。其频率特性曲线在中心频率 $f_c=$ 10.054kHz 处取得峰值,与理想频率特性在 10Hz 处取得峰值非常接近。仿真表明所设计的滤波器受电路非理想性影响很小。同时,也给出了采用文献中不同结构小波滤波器在非理想条件下的频率特性,通过比较可知,精简结构小波滤波器的频率特性最接近理想频率特性。以上仿真实验结果及分析表明所设计精简结构小波滤波器方法的有效性。

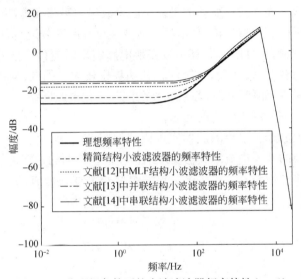

图 8.19　非理想条件下的小波滤波器频率特性($a=1$)

对比 8.2.1 节和本节所提出的实小波滤波器设计方法可知,本节设计的精简结构 FLF 开关电流小波滤波器具有电路结构相对简单的特点,其原因是传递函数的分子只有一项,对应到多环反馈网络中的前馈网络很简单。在小波函数取相同逼近阶次的情况下,本节设计的精简结构小波滤波器电路的体积和功耗将有优势,更能满足实际工程中的微型化和微功耗的需求。然而,对比两种设计方法的结果可知,这种精简结构是以牺牲小波函数的逼近精度为代价的。倘若需要获得高精度的小波逼近函数,势必要求有理逼近函数的分母项阶次增加,从而又使多环反馈网络中的反馈网络变得复杂。因此,在工程实践中,如果对精度要求不是很苛刻的场合,采用精简结构的开关电流小波滤波器设计方法还是很具有实际价值的。

8.3　多环反馈结构复小波滤波器设计

随着实小波变换硬件实现研究的蓬勃开展,实小波变换电路设计取得了不少研究成果。相对而言,复小波变换硬件实现方面的研究比较少,基于开关电流技术的复小波变换电路设计研究鲜有报道。然而,复小波变换在非平稳信号处理中的应用十分广泛,特别是需要获得被处理信号的相频特性。复小波变换最大的特点是在获得信号幅频特性的同时也能得到信号的相频特性,这是实小波变换不具备的。此外,电流模开关电流技术在模拟电路设计中表现出良好的性能,成为模拟和模数混合信号电路设计的重要研究方向。因此,为了满足低压、低功耗和实时性要求的工程应用,研究开关电流复小波变换电路的设计与实现方法具有重要的理论意义和工程价值。

复小波变换不同于实小变换的是复小波函数包含实部和虚部。由第 4 章中提出的复小波逼近函数构造理论可知,复小波变换可分两部分进行,即实部和虚部分别对信号进行变换。由此可知,复小波变换电路实现需要两个实小波变换电路共同组成,致使电路结构较复杂,系统体积和功耗也较大。因此,对于开关电流复小波变换电路的实现,如何在保证系统精度的同时简化电路网络结构、减小系统体积和降低功耗成为需要深入研究的问题。

复小波变换的开关电流滤波器实现原理如图 8.20 所示。图中前半部分的结构与实小波变换的开关电流滤波器实现结构相似。不同的是实部和虚部分别对应一个开关电流小波滤波器。后半部分电路是复小波变换特有的,用于求解变换后系数的模和相位。模(WT_M)和相位(WT_P)的计算式为

$$\begin{cases} WT_M = \sqrt{WT_r^2 + WT_i^2} \\ WT_P = \arctan(WT_i / WT_r) \end{cases} \tag{8.15}$$

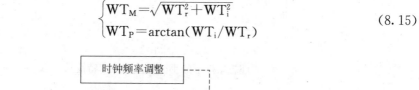
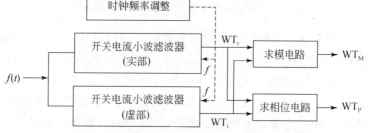

图 8.20　复小波变换的开关电流滤波器实现原理图

图 8.20 中给出的实部和虚部对应的开关电流小波滤波器是完全独立的,事实上,根据复小波逼近函数构造方法的不同,小波滤波器电路会有所不同。由 4.5.3 节中复小波逼近函数构造的第 1 种方法可知,如果复小波函数的实部和虚部分别采用通用逼近函数模型逼近,将获得两个完全不同的小波逼近函数,相应设计的开关电流小波滤波器也不相同,此时,小波滤波器设计方法与 8.2 节中所提方法完全一致;如果采用第 2 种方法求取实部和虚部的逼近函数,将获得分母相同的小波逼近函数,设计滤波器时可实现极点电路共享。显而易见,采用第 2 种复小波逼近函

数构造方法获得的复小波变换电路结构将会更简单,同时也可以简化电路设计过程。

8.3.1　复小波滤波器的共享结构设计

由 8.2 节提出的多环反馈开关电流实小波滤波器结构设计方法可知,对于高阶开关电流小波滤波器的设计与实现,多环反馈结构表现出了电路结构简单、灵敏度低、设计灵活和通用性强的优点。同时,由第 4 章通过采用多目标智能优化算法求出的复小波实部和虚部逼近函数可以看出,两个频域逼近函数均属于复杂的高阶有理函数,因此,采用多环反馈结构开关电流小波滤波器实现复小波变换是必然选择。

由复 Morlet 小波的实部和虚部逼近函数式(4.80)和式(4.81)可以看出,这两个传递函数的分母相同,即对应相同的极点,而实现极点的电路对应多环反馈结构中的反馈网络部分,可由多输出开关电流双线性积分器构成,因此,实现复小波实部和虚部的滤波器中的反馈网络完全相同。实现分子的电路为多环反馈结构中的前馈网络部分,同样可以采用多输出开关电流双线性积分器实现前馈系数,因此,只需增加多输出开关电流双线性积分器中的输出电流镜,即可增加电路输出,实现复小波实部和虚部。通过这种"共享"反馈网络的形式,能够简化复小波滤波器的设计结构,同时,对于整个电路,可减小其体积和功耗。以图 8.14 中设计的 FLF 高斯一阶导数小波滤波器结构框图为基础,设计复 Morlet 小波滤波器共享结构如图 8.21 所示。图中,α_{fn} 为多环反馈网络中的反馈系数,而所谓的"共享"结构指实、虚部电路中反馈网络相同并共用;α_n 为开关电流双线性积分器的参数;α_{rn} 为实部电路中的前馈系数;α_{in} 为虚部电路中的前馈系数。I_{real} 和 I_{imag} 分别为实部和虚部电路的输出。通常,复小波变换后对系数求模和相位,因此,电路输出端增加求模和相位电路。

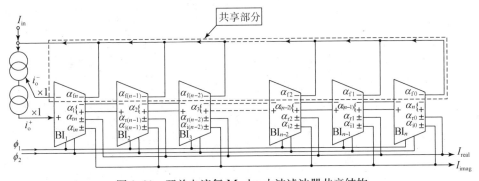

图 8.21　开关电流复 Morlet 小波滤波器共享结构

8.3.2 求模和相位电路

1. 求模电路

在信号处理系统中,特别是进行复信号处理时,求模电路属于基本单元电路。目前,有关求矢量模电路设计的文献比较多。由于电流模电路成为模拟集成电路发展的主流技术,所以,电流模式求矢量模电路常见诸报道。本节采用文献[15]中的求模电路。其中采用跨导线性电路设计的电流模式求模电路如图 8.22(a) 所示。图中 $M_1 \sim M_5$ 为晶体管,I_{real} 和 I_{imag} 分别为实部和虚部电流输入,I_M 为模输出。由电路结构可得

$$I_{d_2} = I_{d_3} = I_M - I_{d_2} + I_{imag} \tag{8.16}$$

式中,I_{d_i} 为晶体管的漏极电流。根据式(8.16)可得

$$I_{d_2} = \frac{I_M + I_{imag}}{2} \tag{8.17}$$

同理,可推出

$$I_{d_1} = \frac{I_M - I_{imag}}{2} \tag{8.18}$$

根据跨导线性原理,则有

$$\frac{I_{d_4}}{2} \cdot \frac{I_{d_5}}{2} = I_{d_1} \cdot I_{d_2} \tag{8.19}$$

结合式(8.17)~式(8.19),则有

$$\frac{I_{real}^2}{4} = \frac{(I_M + I_{imag})}{2} \cdot \frac{(I_M - I_{imag})}{2} \tag{8.20}$$

$$I_M = \sqrt{I_{real}^2 + I_{imag}^2} \tag{8.21}$$

由式(8.21)可知,图 8.22 所示电路中实现了求模运算。

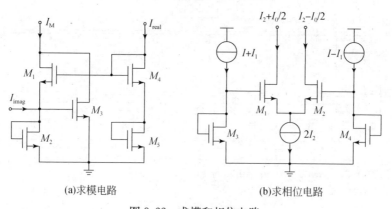

(a)求模电路　　　　　　　　(b)求相位电路

图 8.22　求模和相位电路

2. 求相位电路

文献[15]中已推导出相位可近似表示为

$$\arctan\left(\frac{\mathrm{Im}}{\mathrm{Re}}\right) = \frac{\pi}{2} \frac{\mathrm{Im}}{\left(0.63\mathrm{Re} + \sqrt{0.88\,\mathrm{Re}^2 + \mathrm{Im}^2}\right)} \tag{8.22}$$

式中包含了求模运算 $\sqrt{0.88\,\mathrm{Re}^2 + \mathrm{Im}^2}$ 。因此,求相位时需要结合图 8.22(a)中的求模电路来实现。图 8.22(b)为求相位电路。图中 $I \pm I_1$ 为差动输入, I_2 为基准电流, I_o 为差动输出。假设晶体管 $M_1 \sim M_4$ 完全匹配,则根据跨导线性原理可得

$$I_{d_1} I_{d_4} = I_{d_2} I_{d_3} \tag{8.23}$$

$$\left(I_2 + \frac{I_0}{2}\right)(I - I_1) = \left(I_2 - \frac{I_0}{2}\right)(I + I_1) \tag{8.24}$$

由式(8.24)可得

$$I_\mathrm{o} = \frac{2I_1 I_2}{I} \tag{8.25}$$

令 $I = 0.63\mathrm{Re} + \sqrt{0.88\,\mathrm{Re}^2 + \mathrm{Im}^2}$, $I_1 = \mathrm{Im}$, $I_2 = \pi/4$ 并代入式(8.25)中即可得到式(8.22),从而实现求相位运算。

8.3.3　复小波滤波器设计与仿真分析

根据图 8.21 中设计的复 Morlet 小波滤波器共享结构,结合式(4.80)和式(4.81)中的复 Morlet 小波实部和虚部逼近函数,以多输出开关电流双线性积分器和电流镜电路为基本单元,设计开关电流复 Morlet 小波滤波器电路如图 8.23 所示。接下来对所设计的电路进行仿真分析。

首先,计算图 8.23 中晶体管的参数。与实小波滤波器设计相同,设计中通常需要将传递函数进行去归一化处理,使滤波器的中心频率处在期待的频率点上。将式(4.80)和式(4.81)的传递函数去归一化至中心频率 1kHz,设置采样频率为 10 kHz,且令 $\tau_1 = \tau_2 = \tau_3 = \tau_4 = \tau_5 = 1/4$, $\tau_6 = \tau_7 = \tau_8 = 1/2$ 。通过去归一化后的传递函数利用式(8.12)～式(8.14)求出各晶体管参数,其中,反馈网络中晶体管参数 $\alpha_{\mathrm{f}i}$ 为

$$\begin{aligned}
&\alpha_{\mathrm{f}0} = 9.2679, \quad \alpha_{\mathrm{f}1} = 3.4727, \quad \alpha_{\mathrm{f}2} = 7.3351, \quad \alpha_{\mathrm{f}3} = 3.6625 \\
&\alpha_{\mathrm{f}4} = 7.6861, \quad \alpha_{\mathrm{f}5} = 2.3565, \quad \alpha_{\mathrm{f}6} = 3.2130, \quad \alpha_{\mathrm{f}7} = 0.4672
\end{aligned} \tag{8.26}$$

实部对应的前馈网络中晶体管参数 $\alpha_{\mathrm{r}i}$ 为

$$\begin{aligned}
&\alpha_{\mathrm{r}0} = 0.1577, \quad \alpha_{\mathrm{r}1} = -0.03979, \quad \alpha_{\mathrm{r}2} = 0.04186, \quad \alpha_{\mathrm{r}3} = 0.03850 \\
&\alpha_{\mathrm{r}4} = -0.05285, \quad \alpha_{\mathrm{r}5} = 0.05166, \quad \alpha_{\mathrm{r}6} = -0.01443, \quad \alpha_{\mathrm{r}7} = 0.00495
\end{aligned}$$

$$\tag{8.27}$$

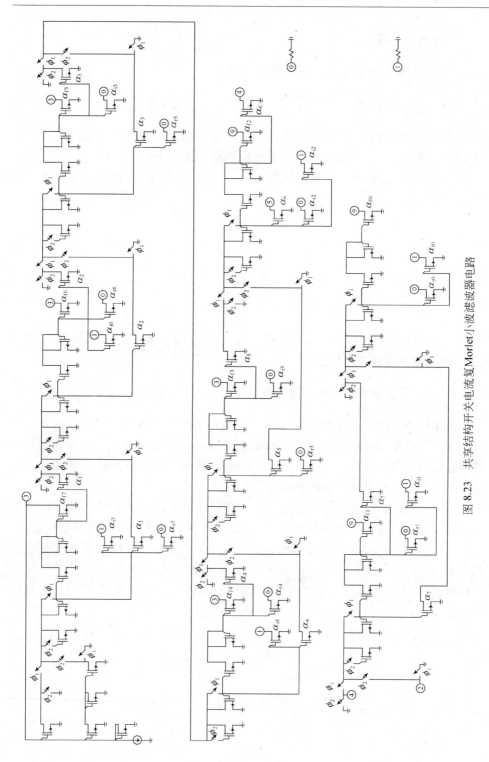

图 8.23　共享结构开关电流复 Morlet 小波滤波器电路

虚部对应的前馈网络中晶体管参数 α_{ii} 为

$$\alpha_{i0}=0.03836，\quad \alpha_{i1}=-0.11433，\quad \alpha_{i2}=0.11166，\quad \alpha_{i3}=-0.10797$$
$$\alpha_{i4}=0.04265，\quad \alpha_{i5}=-0.00627，\quad \alpha_{i6}=-0.00162，\quad \alpha_{i7}=0.00424$$

$$(8.28)$$

式中，α_{ri} 和 α_{ii} 参数中的负号可通过扩展双线性积分器的反相输出端电流镜实现。
开关电流多输出双线性积分器中晶体管的参数 α_i 为

$$\alpha_1=0.4576，\quad \alpha_2=0.4576，\quad \alpha_3=0.4576，\quad \alpha_4=0.4576$$
$$\alpha_5=0.4576，\quad \alpha_6=0.2288，\quad \alpha_7=0.2288，\quad \alpha_8=0.2288$$

$$(8.29)$$

　　将式(8.26)～式(8.29)中的参数设置到图 8.23 的复 Morlet 小波滤波器中，并设置输入电流为 1A，输出电阻为 1Ω，采用 ASIZ 软件对滤波器电路进行仿真。图 8.24 和图 8.25 分别给出了开关电流复 Morlet 小波滤波器的实部和虚部输出频率特性。其中，实部的幅频特性在中心频率为 1.053kHz 处取得峰值 1.58dB；虚部幅频特性在中心频率为 1.053kHz 处取得峰值 2.249dB，与去归一化设定的中心频率点 1kHz 很接近。

　　为了检测设计的开关电流滤波器系统是否稳定，图 8.24 和图 8.25 中的小窗口给出了实部和虚部电路的系统零极点图。图中，"×"和"o"分别代表极点和零点。由于 ASIZ 软件在求解零极点时将极点表示为 $z^{1/2}$ 的幂形式，所以，该八阶开关电流复小波滤波器系统中，小窗口中出现 16 个极点。由实部和虚部的零极点图可以看出，所以极点均位于单位圆内，表明设计的开关电流复小波滤波器系统是稳定的。

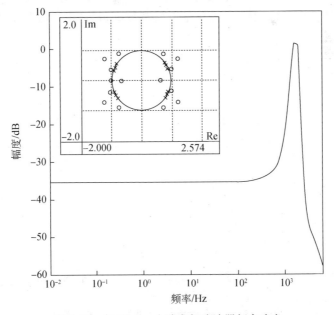

图 8.24　复 Morlet 小波实部滤波器频率响应

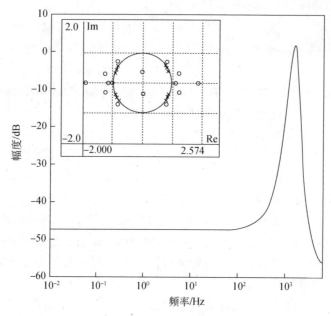

图 8.25　复 Morlet 小波虚部滤波器频率响应

　　图 8.26 和图 8.27 给出了开关电流复小波滤波器实部和虚部在尺度为 1 时的脉冲响应。对比图 4.8(a)和(b)中实部和虚部波形可知,仿真得到的波形与原波形形状相同,与去归一化后的原波形幅度基本一致。为了获得其他尺度复小波函数实现复小波变换,只需要调整滤波器时钟频率即可,这里不再赘述。

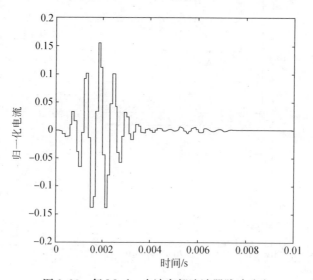

图 8.26　复 Morlet 小波实部滤波器脉冲响应

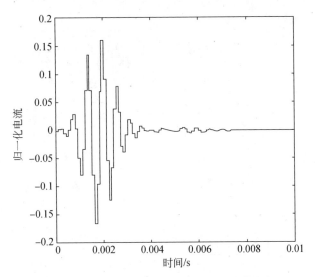

图 8.27　复 Morlet 小波虚部滤波器脉冲响应

　　为了验证所设计的开关电流复小波滤波器具有低灵敏度特性,对该电路进行灵敏度分析。考虑开关电流复小波滤波器电路中所有晶体管跨导存在 ±5% 的随机误差,通过统计计算得到的尺度为 1 时实部和虚部滤波器的幅频特性误差范围分别如图 8.28 和图 8.29 所示。在图 8.28 和图 8.29 中实线对应理想幅频特性。比较理想幅频特性曲线与误差上下限可知,所设计的滤波器电路在元件存在误差的情况下,幅频特性曲线前段和后段误差范围很小,最大增益误差为 0.85dB,中心频率附近的增益误差最大,约为 4.34dB。仿真实验结果验证了所设计滤波器电路的低灵敏度特性。

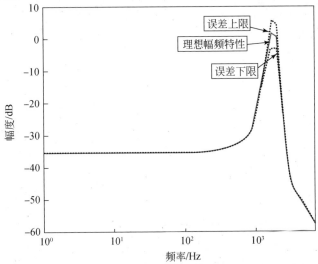

图 8.28　复 Morlet 小波实部滤波器幅频响应误差范围

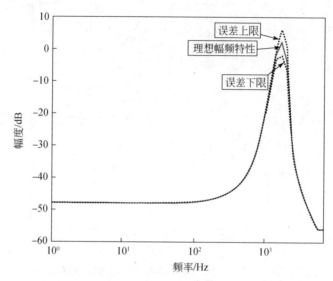

图 8.29　复 Morlet 小波虚部滤波器幅频响应误差范围

　　由于 MOS 晶体管存在非理想特性,将影响开关电流电路的性能。为了检验元件非理想性对所设计开关电流小波滤波器的影响程度,考虑晶体管的输出-输入电导比误差以及栅-源极和栅-漏极之间的寄生电容,分析该电路的输出幅频特性。设晶体管的输入电导与输出电导的比值 g_m/g_{ds} 为 1000,栅-源极与栅-漏极之间电容的比值 c_{gs}/c_{gd} 为 1000,尺度为 1 时实部和虚部滤波器的幅频特性分别如图 8.30 和图 8.31 所示。由图可以看出,在非理想条件下实部和虚部滤波器的幅频特性曲线与

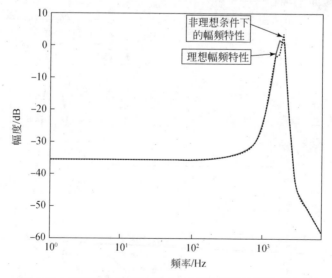

图 8.30　非理想条件下复 Morlet 小波实部滤波器幅频响应

理想幅频特性曲线重合度很高,只在中心频率附近的特性曲线偏差稍大。实验结果说明所设计的电路受输出-输入电导比误差和寄生电容比的影响很小。

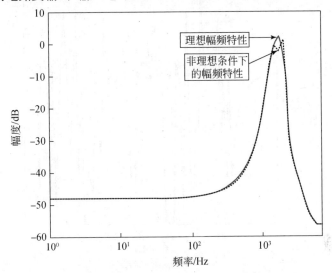

图 8.31　非理想条件下复 Morlet 小波虚部滤波器幅频响应

在复小波滤波器构成的复小波变换电路中,信号通过复小波变换后得到实部系数和虚部系数,然后将系数分别送入图 8.22(a)和(b)所示的求模电路和求相位电路中,在输出端即可分别获得信号经复小波变换后的模和相位。本例中为了验证所设计电路的有效性,将复小波滤波器的实部和虚部输出(图 8.26 和图 8.27)直接送入求模电路和求相位电路中,并采用 Pspice 软件进行仿真,最后得到的模和相位仿真结果如图 8.32 所示。由图可以看出,仿真得到的模和相位波形与实际值

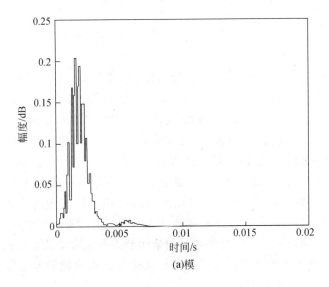

(a)模

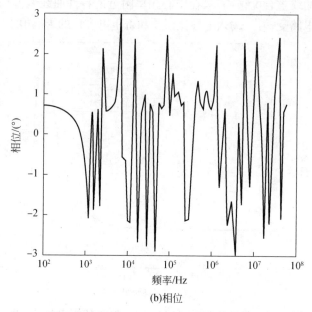

图 8.32　复 Morlet 小波滤波器的模和相位

（图 4.8(c)和(d)）相近。模的波形约在 1.6ms 处取得峰值 0.2037dB，与理论分析值接近。相位波形的前段与后段失真较大，其直接原因是对应的实部和虚部电路输出波形的相应位置波形不理想，其根本原因是由小波函数逼近时波形的前段和后段逼近效果相对较差所致。

　　上述仿真实验结果验证了所提出的共享结构开关电流复小波滤波器设计方法的有效性。

8.4　本章小结

　　随着小波变换在工程实践中的广泛应用，小波变换电路设计成为小波变换实用化的必然途径。本章以小波变换的开关电流滤波器实现原理为基础，首先，采用开关电流反相微分器为基本结构单元，设计了 IFLF 结构开关电流实小波滤波器。通过函数变换方式，直接获得网络结构中的前馈和反馈系数，利用电流镜电路实现了多环反馈中的前馈和反馈网络。其次，设计了基于开关电流双线性积分器的精简 FLF 结构开关电流实小波滤波器，由于采用了函数链神经网络方法获得分子多项式简单的小波频域函数，并利用多输出双线性积分器实现前馈和反馈网络，所以，滤波器的结构很简单，电路在功耗和体积方面也有优势。以高斯一阶导数实小波函数为例，分别设计了这两种多环反馈结构开关电流实小波滤波器。再次，根据开关电流复小波滤波器实现原理，以 FLF 结构开关电流滤波器为原型，设计了共享结构开关电流复小波滤波器,并给出了求模电路和求相位电路。以复 Morlet 小波为例,设计了复 Morlet 小波滤波器,并对设计的开关电流复小波滤波器分别进行了仿真分析。上述多环反馈实、复小波滤波器设计结果表明,所提出的多环反馈开关电流滤波器实现小波变换的方法具有逼近精度高、结构简单、灵敏度低、稳定性好和通用性强的优点。同时,这些方法能为其他开关电流滤波器的设计提供参考和借鉴。

参 考 文 献

[1] Laker K R,Schaumann R,Ghausi M S. Multiple-loop feedback topologies for the design of low-sensitivity active filters[J]. IEEE Transactions on Circuits and Systems,1979,26(1):1-20.

[2] Chiang D H,Schaumann R. A CMOS fully-balanced continuous-time IFLF filter design for read/write channels[J]. Proceedings of IEEE ISCAS,1996,1:167-170.

[3] Sun Y,Fidler J K. Structure generation and design of multiple loop feedback OTA-ground capacitor filters[J]. IEEE Transactions on Circuits and Systems,1997,44(1):1-11.

[4] Chiang D H,Schaumann R. Performance comparison of high-order IFLF and cascade analogue integrated lowpass filters[J]. IEE Proceedings of Circuits,Devices and Systems,2000,147(1):19-27.

[5] Hasan M,Sun Y. Performance comparison of high-order IFLF and LF linear phase lowpass OTA-C filters with and without gain boost[J]. Analog Integrated Circuits and Signal Processing,2010,63(3):451-463.

[6] Schaumann R,Ghausi M S,Laker K R. Design of Analog Filter:Passive,Active RC,and Switched Capacitor[M]. New Jersey:Prentice Hall,1990.

[7] Arkat J,Saidi M,Abbasi B. Applying simulated annealing to cellular manufacturing system design[J]. International Journal of Advanced Manufacturing Technology,2007,32(56):531-536.

[8] Kirkpatrick S,Gelatt C D J,Vecchi M P. Optimization by simulated annealing[J]. Science,1983,220(4598):671-680.

[9] Yu T C,Wu C Y,Chang S S. Realization of IIR/FIR and N-path filters using a novel switched-capacitor technique[J]. IEEE Transactions on Circuits and Systems,1990,37(1):91-106.

[10] Liu S I,Chen C H,Tsao H W,et al. Switched-current differentiator-based IIR and FIR filters[J]. International Journal Electronic,1991,71(1):81-91.

[11] 李目. 小波变换的开关电流技术实现与应用研究[D]. 长沙:湖南大学,2013.

[12] Li M,He Y. Analog wavelet transform using multiple-loop feedback switched-current filters and simulated anncaling algorithms[J]. AEÜ-International Journal of Electronics and Communications,2014,68(5):388-394.

[13] Li M,He Y G. Analogue implementation of wavelet transform using discrete time switched-

current filters[C]. Proceedings of the International Conference on Electric and Electronics, Nanchang,2011:677-682.

[14] Li M,He Y G. Analog VLSI implementation of wavelet transform using switched- current circuits[J]. Analog Integrated Circuits and Signal Processing,2012,71(2):283-291.

[15] 赵玉山,周跃庆,王萍. 电流模式电子电路. 天津:天津大学出版社,2001.

第9章 小波变换电路在心电图检测中的应用

9.1 引 言

随着微电子技术的飞速发展,人们的生活也随之而改变,各种各样的小型化或微型化的设备和器件出现在生产与生活当中。因此,设计低电压、低功耗、高频高速的专用集成电路成为当今电路发展的趋势。小波变换作为一种具有优良时频局部特性的信号处理技术被广泛地应用于非平稳或瞬态信号的分析与处理领域,其应用已经渗透到生产和生活中的各个领域。前面章节已经针对小波变换的开关电流技术实现问题进行了研究,详细地阐述了开关电流小波变换电路实现理论与方法。实践应用是检验工程技术的最好手段,也是工程技术最终的目标。鉴于此,从本章开始的后续章节将介绍小波变换电路的具体应用,进一步检验和验证前面章节所提出的开关电流小波变换实现理论与方法。本章将重点介绍开关电流小波变换电路在心电图检测中的应用,同时,也为开关电流小波变换电路的其他应用提供有价值的参考。

心电图(electrocardiogram,ECG)就是在心脏有规律地收缩和舒张的过程中,各部分心肌细胞产生的动作电位综合而成的电信号由电极从体表或胸腔测得经放大后显示或描记下来的波形。ECG 检测是临床医学诊断的重要依据,也是生物医学工程领域的重要研究内容。心电信号主要包括 P 波、QRS 波、T 波和 U 波,如图 9.1 所示,它们分别表征了不同的生理意义和医学含义。

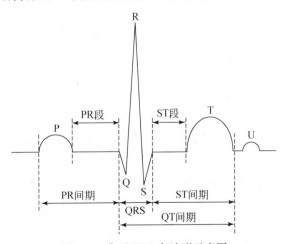

图 9.1 典型 ECG 各波形示意图

在医学临床诊断中,医生就是根据波形的形态、幅度、时间间隔和周期等参数来判定心电信号是否正常,并作为医学诊断或实施手术的前提。因此,ECG中特征参数检测的准确性与可靠性至关重要。在心电信号中,QRS波是最典型的特征波形,其不但可以直接用来诊断心脏疾病,而且通过其特征(包括峰值点和起始点)确定基线,从而检测P波和T波的信息。因此,QRS波检测成为ECG信号检测的关键环节,也是准确检测其他波形的前提和基础。在早期研究中,学者提出了多种用于QRS波检测的方法,主要包括阈值法、模板法、滤波法和神经网络法等[1],但这些方法都存在一些不足,其主要原因是ECG信号属于典型的非线性的非平稳信号,波形本身的复杂性、人体电生理学的特异性以及工频干扰、基线漂移、呼吸波干扰和肌电干扰等噪声的影响[2],使准确检测QRS波的特征参数变得非常困难,效果也不尽如人意。目前,具有"数学显微镜"美誉的小波变换被广泛应用于QRS波的检测,大量研究成果见诸报道[1-16]。概括起来,用于QRS波检测的小波变换方法分为两个步骤:首先,采用多尺度小波对ECG信号进行分解,在分解的同时滤掉其他杂波,起到了净化信号的作用;然后,通过阈值检测和判定法确定QRS波参数。研究成果表明,采用小波变换法检测QRS波可获得很高的准确率,效果令人满意。

与其他领域小波变换的应用相同,传统用于ECG检测的小波变换主要通过微机或数字信号处理器(DSP)以及可编程逻辑器件(FPGA)实现,同样面临体积大、功耗高、成本高和实时性差的缺点。然而,在ECG检测设备中,如植入式心脏起搏器和移动心电监护仪终端等,对体积和功耗都有很高的要求,因此,研究专用小波变换集成电路成为亟须解决的问题。目前,在该领域研究的国外学者中最具代表性的是Haddad博士[17],国内的李宏民博士[18,19]在此基础上也进行了相关研究。他们提出了基于对数域电路的小波变换实现方法并将其应用于QRS波检测,取得了良好的效果。但是,将开关电流小波变换电路应用于QRS波检测方面的研究还未见报道。

本章将对用于QRS波检测的开关电流小波变换电路设计开展研究,首先,以前面章节的内容为基础,设计相应开关电流小波变换电路;然后,将其应用于QRS波检测,并对检测结果进行分析与讨论,验证该开关电流小波变换电路在QRS波检测中的有效性。

9.2　小波变换检测QRS波的原理和步骤

小波变换检测QRS波的关键是检测出QRS波的奇异点(包括峰值点、起始点)。小波分析专家Mallat研究了信号奇异点与相应小波变换之间的关系。如果小波函数近似为某一平滑函数的一阶导数,则信号小波变换模的过零点对应信号的奇异点;如果小波函数近似为某一平滑函数的二阶导数,则信号小波变换模的极值点对应信号的奇异点[6]。依据该理论可知,信号突变点的位置可以由小波变换的过零点或极值点来确定。但是,在实际中,过零点容易受到噪声干扰,位置不能准确反映信号突变点。因此,常通过小波变换的模极大值点来反映和确定信号的突变点。同时,由于小波变换的多尺度特性,可以有效地消除干扰、减少频率混叠和提高辨别真伪极值点的能力。

QRS 波的小波变换检测方法实施步骤可归纳为:

(1)小波函数的选择和尺度确定。由上述小波变换检测理论可知,如果采用具有一阶消失矩的小波函数,则对 QRS 波进行变换后产生模极大值对,信号的峰值点位于模极大值对的过零点;如果采用具有二阶消失矩的小波函数,则信号变换后的模极大值点将直接对应信号的峰值点。不是所有的小波函数对 QRS 波的检测都有好的效果,而是需要众多小波中选择合适的小波函数。最常用于 QRS 波检测的小波函数包括高斯一阶导数小波和高斯二阶导数小波(即 Marr 小波)。

研究表明,QRS 波主要能量集中的频率范围是 $3 \sim 40\,\mathrm{Hz}$,对应小波函数的尺度 a 为 2^3 和 2^4 上,且尺度 2^3 上能量最大。当尺度小于或大于 2^3 时能量都减小,特别是尺度大于 2^4 以上时,噪声干扰明显增大。同时,随着尺度的增大,计算量增加,却对检测的贡献很小。因此,选择尺度 $a = 2^1$ 和 $a = 2^4$ 之间的 4 个特征尺度小波变换来检测 QRS 波。

(2)确定 R 波的模极大值。在一个特征尺度下 R 波的小波变换能形成一个模极大值对,因此,确定所有特征尺度下的模极大值是必要的。从大尺度到小尺度的小波变换中确定模极大值的过程如下[3]:

首先,在尺度 2^4 上,找出所有模极大值大于阈值 T_4 的点,并定位其位置 $\{p_k^4 \mid k = 1, 2, \cdots, N\}$。

其次,在尺度 2^3 上,找出在 p_k^4 邻域内大于阈值 T_3 的模极大值点并定位为 p_k^3。如果存在多个模极大值点,则选择其中最大的模极大值;如果不存在这样的模极大值点,则设 p_k^3、p_k^2 和 p_k^1 都为 0。由此,确定位置点 $\{p_k^3 \mid k = 1, 2, \cdots, N\}$。

最后,与前一步骤相似,可得到尺度 2^2 和 2^1 的位置点 $\{p_k^2 \mid k = 1, 2, \cdots, N\}$ 和 $\{p_k^1 \mid k = 1, 2, \cdots, N\}$。其中,四个阈值 $T_4 \sim T_1$ 的确定公式为

$$T_j = 0.3 A_j^{m+1}, \quad j = 1, 2, 3, 4$$

$$A_j^{m+1} = \begin{cases} A_j^m, & |\,\mathrm{WT}(2^j, p_k^i)\,| \geqslant 2A_j^m \\ 0.875 A_j^m + 0.125\,|\,\mathrm{WT}(2^j, p_k^i)\,|, & \text{其他} \end{cases} \tag{9.1}$$

式中,$|\,\mathrm{WT}(2^j, p_k^i)\,|$ 为 R 波的小波变换模极大值,A_j^{m+1} 为模极大值。

(3)删除孤立和多余的模极大值点。由于肌电噪声等干扰的影响,通过对 QRS 波的小波变换可能产生多个孤立或多余的模极大值点,而这些点会影响 R 波的准确检测,因此,需要对这些孤立和多余的模极大值点进行合理的处理。在特征尺度上每个 R 波产生一个正极大值和负极大值,例如,假设在尺度 2^1 下产生的一

个正极大值位置为 p_1^1，负极大值的位置为 $p_k^1(k=1,\cdots,N_1,k\neq1)$，如果 p_1^1 和 p_k^1 之间的间距大于设定的间距，则 p_1^1 和 p_k^1 为孤立极大值点，应将该极大值点删除。间距的设置一般通过大量实验统计得出，本节的间距选取为 120ms。正常情况下，一个 R 波对应一个模极大值对，但是，对于双 R 波或噪声情况下，可能存在多个模极大值对。其中，只有一个模极大值对是有用的，其余都属于多余点。假设某一特征尺度下的一个正极大值附近有两个负极小值，分别记为 M_1 和 M_2，它们的绝对值记为 A_1 和 A_2，与正极大值之间的间距记为 D_1 和 D_2，则判定多余模极大值的规则为[4]：

规则 1：如果 $A_1/D_1>1.2A_2/D_2$，则 M_2 为多余模极值点。

规则 2：如果 $A_2/D_2>1.2A_1/D_1$，则 M_1 多余模极值点。

规则 3：否则，如果 M_1 和 M_2 位于正极大值的同一边，则离正极大值点最远的点是多余的；如果 M_1 和 M_2 分列于正极大值的两边，则位于正极大值点右边的点为多余点。

(4)检测 R 波峰值点。通过上述步骤得到准确的模极大值对后，找到每个模极大值对的过零点即对应了 R 波的峰值点。这里采用特征尺度为 2^1 的小波变换波形过零点确定 R 波的峰值。

(5)检测 QRS 波的起点和终点。QRS 波的起点和终点分别对应为 Q 波和 S 波。Q 波、S 波均为小幅度高频率波，其能量主要集中在小波变换的小尺度上。选取尺度 2^2，QRS 波的起点为 R 波对应产生的模极大值对前一个波的起点；QRS 波终点为 R 波对应产生的模极大值对后一个波的终点。其确定方法为：在 R 波对应的模极大值点基础上，向前或向后一段时间内寻找出模极大值点，即对应为 QRS 波的起点和终点。如果上述方法未找到模极大值点，则 QRS 波的起点和终点对应为 R 波的模极大值对的起点和终点。

9.3　QRS 波的开关电流小波变换电路检测

9.3.1　基本结构与原理

前面已提及传统的 ECG 检测采用通用器件如微机、DSP 或 FPGA 实现。由于这些方法在实时性、功耗和体积等方面不适应现今 ECG 信号检测的需求，所以，研究低压、低功耗和高速的专用集成电路成为亟须解决的问题。以电流模集成电路为代表的模拟信号处理系统由于频带宽、功耗低、实时性强、动态范围大和无需 A/D 转换器件而被广泛应用于信号处理。在此之前，基于对数域积分器的小波变换电路应用于 ECG 信号检测已被提出[16]。然而，采用开关电流小波变换电路检测 ECG 信号方面的研究还处于空白。基于开关电流小波变换电路的 QRS 波检测原理如图 9.2 所示，由图可以看出，整个检测系统全部为模拟电路实现，可方便地实现单片集成。该系统由两大部分组成，即开关电流小波变换电路、模极大值检测电路及决策电路。其中，开关电流小波变换电路采用第 8 章中介绍的多环反馈结构开关电流滤波器实现。根据 9.2 节中阐述的 QRS 波检测原理，首先，设计尺度 $a = 2^1$ 和 $a = 2^4$ 之间的 4 个开关电流滤波器实现对输入 ECG 信号的小波变换。然后，将获得的 4 个尺度小波变换系数输入模极大值检测电路及决策电路中，在输出端得到最终检测结果。其中，模极大值电路由峰值检测电路和比较器电路组成，实现对前端小波变换结果的模极大值点提取。决策电路主要完成 QRS 波特征参数的测量，实现对波形参数的正确测量与决策。

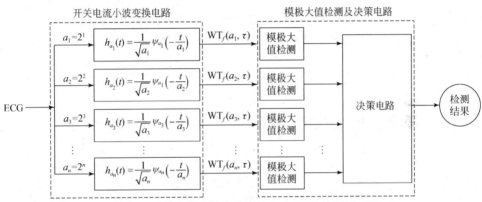

图 9.2　开关电流小波变换电路的 QRS 波检测原理图

　　相比传统 QRS 波检测方法，图 9.2 中检测 QRS 波的模拟系统最大的特点是可以实现单片系统集成。特别是随着系统芯片（SoC）集成技术的飞速发展，使该系统的实现更加便捷，为基于小波变换的 ECG 信号检测器的小型化、微功耗和高速应用提供了更为广阔的前景。

9.3.2　开关电流小波变换电路设计

1. 小波逼近函数求解

　　根据 9.2 节中基于小波变换的 QRS 波检测原理，选取高斯一阶导数小波（gaus1）对 ECG 信号进行小波变换。高斯一阶导数小波的时域表达式为

$$\psi(t) = -2 \, (2/\pi)^{1/4} t e^{-t^2} \tag{9.2}$$

对式（9.2）进行反褶和时延后的小波函数为

$$\psi(t_0 - t) = -2 \, (2/\pi)^{1/4} (t_0 - t) e^{-(t_0 - t)^2} \tag{9.3}$$

式中，取 $t_0 = 2$。采用 4.3.3 节中的改进差分进化算法对该小波函数进行六阶逼近，获得时域小波逼近函数的最优系数如表 9.1 所示，其逼近精度（MSE）达到 1.593931×10^{-5}。

表 9.1 时反 gaus1 小波逼近函数的最优系数

i	σ_i	i	σ_i	i	σ_i
1	-0.321595	5	-0.625029	9	3.871482
2	-0.852302	6	-0.957805	10	-0.915265
3	3.416425	7	2.017580	11	0.711078
4	-0.930229	8	4.529325	12	-3.681168

对该时反高斯一阶导数逼近函数进行拉普拉斯变换，获得尺度为 1 的开关电流高斯一阶导数滤波器传递函数为

$$H_{2^0}(s) = \frac{-0.0821s^5 - 0.2303s^4 - 7.2394s^3 + 4.1013s^2 - 123.5842s + 0.4612}{s^6 + 5.4507s^5 + 28.622s^4 + 74.9199s^3 + 148.626s^2 + 156.5331s + 83.0768}$$

(9.4)

通过拉普拉斯变换的尺度变换特性，由式(9.4)可得尺度 2^1、2^2、2^3 和 2^4 的传递函数分别为

$$H_{2^1}(s) = \frac{-0.0411s^5 - 0.0576s^4 - 0.9049s^3 + 0.2563s^2 - 3.8620s + 7.2063 \times 10^{-3}}{s^6 + 2.7254s^5 + 7.1556s^4 + 9.3650s^3 + 9.2891s^2 + 4.8917s + 1.2981}$$

(9.5)

$$H_{2^2}(s) = \frac{-0.02053s^5 - 0.01439s^4 - 0.1131s^3 + 0.01602s^2 - 0.1207s + 1.1260 \times 10^{-4}}{s^6 + 1.3627s^5 + 1.7889s^4 + 1.1706s^3 + 0.5805s^2 + 0.1529s + 2.0282 \times 10^{-2}}$$

(9.6)

$$H_{2^3}(s) = \frac{-0.01026s^5 - 0.003598s^4 - 0.01414s^3 + 0.0010s^2 - 0.00377s + 1.759 \times 10^{-6}}{s^6 + 0.6813s^5 + 0.4472s^4 + 0.14633s^3 + 0.03629s^2 + 0.004778s + 3.1691 \times 10^{-4}}$$

(9.7)

$$H_{2^4}(s) =$$
$$\frac{-0.00513s^5 - 0.8996 \times 10^{-3}s^4 - 0.1767 \times 10^{-2}s^3 + 6.258 \times 10^{-5}s^2 - 1.1786 \times 10^{-4}s + 4.951 \times 10^{-6}}{s^6 + 0.3407s^5 + 0.1118s^4 + 0.01829s^3 + 2.2679 \times 10^{-3}s^2 + 1.4928 \times 10^{-4}s + 2.7 \times 10^{-8}}$$

(9.8)

通过上述方法获得不同尺度滤波器的传递函数后，接下来设计相应的开关电流滤波器组。由开关电流滤波器的性质可知，求得尺度为 1 的滤波器传递函数后并设计相应滤波器，通过调整系统时钟频率即可获得不同尺度的小波函数。因此，采用开关电流滤波器设计实现小波变换的过程非常简单。

2. FLF 开关电流 gaus1 小波滤波器设计

采用第 8 章中提出的 FLF 结构开关电流复 Morlet 小波滤波器设计方法(图 8.21)实现 gaus1 小波变换。其中，滤波器基本组成单元为图 2.11 中的多输出双线性积分器，滤波器的前馈和反馈系数通过扩展双线性积分器的输出晶体管实现。设计六阶 FLF 结构开关电流 gaus1 小波滤波器电路如图 9.3 所示。图中，α_i 为开

关电流反相积分器输出晶体管的 W/L，α_{ri} 和 α_{fi} 分别为前馈网络和反馈网络中用于实现前馈系数和反馈系数的相应晶体管的 W/L，数字序号为网络标号，图中虚线表示物理上的连接。

依据不同尺度开关电流小波滤波器设计方法，以尺度为 1 的开关电流小波滤波器为原型，通过调整滤波器的时钟频率获得不同尺度小波函数。电路图中晶体管参数的计算与第 8 章的实例相似，首先对传递函数式(9.4)进行去归一化处理，使滤波器的中心频率位于期待的频率点上。研究成果表明，ECG 信号的频率范围为 0.05～100Hz，同时，文献[3]给出了数字域高斯一阶导数小波在尺度 $2^1 \sim 2^4$ 上的带宽。依据以上几点，将传递函数式(9.4)去归一化至中心频率点 120Hz，设置采样频率为 2.4kHz，且令 $\tau_1 = 1/4$，$\tau_2 = \tau_3 = \tau_4 = \tau_5 = 1/2$，$\tau_6 = 1$。由于电路中基本单元为多输出双线性积分器，且采用多环反馈结构设计滤波器，所以，可以通过去归一化后的传递函数和式(8.12)～式(8.14)求出各晶体管参数。其中，反馈网络中的晶体管参数 α_{fi} 为

$$\alpha_{f0} = 0.14564, \quad \alpha_{f1} = 0.54884$$
$$\alpha_{f2} = 1.04224, \quad \alpha_{f3} = 1.05075 \tag{9.9}$$
$$\alpha_{f4} = 0.80285, \quad \alpha_{f5} = 0.61157$$

前馈网络中的晶体管参数 α_{ri} 为

$$\alpha_{r0} = 0.00081, \quad \alpha_{r1} = 0.43332$$
$$\alpha_{r2} = 0.02876, \quad \alpha_{r3} = 0.10153 \tag{9.10}$$
$$\alpha_{r4} = 0.00646, \quad \alpha_{r5} = 0.00921$$

开关电流多输出双线性积分器中晶体管的参数 α_i 为

$$\alpha_1 = 0.4488, \quad \alpha_2 = 0.2244$$
$$\alpha_3 = 0.2244, \quad \alpha_4 = 0.2244 \tag{9.11}$$
$$\alpha_5 = 0.2244, \quad \alpha_6 = 0.1122$$

3. 仿真与分析

将式(9.9)～式(9.11)中的晶体管参数设置到图 9.3 中相应晶体管，同时，取电流源为 1A，输出电阻为 1Ω，对电路进行时域分析和频域分析，获得尺度为 2^0 时的开关电流 gaus1 小波滤波器时频域响应如图 9.4 所示。图 9.4(a)中的时域波形与原 gaus1 小波形状基本一致。波形分别在 2.5ms 和 5.42ms 处取得负峰值 0.1594A 和正峰值 0.1674A，与原 gaus1 小波函数去归一化后的值基本相同，其幅度可以通过电路输出晶体管的宽长比进行调节。图 9.4(b)中的幅频特性曲线在 119.993Hz 取得峰值 2.6387dB，与传递函数去归一化时选择的中心频率点 120Hz 很接近。同时，图 9.4(b)中的小窗口给出了系统的零极点图，由图中所有极点都分布在单元圆内可知，所设计的系统是稳定的。实验结果证明了所设计的 FLF 开关电流 gaus1 小波滤波器是可行的。

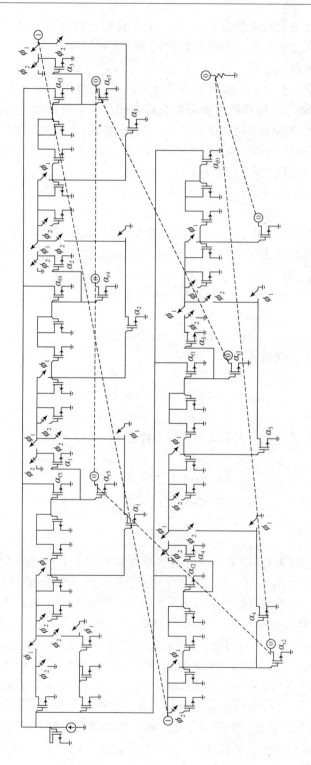

图9.3　FLF开关电流gausl小波滤波器电路

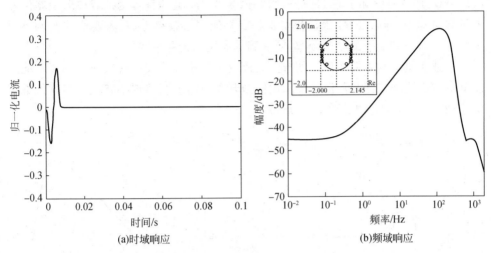

(a)时域响应　　　　　　　　　　(b)频域响应

图 9.4　开关电流 gaus1 小波滤波器时频域响应($a=2^0$)

　　利用开关电流滤波器的时间常数与时钟频率成正比的特性,通过调节时钟频率即可获得不同尺度 gaus1 小波函数。取时钟频率分别为 1.2kHz、600Hz、300Hz 和 150Hz,电路结构和其他参数均不变,通过仿真获得尺度 $2^1 \sim 2^4$ 下的时、频域响应如图 9.5~图 9.8 所示。图 9.5(a)~图 9.8(a)中时域波形分别在 5ms、10ms、20ms 和 40ms 处取得负峰值 0.1594A;分别在 10.83ms、21.67ms、43.34ms 和 86.68ms 处取得正峰值 0.1674A。同时,由时域波形中峰值点的位置关系能够很容易地看出波形的尺度变化。图 9.5(b)~图 9.8(b)中频域波形分别在 60.38Hz、

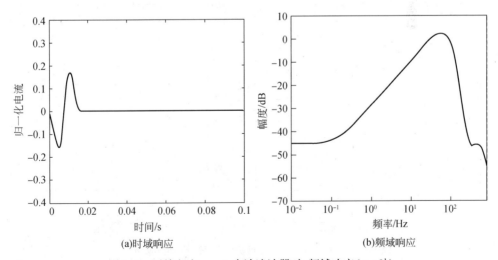

(a)时域响应　　　　　　　　　　(b)频域响应

图 9.5　开关电流 gaus1 小波滤波器时、频域响应($a=2^1$)

30.65Hz、15.28Hz 和 7.64Hz 处取得峰值 2.6387dB。同样,由频域波形中峰值点的位置可知中心频率的变化。若需要获得其他中心频率点,只需要按比例调整时钟频率即可得到期待的中心频率,使之满足应用中的频带要求。

上述仿真实验表明所设计的开关电流 gaus1 小波滤波器有效地实现了不同尺度 gaus1 小波函数,同时,保证了采用模拟开关电流电路实现小波变换与其他数字器件或软件实现小波变换的结果近似。

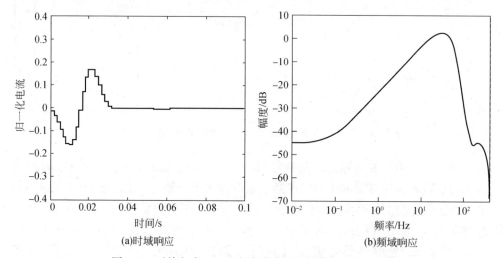

图 9.6　开关电流 gaus1 小波滤波器时频域响应($a=2^2$)

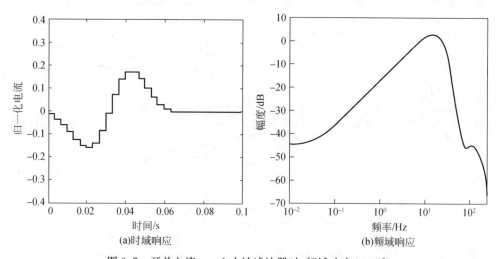

图 9.7　开关电流 gaus1 小波滤波器时、频域响应($a=2^3$)

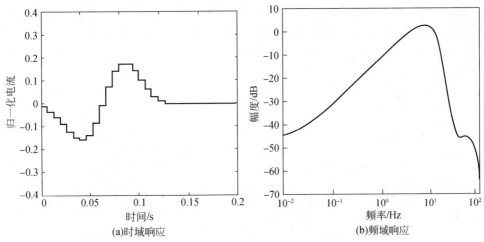

(a)时域响应　　　　　　　　　　　(b)频域响应

图 9.8　开关电流 gaus1 小波滤波器时、频域响应($a=2^4$)

9.3.3　模极大值检测电路

　　由 9.2 节中基于小波变换的 QRS 波检测原理可知,准确找到模极大值点对于 QRS 波的检测十分关键。目前,用于信号极值检测的电路比较多,相关理论也比较成熟。随着电流模技术的广泛应用,相应的电流模单元电路设计也随之增多。开关电流电路属于电流模抽样数据信号处理电路,因此,需要设计电流模式的模极大值检测电路,本章将直接参照文献[20]～[22]中的相关电路。模极大值检测电路由绝对值电路、峰值检测电路和比较器电路组成。采用跨导线性技术设计的绝对值电路如图 9.9(a)所示,图 9.9(b)为峰值检测电路,图 9.9(c)为电流比较器电路。由于这些电路的工作原理比较简单,且相关文献资料也较多[23,24],所以,这里不再赘述。

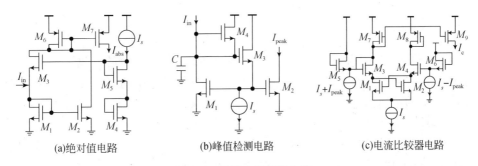

(a)绝对值电路　　　　　(b)峰值检测电路　　　　　(c)电流比较器电路

图 9.9　模极大值检测电路

　　现采用 Pspice 仿真软件对电路进行功能仿真。为了使仿真过程更简单且又能反映电路的功能特性,选取正弦信号作为电路的输入信号。将该信号输入由绝对值电路、峰值检测电路和比较器电路组成的模极大值检测电路中,各电路瞬态响应结果如图 9.10 所示。仿真实验结果表明,采用的模极大值检测电路能够正确地检测出正弦信号的模极大值。同时,也意味着该电路可以实现对 QRS 波的模极大值对的正确提取。

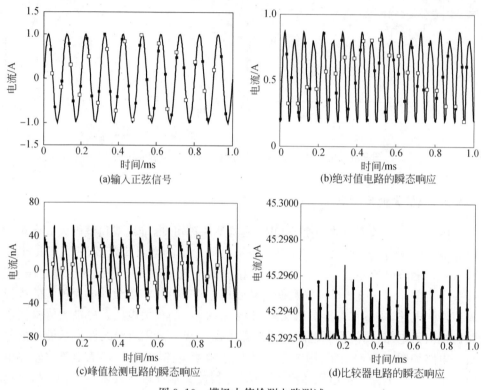

图 9.10　模极大值检测电路测试

9.3.4　实例验证

为了验证基于开关电流小波变换电路的 QRS 波检测方法的有效性,采用由美国麻省理工学院提供的 ECG 心律失常数据库 MIT-BIH 中的心电数据,对所设计的 QRS 波检测电路进行仿真分析。由于 ASIZ 软件不支持 ECG 信号格式,所以,采用 MATLAB 软件中的 Simulink 工具箱对电路进行行为级仿真。用 Simulink 中的传输函数模块代替小波变换电路,用软件算法代替决策电路。由于开关电流小波滤波器实现小波函数的精度较高,与小波逼近函数之间的误差小,所以,采用这种验证方法是可行的。

根据 9.3 节介绍的基于开关电流小波变换电路的 QRS 波检测原理,在 Simulink 环境中设计实验模型如图 9.11 所示。图中,ECG. mat 为心电数据,滤波

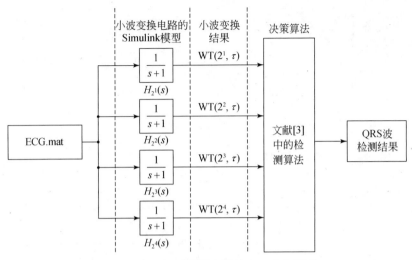

图 9.11　QRS 波检测实验的 Simulink 模型

器传递函数如式(9.5)~式(9.8)所示,决策算法采用 Li 和 Zheng 等在文献[3]中提出的 QRS 波检测算法和策略。现选取 MIT-BIH 数据库中的第 100 号和 106 号心电信号输入所设计的系统中,经小波变换后的输出结果分别如图 9.12 和图 9.13所示。由图可以看出,虽然选取的这两个样本受干扰噪声或基线漂移的影响,且系统的前端也未加预处理电路,但 ECG 信号经小波变换后的结果比较好,有效地抑制了噪声或基线漂移等外部因素的影响,能够准确地定位 QRS 波的极值点。

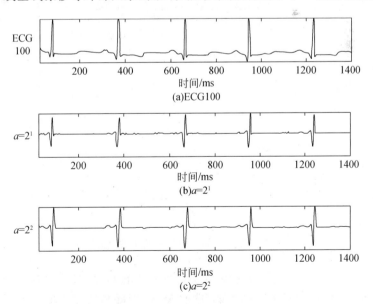

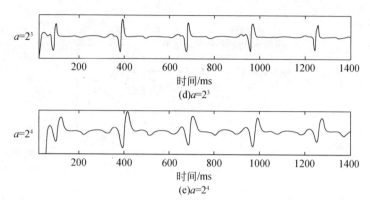

图 9.12　第 100 号心电信号的小波变换结果

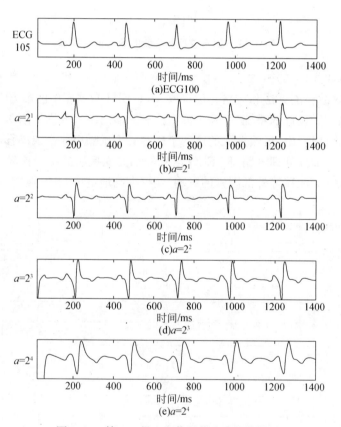

图 9.13　第 106 号心电信号的小波变换结果

为了进一步研究基于开关电流小波变换电路的 QRS 波检测方法的有效性以及验证图 9.11 中所设计方案的性能,选取 MIT-BIH 数据库中的多组心电数据进行检测,其检测结果如表 9.2 所示。分析表中数据可知,对于相对纯净的心电信号,检测正确率比较高,如心电信号 ECG100~ECG103。ECG105 心电信号由于基线漂移较大且受噪声干扰较严重,所以误检率相对较高。将该检测结果与文献[3]中采用数字小波变换的检测结果进行比较可知,采用开关电流小波变换电路的 QRS 波检测结果与之差别很小,实验结果表明了所提出方法的有效性。

表 9.2　基于开关电流小波变换电路的 QRS 波检测结果

心电数据	实际心拍数	误检心拍数	漏检心拍数	错检总心拍数	错误率/%	文献[3]中错误率/%
ECG100	2273	0	1	1	0.044	0.000
ECG101	1865	0	1	1	0.053	0.000
ECG103	2084	1	0	1	0.048	0.000
ECG105	2572	17	15	32	1.244	1.090
ECG118	2278	1	0	1	0.044	0.040
ECG119	1987	1	0	1	0.050	0.050
ECG202	2136	0	2	2	0.094	0.050
ECG207	1862	2	5	7	0.376	0.270
ECG213	3251	0	0	0	0.000	0.000

9.4　本章小结

随着小波变换的应用领域不断拓展,低压、低功耗集成小波变换电路的开发与应用越来越受到人们的重视,也成为学者广泛研究的热门课题。本章以小波变换在 ECG 信号检测中的应用为背景,首先介绍了在现代医疗器件中采用传统小波变换方法检测 ECG 信号的局限,分析了研究基于小波变换电路的 ECG 信号检测方法的必要性和优势;其次,以信号突变点检测理论为基础,阐述了小波变换方法检测 ECG 信号的原理和步骤;再次,详细介绍了开关电流小波变换电路检测 ECG 信号的系统结构和原理,并分别给出了系统中各部分的实现过程和相应电路,并对设计的小波变换电路和模极大值检测电路进行了仿真分析;最后,以 MIT-BIH 数据库中的 ECG 数据为对象,采用所提出的基于开关电流小波变换电路的 ECG 检测方法进行了验证和分析。实验结果表明,该方法能够达到与软件检测方法很接近的结果。此外,该方法能够满足低压、低功耗、高速和微型化的应用需求,特别适合于可植入式心脏起搏器、移动式心电监护仪和其他便携式心电检测设备等,该优点是软件检测方式无法企及的。同时,也为小波变换在其他领域的应用提供了参考。

参 考 文 献

[1] 刘希顺,王博亮. 基于小波变换的心电图信号中 QRS 综合波检测算法[J]. 国防科技大学学报,1997,19(5):30-34.

[2] 王文,孙世双,周勇. 基于小波变换的心电图 QRS 波群检测方法研究[J]. 北京生物医学工程,2002,21(4):241-243.

[3] Li C W,Zheng C X,Tai C F. Detection of ECG characteristic points using wavelet transforms [J]. IEEE Transactions on Biomedical Engineering,1995,42(1):21-28.

[4] Sahambi J S,Tandonz S N,Bhatt R K P. Using wavelet transforms for ECG characterization: An on-line digital signal processing system[J]. IEEE Engineering in Medicine and Biology Magazine,1997,16(1):77-83.

[5] Addison P S. Wavelet transforms and the ECG:A review[J]. Physiological Measurement, 2005,26(5):155-199.

[6] 王晓玲,朱坚民,郭冰菁. 基于小波变换的心电图 QRS 波群检测方法[J]. 河南科技大学学报(自然科学版),2006,27(4):55-58.

[7] Ghaffari A, Golbayani H, Ghasemi M. A new mathematical based QRS detector using continuous wavelet transform[J]. Computers and Electrical Engineering,2008,34(2):81-91.

[8] Kadambe S, Murray R, Boudreaux-Bartels G F. Wavelet transform-based QRS complex detector[J]. IEEE Transactions on Biomedical Engineering,1999,46(7):838-848.

[9] Khadra L,Al-Fahoum A S,Al-Nashash H. Detection of life-threatening cardiac arrhythmias using the wavelet transformation[J]. Medical,Biological,Engineering,Computing,1997,35 (6):626-632.

[10] Addison P S,Watson J N,Clegg G R,et al. Evaluating arrhythmias in ECG signals using wavelet transforms[J]. IEEE Engineering in Medicine and Biology Magazine,2000,19(5): 104-109.

[11] Martinez J P, Almeida R, Olmos S, et al. wavelet-based ECG delineator:Evaluation on standard data bases[J]. IEEE Transactions on Biomedical Engineering, 2004, 51 (4): 570-681.

[12] Meste O, Rix H, Casminal P, et al. Ventricular late potentials characterization in time-frequency domain by means of a wavelet transform[J]. IEEE Transactions on Biomedical Engineering,1994,41(7):625-634.

[13] Legarreta R I,Addison P S,Reed M J,et al. Continuous wavelet transform modulus maxima analysis of the electrocardiogram:Beat-to-beat characterisation and beat-to-beat measurement[J]. International Journal of Wavelets Multiresolution and Information Processing, 2005,3(1):19-42.

[14] Jaswal G, Parmar R, Kaul A. QRS detection using wavelet transform[J]. International Journal of Engineering and Advanced Technology,2012,1(6):1-5.

[15] Reddy U,Muralidhar M,Varadarajan S. ECG de-noising using improved thresholding based on wavelet transforms[J]. International Journal of Computer Science and Network Security,

　　　2009,9(9):221-225.

[16] Sivannarayana N,Reddy D C. Biorthogonal wavelet transform for ECG parameters estimation[J].
　　　Medical Engineering and Physics,1999,21(3):167-174.

[17] Haddad S A P,Houben R P M,Serdijn W A. Analog wavelet transform employing dynamic
　　　translinear circuits for cardiac signal characterization[C]. Processing of IEEE International
　　　Symposium on Circuits and Systems,2003:121-124.

[18] 李宏民,何怡刚,胡沁春,等. 基于对数域模拟 CMOS 连续小波变换电路的谐波检测方法
　　　[J]. 中国电机工程学报,2007,27(31):57-63.

[19] 李宏民. 模拟小波基的构造及其对数域电路实现与应用研究[D]. 长沙:湖南大学,2008.

[20] Haddad S A P,Serdijn W A. Ultra Low-Power Biomedical Signal Processing:An Analog
　　　Wavelet Filter Approach for Pacemakers[M]. Berlin:Springer,2009.

[21] 赵玉山,周跃庆,王萍. 电流模式电子电路[M]. 天津:天津大学出版社,2001.

[22] 李目. 小波变换的开关电流技术实现与应用研究[D]. 长沙:湖南大学,2013.

[23] 秦世才,高清运. 现代模拟集成电子学[M]. 北京:科学出版社,2003.

[24] Toumazou C,Lidgey F J,Haigh D G. 模拟集成电路设计——电流模法[M]. 姚玉洁,冯军,
　　　尹洪,等,译. 北京:高等教育出版社,1996.

第10章　小波变换电路在电力系统谐波检测中的应用

10.1　引　言

随着电力电子技术的快速发展,电力电子设备广泛应用,非线性负荷迅速增加,特别是高压直流输电的运用,致使电力系统的谐波污染日益严重,对电力系统的安全、稳定、经济运行构成了潜在威胁,给周围的电气环境带来了极大影响。因此,实时监测电力系统谐波、确切掌握谐波状况,对于防止谐波危害、维护电力系统的安全运行具有重要作用。由于现代化生产对电能质量提出了越来越高的要求,而电力谐波是反映动力系统电能质量好坏的一个重要指标,所以,谐波的检测和治理成为一个迫切需要解决的实际问题。

迄今,电力系统谐波分析取得了很多的研究成果。电力系统的谐波测量通常采用快速傅里叶变换(FFT)实现[1],该方法具有精度较高、功能较多、使用方便等优点,然而电力系统中的谐波信号更多地是由非线性器件对电网电流或电压进行整流或逆变而注入系统中的非平稳时变谐波信号,作为一种整体频域变换的傅里叶变换对于这一类信号的检测有所不足[2,3],而且电力系统的频率并非始终为额定工频,无法保证采样频率为实际工作频率的整数倍,因而存在栅栏效应和泄漏现象,导致计算出的信号参数即频率、幅值和相位不准,尤其是相位误差很大,无法满足谐波测量的要求。在此基础上,国内外学者提出了一些改进算法。文献[4]～[6]提出了利用插值算法消除栅栏效应引起的误差,采用加窗函数的方法消除频谱泄漏引起的误差,该算法具有较高的精度,但对各次谐波的频率、幅值和相位都要进行单独校正,计算量较大,无法满足实时监测电力系统谐波的要求。文献[7]提出了修正理想采样频率法,这种方法是对每个采样点进行修正,得到理想采样频率下的采样值,其计算量不大,并不需要添加任何硬件,实时性较好,适合在线测量,但只能减少一半的泄漏。文献[8]提出了数字式锁相器(DPLL)使信号频率和采样频率同步方法,利用锁相环技术实现信号频率和采样频率同步,该方法实时性较好,但精度不高。

随着对小波分析理论研究的不断深入和发展,小波分析被认为是傅里叶分析的突破性进展。小波变换通过尺度伸缩和平移对信号进行多尺度分析,能够有效提取信号的局部信息。为了克服快速傅里叶变换方法的不足,人们开始尝试利用小波分析在频域和时域都具有局部特性的优点,将其应用于电力系统谐波分析。1994 年,Ribeiro[9]首先提出小波变换是分析电力系统非平稳谐波畸变的新工具,随即国内也开始了这方面的研究。文献[10]利用不同尺度小波变换系数的幅值来检测信号的谐波成分,但由于不同尺度的小波函数在频域中存在互扰,当被检测信号中含有频率相近的谐波分量时,幅值检测方法达不到预期效果。文献[11]利用多频带小波变换检测谐波,但该方法只能分析整数次谐波,而不能检测出非整数次谐波。文献[12]~[14]结合离散小波包变换和连续小波变换进行谐波分析,通过离散小波变换将信号分离成多个子频段,然后利用连续小波变换提取各个频段的信息,但不同尺度小波函数的频谱之间存在混频现象,导致检测效果不理想,而且该方法计算量大。文献[15]和[16]采用连续小波变换对谐波进行分析与测量,该方法可以将频率相近的整数次谐波和非整数次谐波分离开,表现出较高的谐波检测精度。但是,常用的实值连续小波变换只能提供信号的幅频特性,不能充分利用信号的相位信息,因此,文献[17]利用复小波变换的相位信息来分析谐波,利用不同尺度信号的复小波变换相位变化的周期来确定信号的频率成分,同时能得到对应频率的幅值,提高了谐波检测的精度,且适用于含有非整数次谐波的信号。与基于小波变换系数幅值检测方法只能得到频带信息相比,相位法可较准确地得到各次谐波的频率和幅值,所以更具有实用价值。针对复小波变换在谐波检测中具有准确性和平稳性的特点,许多学者提出了复小波变换的改进方法[18-20],取得了一些新的研究成果。随着小波分析理论研究的不断深入和发展,更多地用于谐波检测的新的小波分析方法将不断涌现。

　　然而,上述将小波变换应用于电力系统谐波检测中存在一个普遍的特征,即小波变换都在微型计算机或数字信号处理器(DSP)上结合软件实现。由于完成小波变换的计算量大,所以对计算环境有比较高的要求,测量系统成本高,如果没有足够的运行速度保证,将导致测量实时性差。同时,该检测系统中需要 A/D 转换器进行模拟信号与数字信号之间的转换,增加了检测系统的功耗和体积,工作频率范围也变窄,此外,A/D 转换过程中信号容易产生时间延迟和波形畸变,致使测量性能差、检测结果误差大,因此,研究实时性强、动态范围大、频率特性好、功耗低且易于集成的小波变换电路十分有必要。

　　综上所述,开展基于小波变换电路的电力系统谐波检测方法研究,研制出低压、低功耗、动态范围大、频率特性好、实时性强和易于集成的小波变换电路,对于电力系统谐波的分析和治理具有重要的理论意义和工程实用价值,同时,该研究成果能够应用于便携式检测仪器和高速信号处理设备设计中,具有广泛的工程应用前景。

10.2　电力系统谐波的小波变换检测原理

本章利用连续小波变换检测谐波的基本原理是根据不同尺度的小波变换系数的幅值检测谐波频率,可简称为尺度-幅值检测法[16]。下面解释基于连续小波变换的尺度-幅值谐波检测法。

设电力系统谐波信号为 $f_h(t)$,选用的小波函数为 $\psi(t)$,则谐波信号的连续小波变换定义为

$$\mathrm{WT}_f(a,\tau) = \frac{1}{\sqrt{a}} \int_{-\infty}^{+\infty} f_h(\tau) \psi^* \left(\frac{\tau-t}{a} \right) \mathrm{d}\tau = f_h(t) * \psi_a(t) \tag{10.1}$$

式中,"$*$"表示卷积;$\psi_a(t) = (1/\sqrt{a})\psi(-t/a)$。由于时域的卷积对应频域的乘积关系,由式(10.1)可得频域关系式为

$$C_a(\omega) = \psi(\omega/a) \cdot f_h(\omega) \tag{10.2}$$

式中,$C_a(\omega)$、$f_h(\omega)$、$\psi(\omega/a)$ 分别为 $\mathrm{WT}_f(a,\tau)$、$f_h(t)$、$\psi_a(t/a)$ 的傅里叶变换。小波函数具有良好的时频局部化特性,因此,信号的连续小波变换可以看成信号通过有限长度带通滤波器后的结果,且不同的尺度因子 a 决定了带通滤波器的带通性质,所以,利用连续小波变换可以实现整数次和非整数次谐波的检测。

现以 Morlet 小波为例说明如何利用连续小波变换检测谐波。Morlet 小波的时域表达式为

$$\psi(t) = \cos(5t) \cdot \mathrm{e}^{-t^2/2} \tag{10.3}$$

对应的频域表达式为

$$\psi(\omega) = \sqrt{\frac{\pi}{2}} \left[\mathrm{e}^{-(\omega-5)^2/2} + \mathrm{e}^{-(\omega+5)^2/2} \right] \tag{10.4}$$

尺度 a 对应的 Morlet 小波的时域和频域表达式分别为

$$\psi_a(t) = \sqrt{\frac{1}{ak}} \psi \left(\frac{t}{ak} \right) \tag{10.5}$$

$$\psi_a(\omega) = \sqrt{\frac{\pi ak}{2}} \left[\mathrm{e}^{-(\omega ak-5)^2/2} + \mathrm{e}^{-(\omega ak+5)^2/2} \right] \tag{10.6}$$

式(10.5)中,k 是与采样时间和采样点数有关的常数;式(10.6)中,由于 $\omega ak > 0$,所以 $\mathrm{e}^{-(\omega ak-5)^2/2} \gg \mathrm{e}^{-(\omega ak+5)^2/2}$,所以,式(10.6)可简化为

$$\psi_a(\omega) = \sqrt{\frac{\pi ak}{2}} \, \mathrm{e}^{-(\omega ak-5)^2/2} \tag{10.7}$$

分析式(10.7)可知,对于不同的 a,$\psi_a(\omega)$ 对应不同的频域特性;对于给定的 a,当 $\omega = 5/(ak)$ 时,$\psi_a(\omega)$ 取得最大值,因此,定义 $\omega = 5/(ak)$ 为尺度 a 的中心频率。

由式(10.7)可知,尺度 a 影响 $\psi_a(\omega)$ 的值。不同尺度 a 时 Morlet 小波对应的频域特性曲线如图 10.1 所示。由图可以看出,对于频域中任意一点 ω,不同的 a

对应的 $\psi_a(\omega)$ 值不相同，$\psi_a(\omega)$ 最大时所对应的 a 称为该频率的特征尺度。

假设含有两个不同频率的被测谐波信号表达式为

$$f_h(t) = A_1\cos(\omega_1 t + \theta_1) + A_2\cos(\omega_2 t + \theta_2) \tag{10.8}$$

则有

$$|f_h(\omega)| = \begin{cases} A_1 k, & \omega = \omega_1 \\ A_2 k, & \omega = \omega_2 \\ 0, & \text{其他} \end{cases} \tag{10.9}$$

式中，k 为与采样点数有关的常数。

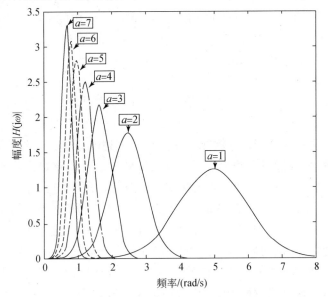

图 10.1　不同尺度 a 时 Morlet 小波函数的频域特性曲线

根据式（10.2）可得

$$|C_a(\omega)| = \begin{cases} \psi_a(\omega) A_1 k, & \omega = \omega_1 \\ \psi_a(\omega) A_2 k, & \omega = \omega_2 \\ 0, & \text{其他} \end{cases} \tag{10.10}$$

所以，谐波信号的连续小波变换的系数为

$$C_a(t) = \psi_a(\omega_1) A_1 k\cos(\omega_1 t + \theta_1 + \Phi_1) + \psi_a(\omega_2) A_2 k\cos(\omega_2 t + \theta_2 + \Phi_2) \tag{10.11}$$

式中，Φ_1 和 Φ_2 为连续小波变换引起的相移。

由式（10.11）可知，谐波信号的连续小波变换系数 $C_a(t)$ 是两个谐波分量的叠加。令 $a_{\omega1}$ 和 $a_{\omega2}$ 分别为 ω_1 和 ω_2 对应的特征尺度，则 $a_{\omega1} = 5/(\omega_1 k)$，$a_{\omega2} = 5/(\omega_2 k)$。若 ω_1 和 ω_2 相差较大，根据式（10.7）可得：当 $a \approx a_{\omega1}$ 时，$\psi_a(\omega_2) \ll \psi_a(\omega_1)$；当 $a \approx a_{\omega2}$ 时，$\psi_a(\omega_1) \ll \psi_a(\omega_2)$，则有

$$C_a(t) = \begin{cases} \psi_a(\omega_1)A_1 k\cos(\omega_1 t + \theta_1 + \Phi_1), & a \approx a_{\omega 1} \\ \psi_a(\omega_2)A_2 k\cos(\omega_2 t + \theta_2 + \Phi_2), & a \approx a_{\omega 2} \end{cases} \qquad (10.12)$$

由式(10.12)可知,若 ω_1 和 ω_2 相差较大,当 $a \approx a_{\omega 1}$ 时,只含有频率为 ω_1 的谐波分量, $C_a(t)$ 的幅值由 $\psi_a(\omega_1)$ 决定,而频率为 ω_1 的谐波信号在特征尺度的连续小波变换系数 $C_a(t)$ 的幅值最大,并且 ω_1 与特征尺度的中心频率最接近,因此,可以近似地将特征尺度的中心频率看成谐波的频率;同理,当 $a \approx a_{\omega 2}$ 时,只含有频率为 ω_2 的谐波分量, $C_a(t)$ 的幅值由 $\psi_a(\omega_2)$ 决定,而频率为 ω_2 的谐波信号在特征尺度的连续小波变换系数 $C_a(t)$ 的幅值最大,且 ω_2 与特征尺度的中心频率最接近。概括起来讲,只需要将不同尺度对应的小波变换系数 $C_a(t)$ 中的模极大值提取出来,组成一个新数列 $S(a)$,即 $S(a) = \max|C_a(t)|$,则 $S(a)$ 中极大值点对应的尺度 a 的中心频率为采样信号包含的谐波频率。

10.3　基于开关电流小波变换电路的谐波检测

文献[16]采用 MATLAB 软件编程实现了上述基于连续小波变换的尺度-幅值谐波检测算法,并通过实例验证了该算法能够有效地将整数次和非整数次谐波分离出来,提高了谐波分析和检测的精度。然而,算法中的连续小波变换系数求解是通过个人计算机结合软件完成的,系统的功耗、体积和实时性等因素都限制了该方法在便携式、微型化谐波检测仪器中的应用。因此,研究连续小波变换的模拟集成电路实现对低压、低功耗和高速谐波检测设备的研制具有重要的工程实际意义。

开关电流技术作为一种电流模抽样数据信号处理技术,在现今低压、低功耗、高频高速模拟集成电路设计中受到广泛关注,成为继开关电容技术后的一种重要的电流模集成电路设计技术。开关电流电路最显著的特点是与数字 CMOS VLSI 工艺完全兼容,解决了开关电容电路在工艺兼容上的问题;电路的时间常数可以通过调节时钟频率或晶体管宽长比参数实现方便调节。因此,本章将采用开关电流技术设计用于谐波检测的连续小波变换电路。

基于开关电流连续小波变换的谐波检测电路如图 10.2 所示。根据第 3 章中所介绍的小波变换的模拟滤波器实现原理,用于谐波检测的连续小波变换电路采用开关电流小波滤波器组构成。 n 个开关电流小波滤波器实现不同尺度的连续小波变换,小波函数尺度的变化通过改变相同结构开关电流滤波器的时钟频率获得。模极大值检测电路的作用是获得不同尺度连续小波变换系数的模极大值,然后将该系数送至后续分析和处理电路,获得各谐波分量的频率等参数。

由图 10.2 中的开关电流小波变换器可知,从通常意义上讲,滤波器个数 n 增大,总频带一定时,各子频带划分越细,测量精度也越高。但是,随着 n 增大,系统的体积和功耗也随之增大,因此,在实际中需要在 n 的取值与系统体积和功耗之间进行权衡,在满足精度要求的情况下 n 取最小值。

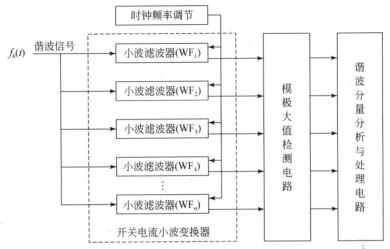

图 10.2　基于开关电流连续小波变换的谐波检测电路原理框图

基于开关电流连续小波变换的谐波检测过程:在一定范围之内调整开关电流滤波器组的时钟频率,使之对应的 n 个滤波器产生不同尺度的小波函数,当待检谐波信号通过该滤波器组时,将进行不同尺度的连续小波变换。当时钟频率调节到某值时,开关电流滤波器组中的某个小波滤波器会有正弦波信号输出,表明检测到了某些未知频率的谐波,然后该信号被送入模极大值检测电路和分析与处理电路中,利用小波滤波器特征尺度与频率之间的关系确定谐波的频率。由上述检测过程可知,连续小波变换电路是谐波检测电路的重要组成部分。因此,下面将重点介绍开关电流连续小波变换电路的设计。

10.3.1　Morlet 小波函数时域逼近

由于 Morlet 小波函数的频域能量比较集中,通频带较窄,频率混叠影响效小,且具有时域对称和线性相位的特点,能够保证变换结果不失真,因此,本章选用 Morlet 小波作为谐波检测的小波函数。

Morlet 小波函数的时域和频域表达式为

$$\psi(t) = \cos(5t) \cdot e^{-t^2/2}$$
$$\psi(\omega) = 1.25 \left[e^{-(\omega+5)^2/2} + e^{-(\omega-5)^2/2} \right] \tag{10.13}$$

其频域特性如图 10.3 所示。由图可知, $\psi(\omega)$ 是中心频率 $\omega_0 = 5$ 的带通函数,由此可推导出不同尺度小波 $\psi(t) = (1/\sqrt{a_i})(t/a_i)$ 的中心频率 $\omega_0 - 5/a_i$ 。众所周知, Morlet 小波函数 $\psi(t)$ 是非因的,不能直接电网络综合实现。因此,需要对 $\psi(t)$ 进行时域逼近,获得可综合实现的小波逼近函数。对 Morlet 小波函数进行延时,

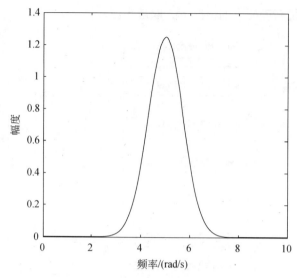

图 10.3 Morlet 小波的频域特性

得到 $\psi(t-t_0)$，因为 Morlet 小波函数具有有限时域支撑性，当 $t_0 \geqslant 3$ 且 $t < 0$ 时，$\psi(t-t_0) \approx 0$，所以冲激响应为 $\psi(t-t_0)$ 的系统近似为因果系统。取 $t_0 = 3$，则延时后的 Morlet 小波函数为

$$\psi(t-3) = \cos[5(t-3)] \cdot e^{-(t-3)^2/2} \tag{10.14}$$

现求取 Morlet 小波函数 $\psi(t-3)$ 的逼近函数。由第 4 章的时域逼近理论可知，$\psi(t-3)$ 的逼近方法有两种：第一种方法是逼近 Morlet 小波的高斯包络，这种方法已在复小波的时域逼近中应用，是设计共享结构复小波滤波器的基础；第二种方法是采用普通逼近法，即利用通用模型函数逼近。考虑到简化电路设计，本章将采用第一种方法。设滤波器冲激响应 $h(t)$ 的八阶逼近函数通用模型为

$$h(t) = [\vartheta_1 e^{\vartheta_2 t} \sin(\vartheta_3 t) + \vartheta_4 e^{\vartheta_2 t} \cos(\vartheta_3 t) + \vartheta_5 e^{\vartheta_6 t} \sin(\vartheta_7 t)$$
$$+ \vartheta_8 e^{\vartheta_6 t} \cos(\vartheta_7 t)] \cdot \cos[5(t-3)] \tag{10.15}$$

式中，$\vartheta_i (i=1,2,3,\cdots,8)$ 为待定系数，为了保证系统稳定，其系数应满足 $\vartheta_i < 0$ $(i=2,6)$。采用第 4 章中介绍的改进差分进化算法求解式(10.15)中的最优系数。差分进化算法中的变异和交叉操作采用自适应变异算子和自适应交叉算子，算法中的变异模型采用 $V_i^G = x_{\text{best}} + F(x_1^G - x_2^G)$。令种群规模 $N_P = 10$，初始交叉率 $CR_0 = 0.7$，初始变异率 $F_0 = 0.85$，$\Delta T = 0.01$，$N = 800$，设置最大进化代数 $G_{\text{max}} = 3100$。经改进差分进化算法对小波逼近函数模型参数的全局寻优后求得八阶逼近函数如式(10.16)所示：

$$h(t) = [-0.65374 e^{-0.38204t} \sin(1.57807t) + 0.59148 e^{-0.38204t} \cos(1.57807t)$$
$$- 2.92665 e^{-0.44204t} \sin(-0.51204t) - 0.63343 e^{-0.44204t} \cos(-0.51204t)]$$
$$\cdot \cos[5(t-3)] \tag{10.16}$$

对应逼近波形如图 10.4 所示,其逼近误差(MSE)达到 2.1228×10^{-4}。将该式进行拉普拉斯变换后得到尺度为 1 的小波滤波器传递函数如式(10.17)所示:

$$H(s) = [0.0322s^7 - 0.4292s^6 + 5.8167s^5 - 25.4551s^4 + 164.6172s^3 + 292.1248s^2$$
$$- 453.238s + 4.6152 \times 10^3] / [s^8 + 3.2932s^7 + 110.2532s^6 + 264.7681s^5$$
$$+ 4.1674 \times 10^3 s^4 + 6.5519 \times 10^3 s^3 + 6.3235 \times 10^4 s^2 + 4.9382 \times 10^4 s$$
$$+ 3.1998 \times 10^5] \tag{10.17}$$

其他尺度传递函数可根据拉普拉斯的尺度变换性质求得。

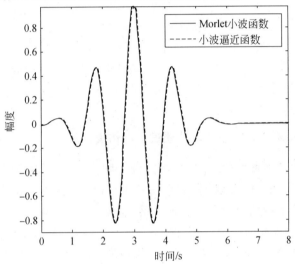

图 10.4　Morlet 小波函数逼近

10.3.2　Morlet 小波滤波器传递函数求取

由谐波检测的尺度-幅值算法可知,某一尺度小波滤波器的中心频率与待检测的谐波频率存在对应关系,所以,需要将式(10.17)中尺度为 1 的小波滤波器传递函数变换到某一特征尺度传递函数。

设待检测的电力系统谐波信号为

$$f_h(t) = 0.5\sin(\omega_1 t) + 0.15\sin(\omega_2 t + 0.5) + 0.3\sin(\omega_3 t + 3) \tag{10.18}$$

该谐波信号是一个合成信号,式中 ω_1、ω_2 和 ω_3 分别为 100π、300π 和 520π。根据谐波检测的尺度-幅值算法可知,要检测出谐波信号中的 3 种频率分量,各小波滤波器尺度 a_i 应满足 $\omega_i = 5/a_i$,其中 ω_i 为谐波角频率,则 $a_1 = 0.0159$,$a_2 = 0.0053$,$a_3 = 0.0031$。将式(10.17)进行尺度变换,获得用于检测基波分量(ω_1)的相应尺度传递函数为

$$H_{a_1}(s) = [2.0251s^7 - 1.6977 \times 10^3 s^6 + 1.447 \times 10^6 s^5 - 3.9827 \times 10^8 s^4 + 1.6199 \times 10^{11} s^3$$
$$+ 1.8079 \times 10^{13} s^2 - 1.7642 \times 10^{15} s + 1.1298 \times 10^{18}] / [s^8 + 207.1179s^7$$

$$+ 4.3611 \times 10^5 s^6 + 6.5871 \times 10^7 s^5 + 6.5871 \times 10^7 s^4 + 6.4473 \times 10^{12} s^3$$

$$+ 3.9135 \times 10^{15} s^2 + 1.9221 \times 10^{17} s + 7.8332 \times 10^{19}] \tag{10.19}$$

其余尺度传递函数可以通过相同的方法获得,其分别为

$$H_{a_2}(s) = [6.0754 s^7 - 1.5279 \times 10^4 s^6 + 3.9071 \times 10^7 s^5 - 3.226 \times 10^{10} s^4$$

$$+ 3.9364 \times 10^{13} s^3 + 1.318 \times 10^{16} s^2 - 3.8583 \times 10^{18} s$$

$$+ 7.4128 \times 10^{21}] / [s^8 + 621.3495 s^7 + 3.9249 \times 10^6 s^6$$

$$+ 1.7784 \times 10^9 s^5 + 5.2815 \times 10^{12} s^4 + 1.5667 \times 10^{15} s^3$$

$$+ 2.853 \times 10^{18} s^2 + 4.2037 \times 10^{20} s + 5.1394 \times 10^{23}] \tag{10.20}$$

$$H_{a_3}(s) = [10.3873 s^7 - 4.4662 \times 10^4 s^6 + 1.9525 \times 10^8 s^5 - 2.7563 \times 10^{11} s^4$$

$$+ 5.75 \times 10^{14} s^3 + 3.2915 \times 10^{17} s^2 - 1.6474 \times 10^{20} s + 5.4112 \times 10^{23}]$$

$$/ [s^8 + 1.0623 \times 10^3 s^7 + 1.1473 \times 10^7 s^6 + 8.8875 \times 10^9 s^5$$

$$+ 4.5125 \times 10^{13} s^4 + 2.2885 \times 10^{16} s^3 + 7.125 \times 10^{19} s^2$$

$$+ 1.7949 \times 10^{22} s + 3.7517 \times 10^{25}] \tag{10.21}$$

10.3.3　开关电流 Morlet 小波滤波器设计与仿真

利用开关电流滤波器的时间常数可以通过调节电路时钟频率改变的特性,设计不同尺度小波滤波器变得非常方便,理论上可以实现任意尺度小波滤波器设计。本章将以 2.2.3 节中的开关电流双线性积分器(图 2.11)和 8.2.2 节中的多输出电流镜(图 8.13)为基本结构单元设计用于谐波检测的开关电流小波滤波器。现以尺度为 1 的小波滤波器传递函数(式(10.17))为基础,设计尺度为 1 的开关电流小波滤波器,并以此为原型通过调节时钟频率获得尺度为 a_1、a_2 和 a_3 的小波滤波器。参照图 8.23 的设计思路,以双线性积分器和电流镜电路为基本单元的 FLF 结构开关电流小波滤波器电路如图 10.5 所示。

首先,对设计的开关电流 Morlet 小波滤波器进行仿真分析。根据式(10.17)中的小波滤波器传递函数,令双线性积分器的时间常数分别为 $\tau_1 = 1$,$\tau_2 = \tau_3 = \tau_4 = \tau_5 = \tau_6 = \tau_7 = \tau_8 = 1/8$,并依据式(8.12)~式(8.14)求出各晶体管参数。其中,反馈网络中的晶体管参数 α_{fi} 为

$$\begin{aligned} \alpha_{f0} &= 0.13441, \quad \alpha_{f1} = 0.16594 \\ \alpha_{f2} &= 1.69977, \quad \alpha_{f3} = 1.40893 \\ \alpha_{f4} &= 7.16927, \quad \alpha_{f5} = 3.64387 \\ \alpha_{f6} &= 12.13888, \quad \alpha_{f7} = 0.36258 \end{aligned} \tag{10.22}$$

前馈网络中的晶体管参数 α_{ri} 为

$$\begin{aligned} \alpha_{r0} &= 0.00190, \quad \alpha_{r1} = 0.00152 \\ \alpha_{r2} &= 0.00785, \quad \alpha_{r3} = 0.03539 \\ \alpha_{r4} &= 0.04379, \quad \alpha_{r5} = 0.08005 \\ \alpha_{r6} &= 0.04726, \quad \alpha_{r7} = 0.00355 \end{aligned} \tag{10.23}$$

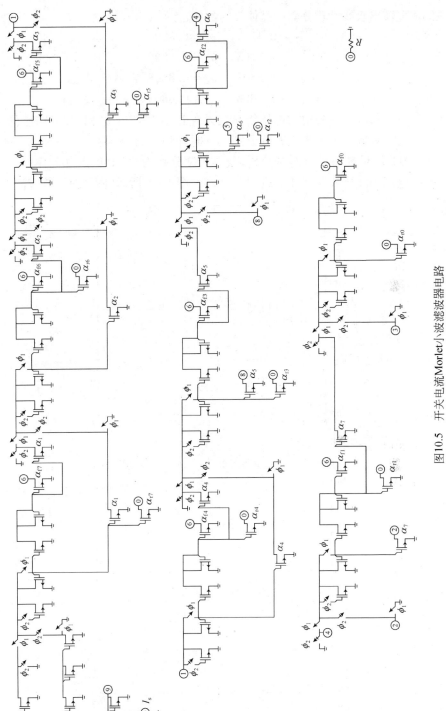

图10.5　开关电流Morlet小波滤波器电路

开关电流多输出双线性积分器中晶体管的参数 α_i 为

$$\alpha_1 = 0.1101, \quad \alpha_2 = 0.8808$$
$$\alpha_3 = 0.8808, \quad \alpha_4 = 0.8808$$
$$\alpha_5 = 0.8808, \quad \alpha_6 = 0.8808 \tag{10.24}$$
$$\alpha_7 = 0.8808, \quad \alpha_8 = 0.8808$$

将式(10.22)~式(10.24)中的晶体管参数设置到图10.5中的相应晶体管,同时,取电流源为1A,输出电阻为1Ω,并分别设置时钟频率为314.4655Hz、943.396Hz和1612.903Hz对电路进行时域分析,获得尺度分别为0.0159、0.0053和0.0031时的开关电流小波滤波器脉冲响应如图10.6~图10.8所示,图中时域响应波形与

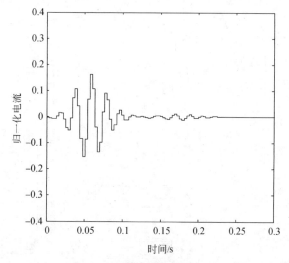

图 10.6　小波滤波器脉冲响应($a=0.0159$)

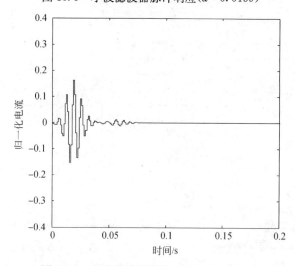

图 10.7　小波滤波器脉冲响应($a=0.0053$)

理论值相吻合。图 10.9 为 3 个尺度小波滤波器的频率响应,其中心频率位置与理想值基本一致。上述仿真结果表明图 10.5 中设计的开关电流小波滤波器电路很好地实现了 Morlet 连续小波变换。

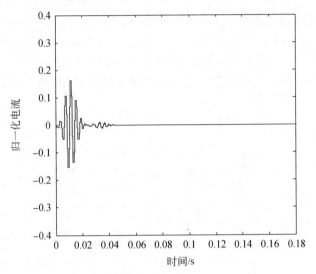

图 10.8　小波滤波器脉冲响应(a＝0.0031)

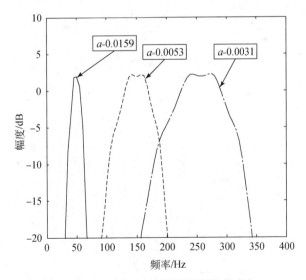

图 10.9　不同尺度小波滤波器频率响应

10.3.4　实例验证

采用所设计的开关电流小波变换电路对谐波进行检测,验证电路的实际性能。现将式(10.18)所示,其波形如图 10.10 的谐波信号输入 Morlet 小波滤波器电路中,检验所设计电路在实际谐波检测中的效果。图 10.11～图 10.13 分别给出了小波变换电路检测出基波、3 次谐波和 5.2 次谐波的波形,其中实线为原信号,圆圈线为检测出的信号。由图可以看出,所设计的 Morlet 小波变换电路较好地检测出了各次谐波信号,仿真结果表明设计的用于谐波检测的 Morlet 小波变换电路设计方法是可行的。

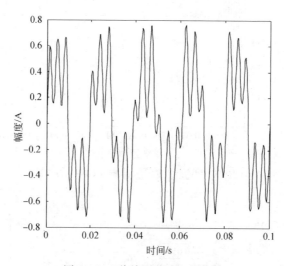

图 10.10　待检测谐波电流信号

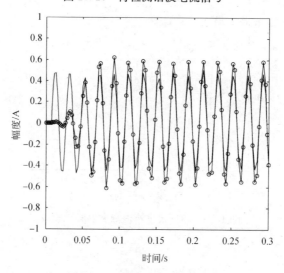

图 10.11　检测出的基波信号

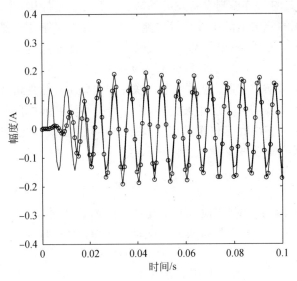

图 10.12　检测出的 3 次谐波信号

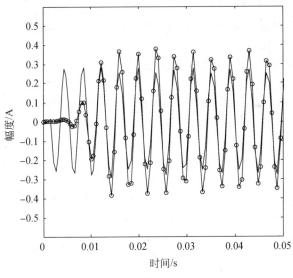

图 10.13　检测出的 5.2 次谐波信号

10.4　本 章 小 结

　　传统的小波变换检测电力系统谐波方法中,小波变换都是采用微型计算机或数字信号处理器结合软件来实现的,其系统的功耗、体积和实时性等方面都不能满足微型化、便携式的谐波检测设备发展的需求。针对上述原因,本章设计了用于电力系统谐波检测的开关电流小波变换电路。首先,介绍了基于小波变换的尺度-幅值谐波检测方法。然后,提出了基于开关电流小波变换电路的谐波检测原理,并以Morlet 小波为例,设计了相对应不同谐波频率的多尺度 Morlet 小波滤波器实现小波变换。仿真实验结果表明,通过调节开关电流 Morlet 小波滤波器的时钟频率,获得相应尺度的小波函数实现小波变换,所设计的小波变换电路能够准确、快速地检测出不同频率的整次和非整次谐波。该方法对于研制微型化、低压、低功耗便携式谐波检测仪具有重要的参考意义。

参 考 文 献

[1] 孙仲康. 快速傅里叶变换及其应用[M]. 北京:人民邮电出版社,1982.

[2] Vermeulen H J, Dann L R, Rooijen J V. Equivalent circuit modeling of a capacitive voltage transformer for power system harmonic frequencies[J]. IEEE Transactions on Power Delivery,1995,10(4):1743-1749.

[3] Dash P K, Swain A D, Routray P, et al. Harmonic estimation in a power system using adaptive perceptions[J]. IEEE Transactions on Generation, Transmission and Distribution, 1996,143(6):565-574.

[4] 赵文春,马伟民,胡安. 电机测试中谐波分析的高精度 FFT 算法[J]. 中国电机工程学报, 2001,21(12):83-87.

[5] 柴旭峥,习文山,关根志,等. 一种高精度的电力系统谐波分析算法[J]. 中国电机工程学报, 2003,23(9):67-70.

[6] Zhang F, Geng Z, Yuan W. The algorithm of interpolating windowed FFT for harmonic analysis of electric power system[J]. IEEE Transactions on Power Delivery,2001,16(2): 160-164.

[7] Xi J T. A new algorithm for improving the accuracy of periodic signal analysis[J]. IEEE Transactions on Instrumentation and Measurement,1996,45(4):827-830.

[8] Ferrero A. High accuracy Fourier analysis based on synchronous sampling techniques[J]. IEEE Transactions on Instrumentation and Measurement,1992,41(6):780-785.

[9] Ribeiro P F. Wavelet transform:An advanced tool for analyzing non-stationary harmonic distortions in power system[C]. IEEE International Conference on Harmonics in Power System,1994:365-369.

[10] 薛蕙,杨仁刚. 利用 Morlet 连续小波变换实现非整次谐波的检测[J]. 电网技术,2002,26 (12):41-44.

[11] 任震,黄群古,黄雯莹. 基于多频带小波变换的电力系统谐波分析新方法[J]. 中国电机工程学报,2000,20(12):38-41,46.

[12] Keaochantranond T, Boonseng C. Harmonics and interharmonics estimation using wavelet transform[C]. Transmission and Distribution Conference and Exhibition:Asia Pacific IEEE/PES,2002:775-779.

[13] Pham V L, Wong K P. Wavelet-transform-based algorithm for harmonic analysis of power system waveforms[J]. IEE Proceedings-Generation, Transmission and Distribution, 1999, 146(3):249-254.

[14] Pham V L, Wong K P. Antidistortion method for wavelet transform filter banks and nonstationary power system waveform harmonic analysis [J]. IEE Proceedings-Generation, Transmission and Distribution, 2001, 148(2):177-122.

[15] 张宇辉, 陈晓东, 王鸿懿. 基于连续小波变换的电能质量测量和分类[J]. 电力自动化设备, 2004, 24(3):17-21.

[16] 薛蕙, 杨仁刚. 基于连续小波变换的非整数次谐波测量方法[J]. 电力系统自动化, 2003, 27(5):49-53.

[17] 赵成勇, 何明锋. 基于复小波变换相位信息的谐波检测算法[J]. 中国电机工程学报, 2005, 25(1):38-42.

[18] 刘守亮, 肖先勇. Daubechies 复小波的生成及其在短时电能质量扰动检测中的应用[J]. 电工技术学报, 2005, 20(11):106-110.

[19] 苏鹏声, 王欢. 短窗 Morlet 复小波用于电力系统信号处理的探讨[J]. 电力系统自动化, 2004, 28(9):36-42.

[20] 张安安, 杨洪耕. 基于畸变波形同步分层估计谐波阻抗的探讨[J]. 电力系统自动化, 2003, 27(9):41-44.

第 11 章 小波变换电路在模拟电路
故障诊断中的应用

11.1 引　　言

　　自 20 世纪 70 年代以来,模拟电路故障诊断研究在国内外取得了很多卓有成效的研究成果,已成为继网络分析、网络综合之后网络理论研究的第三大分支,也成为近代电路理论研究的难点和前沿领域[1]。目前,模拟或模数混合电子设备广泛应用于生产、生活的各个领域,其设备的运行环境复杂多样,特别是高技术领域、军事领域和医疗领域中,对系统和设备提出了近乎苛刻的可靠性指标,因此,在电路发生故障时,要求能够准确地辨识出故障,以便及时检修和维护,保证设备的正常运行。近年来,电子技术的设计和制作工艺都得到了新的发展,但故障检测和诊断技术推进却比较迟缓,设计复杂电路的能力远远高于故障诊断的能力,在某种程度上制约了新的电子技术的应用与发展。在现代电子设备中,模拟电路在系统中占有的比例很小,但故障率却很高,因此,模拟电路的可靠性很大程度上决定了系统的可靠性。随着电子技术特别是微电子技术的飞速发展,电子电路集成化程度和工艺水平日新月异,然而与之相应的故障检测与诊断技术却进展较慢。原有诊断技术和方法已难以适应现代工程需求,因此,研究模拟电路故障诊断新理论与方法已成为当前迫切需要解决的问题。

　　相比而言,数字电路的故障诊断理论和方法已经相当成熟,而模拟电路的故障诊断方法发展远比其要慢,其主要原因有两点:一是传统模拟系统的集成度相对较低,人工检测与维修能够满足实际需求,于是,人们缺乏研究模拟电路测试与诊断新技术的动力;二是模拟电路的测试与诊断远比数字电路困难,概括起来有如下几点[2]:

　　(1)模拟电路的输入输出都是连续量,电路中各元件参数通常也是连续的,因此,模拟系统中的故障诊断模型复杂,难以简单量化。由于故障参数也是连续的,从理论上讲,一个模拟元件可能具有无穷多个故障。所以,不可能像数字系统故障诊断中构造一部完备的字典来查询所有故障。

　　(2)模拟电路中的元件参数具有很大离散性,即具有容差性,并不是元件的完全失效,致使模拟电路故障出现模糊性,从而无法唯一定位实际故障的物理位置,增加了模拟电路故障诊断难度。

（3）模拟电路广泛存在非线性问题，包括电路中的非线性元件或线性电路中存在的非线性问题。众所周知，解非线性方程通常采用迭代法求解，因此计算量很大。随着电路规模的线性增大，计算工作量呈指数形式增加。

（4）模拟电路中存在大量反馈回路，电路规模越大，反馈回路越复杂，而对一个具有复杂反馈回路的模拟电路进行仿真计算需要大量的复杂运算。

（5）实际模拟电路中，电流参数通常除了输入端口和输出端口可测，一般电路中的支路电流均不易甚至不可测，通常只能测量电压。此外，可测电压的节点数也十分有限，远少于网络的节点数，致使用于故障诊断的信息量很少，甚至很不充分，易于造成故障定位的不唯一性和模糊性，或者根本不可诊断。

随着人工智能技术的不断发展和广泛应用，为模拟电路故障诊断研究带来了新的活力与契机，基于各种智能算法的模拟电路故障诊断方法不断涌现。从某种意义上讲，模拟电路的智能故障诊断技术成为这一领域新的研究方向，它能够部分解决故障诊断的模糊性和不确定性等常规方法不能解决的问题。目前，常见的人工智能技术主要包括专家系统、神经网络、遗传算法、粒子群算法、蚁群算法和模糊聚类等。智能故障诊断技术需要解决两个主要问题，即故障特征的提取和故障分类器的构建问题，故障特征提取是模拟电路故障诊断的核心问题。故障特征提取是为了使故障状态与故障特征间具有明确的对应关系，并期望即使在元件容差和测量误差等因素的影响下，故障特征仍具有小的类内间距和大的类间间距。模拟电路故障诊断本质上属于模式识别问题，对电路故障征兆进行一系列处理变换后，得到最能反映系统故障模式分类的本质特征。故障分类器的主要作用是实现故障的分类与识别，达到故障分析与定位的目的。因此，如何有效地提取电路的故障特征和构建具有较强的鲁棒性与高辨识率的分类器成为模拟电路故障诊断的核心技术和成败的关键。

小波变换作为一种新的时频分析工具，以其良好的时频局部化特性被广泛地应用于模拟电路故障特征提取，例如，提取模拟电路的小波变换模极大值特征、能量特征和信息熵特征等。然而，传统的小波变换用于故障特征提取时，通常是采用通用微机、数字信号处理器（DSP）或可编程逻辑器件（FPGA）等数字电路实现，信号处理时需要增加 A/D 器件，因此，系统的体积和功耗不能满足低压、低功耗和微型化的发展趋势。特别是对于模拟电路故障诊断问题，由于待测电路以及测试点的输出信号都是模拟的，如果采用数字电路实现的小波变换用于信号处理，则首先需要利用 A/D 器件进行 A/D 转换，与此同时，系统的体积、功耗、精度和处理速度都会受到影响，因此，研究小波变换的模拟专用电路实现对模拟电路的故障诊断问题具有重要的理论和实际意义。同时，模拟小波变换电路实现对于便携式故障诊断仪和移动式测试设备的研制具有重要的应用价值。

11.2　基于小波变换电路的模拟电路故障诊断原理

小波变换在模拟电路故障诊断中的应用主要包括两个方面:一是利用小波变换对待测电路测试点输出信号进行滤波处理,消除输出信号中的噪声,便于精确的故障特征提取,提高故障特征分辨率;二是对待测电路输出信号进行小波变换,将小波变换系数进行相应的数据处理后形成电路的故障特征,本章主要研究该方面的应用。基于小波变换电路的模拟电路故障诊断原理如图 11.1 所示,图中的工作过程可概括如下:

(1)首先,在被测模拟电路的输入端注入测试激励信号,如直流信号、正弦信号、方波信号、脉冲信号、分段线性函数信号和阶跃信号等。

(2)从模拟电路测试点获得输出响应,包括时域响应或频域响应,并将其送入模拟小波变换电路中对其进行多尺度小波变换。

(3)将多尺度小波变换后的系数进行相应数据处理,如求取小波变换系数的模极大值、小波变换系数序列绝对值和、不同分解尺度上的信号能量和熵值等,然后将这些值按尺度顺序排列形成特征向量。

(4)对故障特征进行分类前处理,通常包括主元分析和归一化等,其中,通过主元分析法对特征向量进行数据压缩,使数据从高维空间映射到低维空间,降低故障特征的变量维数,同时,为了获得较好的分类效果,通常还需要将数据规范到一定范围内,即对数据进行归一化处理,构成新的故障特征向量。

(5)将形成的故障特征向量输入故障分类器实现故障模式分类、故障识别与定位。在现代智能故障诊断技术中,分类器通常为神经网络[3-7]、支持向量机[8-11]等。

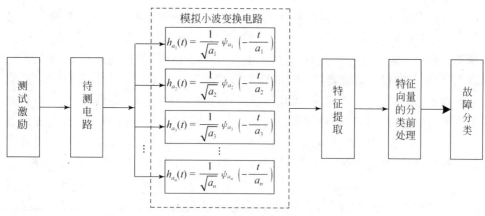

图 11.1　基于小波变换电路的模拟电路故障诊断原理图

11.3　用于故障特征提取的小波变换电路设计

利用小波变换对模拟电路故障输出信号进行特征提取时,选取合适的小波函数至关重要。从理论上讲,可以使用任何形式的小波函数对目标信号进行多分辨分析,并实现信号特征提取和重构。但是,由于不同的小波函数具有不同的特性,在信号特征提取中的表现也不一样,合适的小波函数会很好地反映信号突变特征。目前,在小波函数选择方面还没有完善的理论指导,多根据经验或实验的方式来确定。在信号特征提取中,通常要求所选的小波函数具有紧支撑性和正则性,要求紧支撑性是为了得到一个数值稳定的重构算法;要求正则性是为了具有好的局部分析能力,有利于更好地反映信号局部特征变化。本章将构造一个新小波作为小波变换的基函数。

首先,构造分数阶小波函数。考虑一个松弛分数阶系统,其线性分数阶微分方程为

$$\tau_0^m \frac{\mathrm{d}^m y(t)}{\mathrm{d}t^m} + y(t) = e(t), \quad 0 < m < 1 \tag{11.1}$$

式中,τ_0 为正实数;m 为分数阶系统阶数。该系统对应的传递函数为

$$H(s) = \frac{1}{1 + (\tau_0 s)^m} \tag{11.2}$$

在介电研究中,学者 Cole 等发现从大量材料中测量出的松弛数据能够用式(11.2)来建模[12]。众所周知,松弛时间函数 $G(\tau)$ 能够直接从原始传递函数中推导出来[13,14],其原始传递函数为

$$H(s) = \int_0^\infty \frac{G(\tau)}{1 + \tau s} \mathrm{d}\tau \tag{11.3}$$

Cole 等利用这种方法找到了对应于式(11.2)的 $G(\tau)$ 函数,即

$$G(\tau) = \frac{1}{2\pi} \frac{\sin[(1-m)\pi]}{\cosh(m\tau) - \cos[(1-m)\pi]} \tag{11.4}$$

利用 $G(\tau)$ 构造分数阶小波函数为

$$\psi(t) = G(t) \cdot \cos(2\pi f_c t) \tag{11.5}$$

式中,f_c 为小波函数的中心频率。选取 $m = 0.6$,$f_c = 0.5$,时延 $t_0 = 4$ 时的时域波形如图 11.2 中的实线所示,通过调节 m 值可以改变该小波函数的形状,例如,当 $m = 0.8$ 时的波形如图 11.2 中的虚线所示。

其次,将采用第 3 章中提出的奇异值分解频域逼近法求取该小波的逼近函数。$m = 0.6$,$f_c = 0.5$,$t_0 = 4$ 时分数阶小波函数的七阶逼近波形如图 11.3 所示,逼近的均方误差为 7.0×10^{-3}。其对应的频域逼近函数($a = 1$)为

$$H(s) = \frac{25.26s^6 + 183s^5 + 8.011s^4 + 5431s^3 - 1.029 \times 10^4 s^2 + 2.058 \times 10^4 s - 1.633 \times 10^4}{s^7 + 2.552s^6 + 34.8s^5 + 62.49s^4 + 368.3s^3 + 416s^2 + 1173s + 605.9}$$

$$\tag{11.6}$$

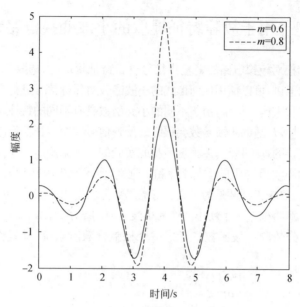

图 11.2 分数阶小波函数

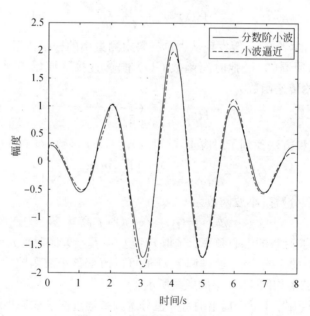

图 11.3 分数阶小波函数逼近

再次,将以 2.2.3 节中的开关电流双线性积分器(图 2.9)和 8.2.2 节中的多输出电流镜(图 8.13)为基本结构单元设计 FLF 结构开关电流分数阶小波滤波器,其结构图如图 11.4 所示。图中 α_i、α_{fi}、α_{ci}、k_1 和 k_2 分别为双线性积分器的晶体管参数、FLF 网络结构中的反馈系数和前馈系数以及电流镜参数。这些参数值可根据式(8.12)～式(8.14)结合式(11.6)求得。对应结构图 11.4 所示的电路图如图 11.5 所示。

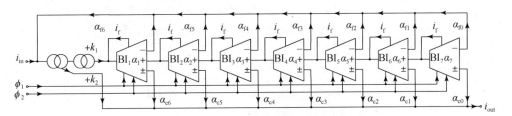

图 11.4　分数阶小波滤波器电路结构图

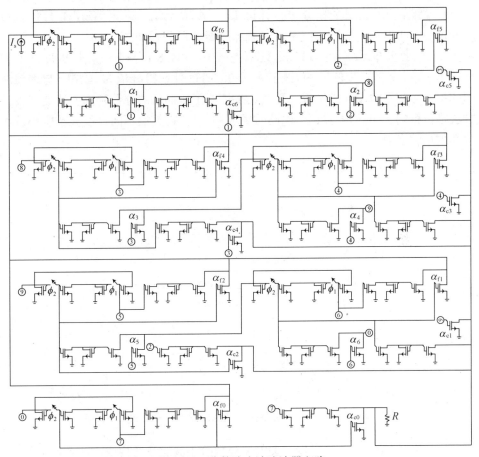

图 11.5　分数阶小波滤波器电路

取滤波器中心频率 f_c 为 1kHz,采样频率 f_s 为 10kHz,且令 $\tau_1 = 1/4$, $\tau_2 = 1/8$,

$\tau_3 = \tau_4 = \tau_5 = \tau_6 = \tau_7 = 1/2$，求得图 11.5 中晶体管跨导参数为

$$\alpha_{f0} = 0.0592, \qquad \alpha_{f1} = 0.2291, \qquad \alpha_{f2} = 0.1625$$
$$\alpha_{f3} = 0.2877, \qquad \alpha_{f4} = 0.0976, \qquad \alpha_{f5} = 0.4350$$
$$\alpha_{f6} = 0.1276, \qquad \alpha_{c0} = 1.5947, \qquad \alpha_{c1} = 4.0195$$
$$\alpha_{c2} = 4.0195, \qquad \alpha_{c3} = 4.2429, \qquad \alpha_{c4} = 0.0125$$
$$\alpha_{c5} = 2.2875, \qquad \alpha_{c6} = 1.2630, \qquad \alpha_1 = 0.2,$$
$$\alpha_2 = 0.4, \qquad \alpha_3 = 0.1, \qquad \alpha_4 = 0.1,$$
$$\alpha_5 = 0.1, \qquad \alpha_6 = 0.1, \qquad \alpha_7 = 0.1,$$
$$k_1 = 1, \qquad k_2 = 1 \tag{11.7}$$

其他未标出的晶体管跨导值均为 1。

最后，对设计的开关电流分数阶小波滤波器电路进行仿真分析。根据式(11.7)设置相应晶体管跨导参数并设 $I_s = 1\text{A}, R = 1\Omega$。采用 ASIZ 软件仿真得到的尺度为 1 时的分数阶小波函数时域和频域波形分别如图 11.6(a)和(b)所示。由图 11.6(a)可知，波形在 4.15ms 处取得峰值 1.9538A，与归一化后的原波形幅度基本一致。在图 11.6(b)中，波形在 1.007kHz 处取得峰值 33.33dB，与理想波形的中心频率和幅度非常接近。仿真结果证明了所提出的分数阶小波滤波器设计方法是可行的。同样，通过调节电路时钟频率，可获得其他不同尺度分数阶小波函数实现小波变换。

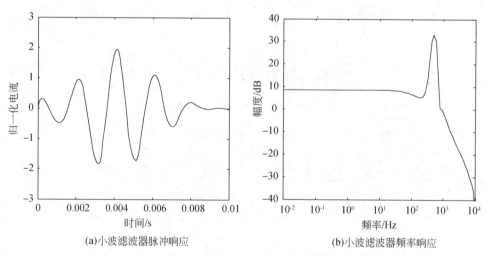

(a)小波滤波器脉冲响应　　　　　　　　　　(b)小波滤波器频率响应

图 11.6　尺度 $a = 1$ 时分数阶小波滤波器脉冲响应和频率响应

接下来，将设计的不同尺度开关电流分数阶小波滤波器构成小波变换电路，并将其应用于模拟电路故障诊断的特征提取。

11.4　基于分数阶小波变换电路的故障特征提取

11.4.1　小波能量故障特征提取

模拟电路故障诊断方法主要包括故障字典法、元件参数辨识法和故障验证法等。元件参数辨识法和故障验证法属于测后模拟（simulation after test，SAT）的典型方法，测前模拟（simulation befor test，SBT）的典型方法是故障字典法，也是目前模拟电路故障诊断中最具实用价值的方法。故障字典法通过对待测模拟电路进行故障仿真，提取相应故障的特征组成字典，在应用中只需要将电路的实时输出特征值与字典中存储的特征进行比较即可获知故障类型。由此可见，故障特征的提取在故障诊断中是至关重要的一个环节，如何有效地提取故障特征对提高诊断正确率起到重要作用。

针对模拟电路，元件故障分类有两种：①按故障造成的影响分类有硬故障（元件开路和短路，改变了电路的拓扑结构）和软故障（元件参数值偏离标称值但未失效，引起系统性能异常或恶化）；②按电路故障数量分类有单故障和多故障，一般单故障的发生概率较高。在这里主要讨论电路单故障和软故障问题。

图 11.7 给出了基于分数阶小波变换能量的模拟电路故障特征提取原理框图。首先，将测试信号作为激励信号输入待测电路（circuit under test，CUT）；然后，在

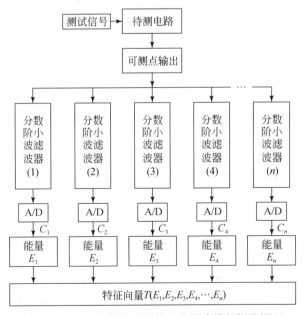

图 11.7　基于分数阶小波能量的故障特征提取原理

电路可测点处将响应信号送入不同尺度的分数阶小波滤波器中,并对滤波输出结果进行 A/D 转换;最后,对相应的小波变换系数求解其能量,并将对应不同系数的能量构成故障特征向量。接下来,以两个待测电路为例,说明基于分数阶小波能量的故障特征提取过程。

11.4.2　实例验证

实例 1:以 Sallen-Key 带通滤波器电路为待测电路[6,7],研究电路元件发生软故障时的特征提取。该滤波器的中心频率为 25kHz,电路元件和标称参数如图 11.8 所示。设电阻和电容的容差范围分别为 5% 和 10%,测试激励信号选取幅度为 10V,持续时间为 $10\mu s$ 的脉冲信号,电路故障设置为 NF(No-fault)、$C_1 \uparrow$、$C_1 \downarrow$、$C_2 \uparrow$、$C_2 \downarrow$、$R_2 \uparrow$、$R_2 \downarrow$、$R_3 \uparrow$ 和 $R_3 \downarrow$,其中,↑ 和 ↓ 表示故障元件的值高于和低于标称值的 50%,当其中一个元件超出容差范围时,其他元件则在容差范围内变化。利用 Pspice 软件中的交流分析结合蒙特卡罗分析可以获得各状态下的幅频响应,例如,$C_1 \uparrow = 8nF$ 时四次蒙特卡罗分析的输出响应如图 11.9 所示。当其他元件发生故障时,采用相同的方法得到相应的模拟仿真结果。将四次蒙特卡罗分析的输出响应送入 11.4.1 节已设计出的小波滤波器组($a=1,2,4,8$)中进行不同尺度小波变换,并对获得的小波系数求解其能量。

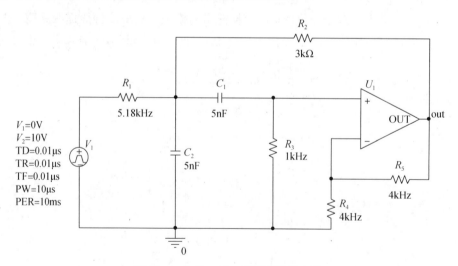

图 11.8　Sallen-Key 带通滤波器电路

设信号的小波分解序列为 $S_a(a=1,2,4,8)$,令 $E_1,E_2,\cdots,E_a$ 为信号在 a 个尺度上的能谱,则在尺度域上形成对信号能量的一种划分。信号的总能量 E 等于各尺度分解信号能量 E_a 之和,在某一尺度上,信号 E_a 等于该尺度下小波系数的平方和,即

$$E_a = \sum_{k=1}^{N} |C(k)|^2 \qquad (11.8)$$

式中，N 为 a 尺度下小波系数的个数；$C(k)$ 为第 k 个小波系数。当能量较大时，E_a 通常为一个较大的数值，会给数据分析带来不便，因此，需对该数值进行归一化处理，令

$$E = \left(\sum_{j=1}^{a} |E_j|^2 \right)^{1/2} \qquad (11.9)$$

则归一化后的特征向量为

$$T = [E_1/E, E_2/E, E_3/E, \cdots, E_a/E] \qquad (11.10)$$

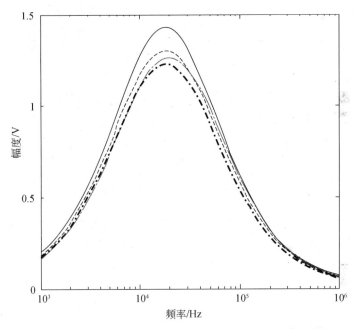

图 11.9　$C_1 \uparrow = 8\text{nF}$ 时电路幅频响应的四次蒙特卡罗分析

将四次蒙特卡罗分析的输出响应送入尺度 $a=1,2,4,8$ 的小波滤波器组，求得小波能量如图 11.10 所示。由图可以看出，四次蒙特卡罗分析对应的小波能量各不相同，而且具有较好的区分度。通常，在某故障条件下进行足够多次数的蒙特卡罗分析，分别求取对应的小波能量构成特征向量，然后送入故障分类器进行故障分类辨识。

　　实例 2：以四运放高通滤波器电路（图 11.11）为待测电路，同样研究电路元件发生软故障时的特征提取。电阻和电容的容差范围分别为 5% 和 10%，设置故障类型为 NF（No-fault）、$C_1 \uparrow$、$C_1 \downarrow$、$C_2 \uparrow$、$C_2 \downarrow$、$R_1 \uparrow$、$R_1 \downarrow$、$R_2 \uparrow$、$R_2 \downarrow$、$R_3 \uparrow$、$R_3 \downarrow$、$R_4 \uparrow$ 和 $R_4 \downarrow$，其中 $\uparrow$ 和 $\downarrow$ 表示元件故障值大于或小于标称值的 50%，其他

元件在容差范围内变化。仍采用与实例 1 中相同的激励源，$R_4 \downarrow = 500\,\Omega$ 时四次蒙特卡罗分析的输出响应如图 11.12 所示。采用实例 1 中相同的小波能量计算方法，求得小波能量如图 11.13 所示。由图可以看出，四次蒙特卡罗分析对应的小波能量同样各不相同，而且也具有较好的区分度。

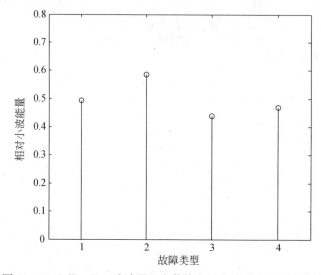

图 11.10　Sallen-Key 滤波器四次蒙特卡罗分析对应的小波能量

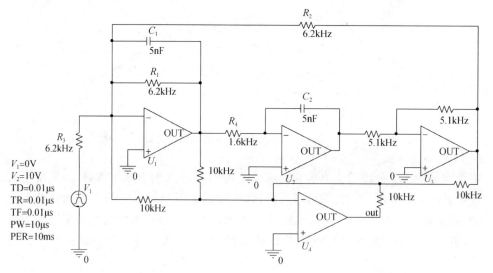

图 11.11　四运放高通滤波器电路

由于开关电流小波滤波器可以通过调节时钟频率很方便地获得不同尺度小波函数，因此，很容易对电路输出响应信号做多尺度小波变换，从而形成待测电路的不同故障特征向量,实例 1 和实例 2 很好地验证了这个特点。将故障特征输入训练好的故障分类器如神经网络、支持向量机等即可实现故障辨识与诊断。

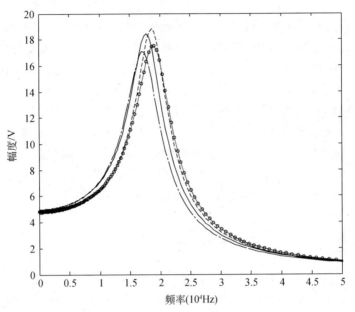

图 11.12　$R_4 \downarrow = 500\ \Omega$ 时电路幅频响应的四次蒙特卡罗分析

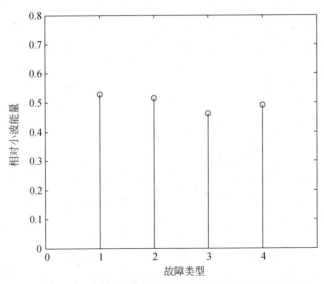

图 11.13　四运放滤波器四次蒙特卡罗分析对应的小波能量

11.5　本章小结

现今,小波变换作为一种良好的信号处理工具被广泛地应用于模拟电路故障诊断中,总体上分析其应用,主要分为两种:一种是作为信号滤波器,滤除噪声干扰,获得纯净的有用信号;另一种是对信号进行小波变换,获得小波变换系数,然后结合其他特征提取方法,实现故障特征提取。本章针对其第二种应用,设计出了分数阶小波变换电路,并给出了基于分数阶小波能量的故障特征提取方法。以Sallen-Key带通滤波器和四运放高通滤波器为待测电路,详细地说明了其分数阶小波能量故障特征提取过程,并对故障特征提取进行了仿真研究,其结果验证了所提方法的有效性。本章所提出的小波变换电路不但可以应用于模拟电路故障诊断仪器设计,同时也可以用于电路的内建自测试结构设计和其他故障诊断设备中特征提取电路的设计。

参 考 文 献

[1] 杨士元. 模拟系统的故障诊断与可靠性设计[M]. 北京:清华大学出版社,1993:1-7.

[2] 袁莉芬. 基于独立成分分析技术的模拟电路故障诊断新方法[D]. 长沙:湖南大学,2011:2-3.

[3] He Y,Tan Y,Sun Y. Wavelet neural network approach for fault diagnosis of analog circuits [J]. IEE Proceedings-Circuits Devices Systems,2004,151(4):379-384.

[4] Aminian M,Aminian F. Neural network based analog circuit fault diagnosis using wavelet transform as preprocessor[J]. IEEE Transactions on Circuits and Systems,2000,47(2):151-156.

[5] Yuan L F,He Y G,Huang J Y,et al. A new neural-network-based kurtosis and entropy fault diagnosis approach for analog circuits by using as a preprocessor[J]. IEEE Transactions on Instrumentations and Measurement,2010,59(3):586-595.

[6] Sorsa T,Koivo H N,Koivisto H. Neural networks in process fault diagnosis[J]. IEEE Transactions on Systems,Man and Cybernetics,1991,21(4):815-825.

[7] Bernieri A,Betta G,Pietrosanto A,et al. A neural network approach to instrument fault detections and isolation[J]. IEEE Transactions on Instrumentation and Measurement,1995,44(3):747-750.

[8] 左磊,侯立刚,张旺,等. 基于粒子群-支持向量机的模拟电路故障诊断[J]. 系统工程与电子技术,2010,32(7):1553-1556.

[9] 陈世杰,连可,王厚军. 遗传算法优化的 SVM 模拟电路故障诊断方法[J]. 电子科技大学学报,2009,38(4):553-558.

[10] 孙永奎,陈光禹,李辉. 基于可测性分析和支持向量机的模拟电路故障诊断[J]. 仪器仪表学报,2006,29(6):1182-1186.

[11] 唐静远,师奕兵,张伟. 基于支持向量机集成的模拟电路故障诊断[J]. 仪器仪表学报,
2006,29(6):1216-1220.

[12] Nezzari H, Charef A, Boucherma D. Analog circuit implementation of fractional order
damped sine and cosine functions[J]. IEEE Journal on Emerging and Selected Topics in
Circuits and Systems,2013,3(3):386-393.

[13] Charef A. Modeling and analog realization of the fundamental linear fractional order
differential equation[J]. Nonlinear Dynamics,2006,(46):195-210.

[14] Djouambi A, Charef A, Besancon A V. Optimal approximation, simulation and analog
realization of the fundamental fractional order transfer function[J]. International Journal of
Applied Mathematics and Computer Science,2007,17(4):455-462.

第12章　复小波变换电路在信号包络提取中的应用

12.1　引　　言

在机械故障诊断领域,许多振动信号包含调制信号成分。例如,齿轮啮合传动时所出现的各种故障都具体反映为一个传动误差问题。传动误差大时会造成齿轮在传动过程中速度发生变化,轮齿在进入和脱离啮合时碰撞加剧,产生较高的振动峰值,使啮合振动的波形出现短暂时间的幅值变化和相位变化[1-3]。因此,能够将齿轮的啮合频率和各次谐波看成一种高频振荡的载波信号,而周期性出现的故障信号可视为调制信号。对于调制类型的信号,采用频率分析方法已很难发现故障源所在,而包络解调分析是一种行之有效的诊断方法。因此,包络解调方法成为信号处理和故障诊断领域研究的热点。

目前最常用的信号包络提取方法是希尔伯特(Hilbert)变换。该方法的核心思想是将调制在中频或高频段的低频故障信息解调至低频段进行分析处理,从而实现故障信息提取。该过程中先是对所测信号进行以载频为中心频率的带通滤波,剔除通带以外的信号,获得窄带调制信号。由于干扰信号和噪声的能量一般集中在低频段,所以获得的窄带调制信号中减少了环境干扰和噪声带来的影响,提高了信号的信噪比。然而,现场采集的信号总是包含噪声和干扰,甚至有些信号成分与载波调制边频段相混叠,信噪比很低,采用 Hilbert 变换获得的包络误差会很大,因此,研究调制信号的包络解调新方法成为迫切需求。近年来,许多学者提出了基于复解析小波变换的实信号包络解调分析方法[4-15]。该类型方法的特点是实现了信号带通滤波和 Hilbert 变换的统一,不需要设定带通滤波的中心频率,并且可根据某些准则,在一定范围内选择最优的小波参数,很好地实现了故障调制信号的包络提取。为了满足低压、低功耗、实时性和微型化的信号处理应用需求,复解析小波变换电路设计成为重要研究方向。基于此,本章将着重解决三个问题:①解析小波的概念及其与 Hilbert 变换的关系;②复解析小波变换电路的实现;③复解析小波变换电路在信号包络提取中的应用。

12.2　解析小波变换

所谓解析小波就是指其小波函数 $\psi(t)$ 的傅里叶频谱 $\Psi(\omega)$ 仅包含正频率部分,即

$$\Psi(\omega)=0, \quad \omega \leqslant 0 \tag{12.1}$$

由傅里叶变换可知：

$$\psi(t) = \frac{1}{2\pi} \int_0^\infty \Psi(\omega) e^{j\omega t} d\omega \tag{12.2}$$

对于任一信号 $x(t) \in L^2(R)$，其解析小波变换可采用连续小波变换的定义式表示，即

$$W_x(a,b) = \int_{-\infty}^\infty x(t) \cdot \frac{1}{a} \tilde{\psi} \left(\frac{t-b}{a} \right) dt$$

$$= x * \frac{1}{a} \tilde{\psi} \left(\frac{-t}{a} \right) \tag{12.3}$$

式中，$\tilde{\psi}(t)$ 表示为 $\psi(t)$ 的复共轭；$*$ 表示函数的卷积；$a(a>0)$ 表示尺度因子；b 表示时移因子。

当解析小波 $\psi(t)$ 的傅里叶频谱 $\Psi(\omega)$ 为一个实值函数（$\omega>0$）时，由式（12.2）可将 $\psi(t)$ 展开为下列实部 $\psi_r(t)$ 和虚部 $\psi_i(t)$ 形式的复值小波：

$$\psi(t) = \frac{1}{2\pi} \int_0^\infty \Psi(\omega) e^{j\omega t} d\omega$$

$$= \frac{1}{2\pi} \int_0^\infty \Psi(\omega) \cos(\omega t) d\omega + j \frac{1}{2\pi} \int_0^\infty \Psi(\omega) \sin(\omega t) d\omega$$

$$= \psi_r(t) + j\psi_i(t) \tag{12.4}$$

显然，实部 $\psi_r(t)$ 和虚部 $\psi_i(t)$ 为 t 的实值函数，即

$$\mathrm{Re}[\psi(t)] = \psi_r(t) = \frac{1}{2\pi} \int_0^\infty \Psi(\omega) \cos(\omega t) d\omega \tag{12.5}$$

$$\mathrm{Im}[\psi(t)] = \psi_i(t) = \frac{1}{2\pi} \int_0^\infty \Psi(\omega) \sin(\omega t) d\omega \tag{12.6}$$

由式（12.5）和式（12.6）可知，实部 $\psi_r(t)$ 为 t 的偶函数，虚部 $\psi_i(t)$ 为 t 的奇函数，它们对应的傅里叶频谱 $\Psi_r(\omega)$ 和 $\Psi_i(\omega)$ 分别为实偶函数和虚奇函数。

同时，又由 $\psi(t) = \psi_r(t) + j\psi_i(t)$ 的频谱 $\Psi(\omega) = \Psi_r(\omega) + j\Psi_i(\omega)$ 是正频率特性的实值函数，可知 $\Psi_i(\omega)$ 和 $\Psi_r(\omega)$ 满足下列关系式：

$$\Psi_i(\omega) = -j\mathrm{sgn}(\omega)\Psi_r(\omega) \tag{12.7}$$

式中，j 为虚单位；$\mathrm{sgn}(\omega)$ 为符号函数，即

$$\mathrm{sgn}(\omega) = \begin{cases} +1, & \omega > 0 \\ 0, & \omega = 0 \\ -1, & \omega < 0 \end{cases} \tag{12.8}$$

式（12.8）为一个时间函数 Hilbert 变换式的等价频域表示[16]。由式（12.8）可知 $\psi_i(t)$ 是 $\psi_r(t)$ 的 Hilbert 变换。

12.3　信号包络提取原理

首先，介绍基于 Hilbert 变换的信号包络提取原理。设定实信号 $x(t)$ 的复解

析表示 $\tilde{x}(t)$ 为

$$\tilde{x}(t) = x(t) + j\hat{x}(t) = x(t) * h_{\mathrm{H}}(t) \tag{12.9}$$

其中

$$\begin{cases} \hat{x}(t) = x(t) * \dfrac{1}{\pi t} = \dfrac{1}{\pi} \displaystyle\int_{-\infty}^{\infty} \dfrac{x(\tau)}{t-\tau} \mathrm{d}\tau \\[3mm] h_{\mathrm{H}}(t) = \delta(t) + j\dfrac{1}{\pi t} \end{cases} \tag{12.10}$$

式(12.10)定义了实信号 $x(t)$ 的 Hilbert 变换。对于窄带信号 $x(t) = a(t)\cos(\omega_0 t + \theta_0)$，$\tilde{x}(t)$ 的模 $|\tilde{x}(t)|$ 等于 $x(t)$ 的包络信号 $|a(t)|$。同时，式(12.10)中定义的 $h_{\mathrm{H}}(t)$ 为 Hilbert 包络滤波器，其傅里叶变换为

$$H_{\mathrm{H}}(\omega) = 1 - j[-\operatorname{sgn}(\omega)] = \begin{cases} 0, & \omega < 0 \\ 2, & \omega \geqslant 0 \end{cases} \tag{12.11}$$

由式(12.11)可知，$\tilde{x}(t)$ 的实质是采用 $H_{\mathrm{H}}(\omega)$ 滤出 $x(t)$ 的所有非负频率成分，并保持其相位不变。由此也可知采用 Hilbert 变换方法提取包络信号时存在高频频率成分，使信号中包含很多高频毛刺，抗干扰能力很弱。

为了克服 Hilbert 变换方法的缺点，必须设计出新的包络滤波器，且该滤波器 $H(\omega)$ 必须满足以下条件[17]：

(1) $\lim\limits_{\omega \to 0} H(\omega) = 0$，$\displaystyle\int_{-\infty}^{\infty} h(t)\mathrm{d}t \to 0$；

(2) $\lim\limits_{\omega \to \infty} H(\omega) = 0$，$H(\omega) = 0$，$\omega \in \mathbf{R}^-$；

(3) $\angle H(\omega) = 0$，$\omega \in \mathbf{R}$。

其中，条件(1)是小波允许条件，可选用小波函数实现；条件(2)决定必须为正频带带通滤波器，表示 $h(t)$ 必须为某一实函数 $h_{\mathrm{r}}(t)$ 的解析函数，即

$$h(t) = h_{\mathrm{r}}(t) + j\hat{h}_{\mathrm{r}}(t) = h_{\mathrm{r}}(t) * h_{\mathrm{H}}(t) \tag{12.12}$$

条件(3)要求 $h_{\mathrm{r}}(t)$ 为偶函数，构造 $H(\omega)$ 或 $h(t)$ 问题转化为构造 $H_{\mathrm{r}}(\omega)$ 或 $h_{\mathrm{r}}(t)$，则三个条件可综合为

$$\int_{-\infty}^{\infty} h(t)\mathrm{d}t = 0, \quad h_{\mathrm{r}}(t) = h_{\mathrm{r}}(-t) \tag{12.13}$$

由式(12.13)可知，$h_{\mathrm{r}}(t)$ 必须是对称小波函数，新滤波器 $h(t)$ 必须为复解析小波函数。现取小波函数 $\psi(t)$ 为

$$\begin{cases} \psi(t) = h(t) = \psi_{\mathrm{r}}(t) + j\psi_{\mathrm{i}}(t) \\[2mm] \psi_{\mathrm{r}}(t) = h_{\mathrm{r}}(t), \quad \psi_{\mathrm{i}}(t) = \hat{h}_{\mathrm{r}}(t) \end{cases} \tag{12.14}$$

那么实信号 $x(t)$ 的复解析小波变换为

$$
\begin{cases}
W_x(a,t) = W_{xr}(a,t) + jW_{xi}(a,t) \\[2mm]
W_{xr}(a,t) = \dfrac{1}{a} \displaystyle\int_{-\infty}^{\infty} x(\tau - t)\psi_{\mathrm{r}}\left(\dfrac{\tau}{a}\right) \mathrm{d}\tau \\[2mm]
W_{xi}(a,t) = \dfrac{1}{a} \displaystyle\int_{-\infty}^{\infty} x(\tau - t)\psi_{\mathrm{i}}\left(\dfrac{\tau}{a}\right) \mathrm{d}\tau
\end{cases}
\tag{12.15}
$$

$W_x(a,t)$ 的模就是尺度等于 a 时 $x(t)$ 的包络信号 $E_a(t)$,即

$$
E_a(t) = |W_x(a,t)| = \sqrt{W_{xr}^2(a,t) + W_{xi}^2(a,t)}
\tag{12.16}
$$

12.4　复解析分数阶小波变换电路设计

　　通常,复解析小波变换采用数字信号处理器(DSP)或可编程逻辑器件(FPGA)等数字通用器件实现,在处理信号时系统前端需要增加 A/D 器件进行模数转换,致使该系统难以满足低压、低功耗、微型化和实时性要求,因此,研究复解析小波变换电路实现问题具有重要的理论意义和实际价值。

　　首先,构造复解析分数阶小波函数。根据 11.3 节中的分数阶小波函数构造理论,令复解析分数阶小波函数为

$$
\psi(t) = G(t) \cdot \mathrm{e}^{\mathrm{j}2\pi f_\mathrm{c}t}
\tag{12.17}
$$

式中, f_c 为小波函数中心频率, $G(t)$ 为 Cole-Cole 分布函数[18-21] ,其数学表达式为

$$
G(t) = \frac{1}{2\pi} \cdot \frac{\sin[(1-m)\pi]}{\cosh(mt) - \cos[(1-m)\pi]}
\tag{12.18}
$$

取 $m=0.8, f_\mathrm{c}=0.5$,该分数阶小波函数的实部和虚部如图 12.1 所示。

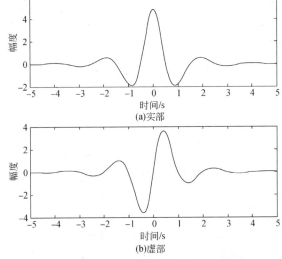

图 12.1　复解析分数阶小波函数的实部和虚部

　　然后,求解复解析分数阶小波的逼近函数。由电网络理论可知,上述构造出的复解析分数阶小波函数是不能直接电网络综合实现的。因此,必须求解可综合实现的复解析分数阶小波逼近函数。现采用第 3 章中提出的奇异值分解频域逼近法求取该小波的逼近函数。在 $t_0 = 3$ 时复解析分数阶小波实部和虚部的八阶逼近波形如分别如图 12.2(a)和(b)所示,逼近的均方误差为 0.0157。求得实部和虚部频域逼近函数($a = 1$)分别为

$$H_r(s) = [-59.96s^7 + 574.7s^6 - 7920s^5 + 4.084 \times 10^4 s^4 - 2.078s^3 + 5.438 \times 10^5 s^2$$
$$- 8.119 \times 10^5 s + 5.052 \times 10^5] / [s^8 + 4.182s^7 + 60.91s^6 + 182.4s^5$$
$$+ 1086s^4 + 2095s^3 + 6011s^2 + 5831s + 5964] \tag{12.19}$$

$$H_i(s) = [-37.76s^7 + 411s^6 - 4228s^5 + 1.559 \times 10^4 s^4 - 6.679 \times 10^4 s^3 + 2.156$$
$$\times 10^4 s^2 + 5.347 \times 10^4 s - 2.11 \times 10^5] / [s^8 + 3.268s^7 + 55.82s^6$$
$$+ 130.8s^5 + 937.8s^4 + 1400s^3 + 5231s^2 + 3755s + 6934] \tag{12.20}$$

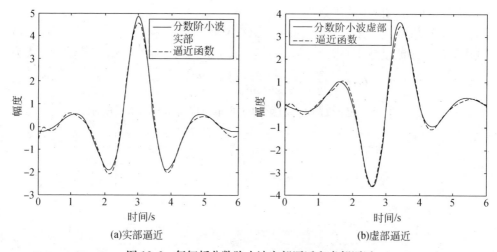

图 12.2　复解析分数阶小波实部逼近和虚部逼近

　　再次,同样以 2.2.3 节中的开关电流双线性积分器(图 2.9)和 8.2.2 节中的多输出电流镜(图 8.13)为基本结构单元设计 FLF 结构开关电流复解析分数阶实部和虚部小波滤波器,其电路图如图 12.3(实部电路)和图 12.4(虚部电路)所示。图中 α_i、α_{fi}、α_{ci}、k_1 和 k_2 分别为双线性积分器的晶体管参数、FLF 网络结构中的反馈系数和前馈系数以及电流镜参数,该参数值可根据式(8.12)~式(8.14)结合式(12.19)和式(12.20)求得。

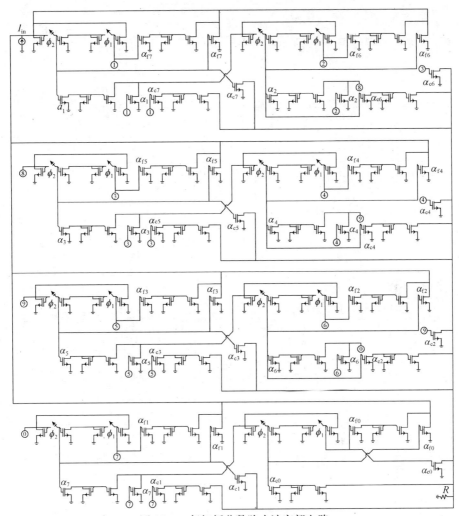

图 12.3 复解析分数阶小波实部电路

取滤波器中心频率 f_c 为 1kHz，采样频率 f_s 为 10kHz，且令 $\tau_1=\tau_2=\tau_3=1/8$，$\tau_4=1/4$，$\tau_5=\tau_6=1/2$，$\tau_7=\tau_8=1$，求得图 12.3 中实部电路和图 12.4 中虚部电路的晶体管跨导参数分别为

$$
\begin{aligned}
&\alpha_{f0}^r=0.0728, &&\alpha_{f1}^r=0.0712, &&\alpha_{f2}^r=0.1468, &&\alpha_{f3}^r=0.1023 \\
&\alpha_{f4}^r=0.2121, &&\alpha_{f5}^r=0.2850, &&\alpha_{f6}^r=0.7614, &&\alpha_{f7}^r=0.4182 \\
&\alpha_{c7}^r=5.996, &&\alpha_{c6}^r=7.1838, &&\alpha_{c5}^r=12.375, &&\alpha_{c4}^r=7.9766 \\
&\alpha_{c3}^r=10.1465, &&\alpha_{c2}^r=13.2764, &&\alpha_{c1}^r=9.9109, &&\alpha_{c0}^r=6.1670 \\
&\alpha_1^r=0.8, &&\alpha_2^r=0.8, &&\alpha_3^r=0.8, &&\alpha_4^r=0.4 \\
&\alpha_5^r=0.2, &&\alpha_6^r=0.2, &&\alpha_7^r=0.1, &&\alpha_8^r=0.1 \\
&k_1^r=1, &&k_2^r=0
\end{aligned}
\tag{12.21}
$$

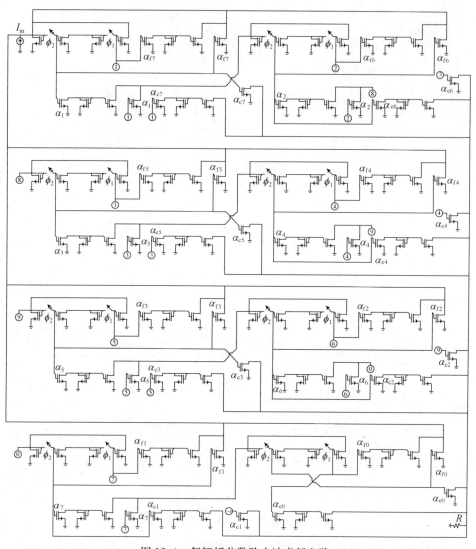

图 12.4　复解析分数阶小波虚部电路

$$\alpha_{f0}^i = 0.0846, \quad \alpha_{f1}^i = 0.0458, \quad \alpha_{f2}^i = 0.1277, \quad \alpha_{f3}^i = 0.0684$$

$$\alpha_{f4}^i = 0.1832, \quad \alpha_{f5}^i = 0.2044, \quad \alpha_{f6}^i = 0.6978, \quad \alpha_{f7}^i = 0.3268$$

$$\alpha_{c7}^i = 3.776, \quad \alpha_{c6}^i = 5.1375, \quad \alpha_{c5}^i = 6.6063, \quad \alpha_{c4}^i = 3.0445$$

$$\alpha_{c3}^i = 3.2612, \quad \alpha_{c2}^i = 0.5264, \quad \alpha_{c1}^i = 0.6527, \quad \alpha_{c0}^i = 2.5757 \qquad (12.22)$$

$$\alpha_1^i = 0.8, \quad \alpha_2^i = 0.8, \quad \alpha_3^i = 0.8, \quad \alpha_4^i = 0.4$$

$$\alpha_5^i = 0.2, \quad \alpha_6^i = 0.2, \quad \alpha_7^i = 0.1, \quad \alpha_8^i = 0.1$$

$$k_1^i = 1, \quad k_2^i = 0$$

其他未标出的晶体管跨导值均为1。

最后,对设计的开关电流复解析分数阶小波滤波器电路进行仿真分析。根据式 (12.21)设置图 12.3 中相应晶体管跨导参数并设 $I_s=1A, R=1\Omega$。采用 ASIZ 软件仿真得到的尺度为 1 时的复解析分数阶小波实部滤波器的时域和频域仿真波形分别如图 12.5(a)和(b)所示。由图 12.5(a)可知,波形在 1.65ms 处取得正向最大峰值 4.631A,与归一化后的原波形幅度 4.56A 相差较小。在图 12.5(b)中,波形在 1.047kHz 处取得峰值 52.9857dB,与理想波形在中心频率 1kHz 处取得峰值 53.3dB 接近。

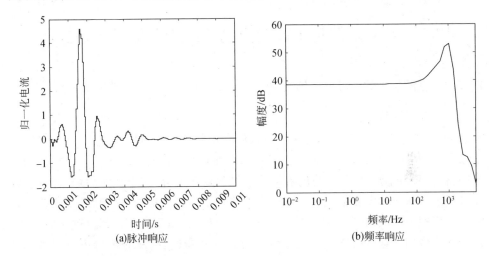

图 12.5　复解析分数阶小波实部滤波器脉冲响应和频率响应($a=1$)

同样,根据式(12.22)设置图 12.4 中相应晶体管跨导参数并进行仿真,获得尺度为 1 时的复解析分数阶小波虚部滤波器的时域和频域仿真波形分别如图 12.6 (a)和(b)所示。由图 12.6(a)可知,波形在 1.4ms 处取得负峰值 3.111A,在

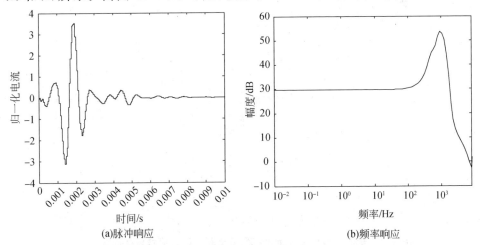

图 12.6　复解析分数阶小波虚部滤波器脉冲响应和频率响应($a=1$)

1.9ms 处取得正峰值 3.52A,与归一化后的原波形幅度基本一致。在图 12.6(b)中,波形在 1.047kHz 处取得峰值 52.8743dB,与理想波形在中心频率 1kHz 处取得峰值 52.92 dB 非常接近。然后,通过调整开关电流电路的时钟频率可以获得其他不同尺度的实部和虚部小波函数实现小波变换。以上实部和虚部电路仿真结果表明提出的开关电流复解析分数阶小波变换实现方法是可行的。接下来,将采用设计出的复解析分数阶小波变换电路应用于信号包络提取。

12.5　基于复解析小波变换电路的语言信号包络提取

12.5.1　复解析小波变换电路的提取语音包络原理

语言信号包络是语言信号的重要参数,其包络是对原信号的大尺度或整体特征的刻画,包络的提取对于语音编码以及语音识别等十分重要。由 12.3 节讨论的结论可知,利用 Hilbert 变换提取信号包络存在自身无法克服的缺点:① 提取的信号中含有零频成分;② 获得的包络信号中包含高频成分,抗干扰能力弱。因此,性能更优的复解析小波变换被广泛地应用于语音信号包络提取中。基于复解析分数阶小波变换电路的语音信号包络提取原理框图如图 12.7 所示。其原理可概括为:首先将语音信号输入不同尺度复分数阶小波滤波器(包括复分数阶小波的实部和虚部对应的滤波器),然后对实部和虚部滤波器的输出进行求模运算,即可获得不同尺度复分数阶小波变换后的语音包络信号。接下来,以 TIMIT 语音数据库中的语音为例,验证所提方法的有效性。

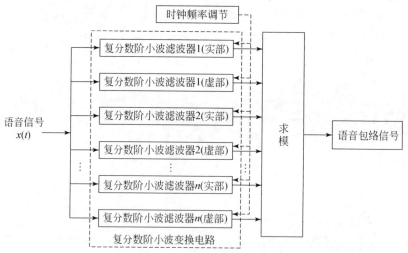

图 12.7　基于复解析分数阶小波变换电路的语音信号包络提取原理图

12.5.2　实例验证

语音信号取自 TIMIT 语音数据库的 WAV 文件格式数据,抽样频率 $f_s =$ 16kHz,采样位数 16bit。复小波变换的尺度 a 依次取 2^0、2^1、$2^{1.2}$、$2^{1.5}$、2^3,采用所设计的复小波变换电路对该语音信号进行复小波变换,获得的包络信号如图 12.8 所示,同时,图中也给出了 Hilbert 变换提取信号包络。由实验仿真结果可以看出,复解析分数阶小波变换电路能够较准确地提取出不同细节的语音信号包络,而且包络信号曲线较 Hilbert 变换得到的包络曲线光滑,并具有多尺度特性。仿真实验结果验证了所提方法的有效性。

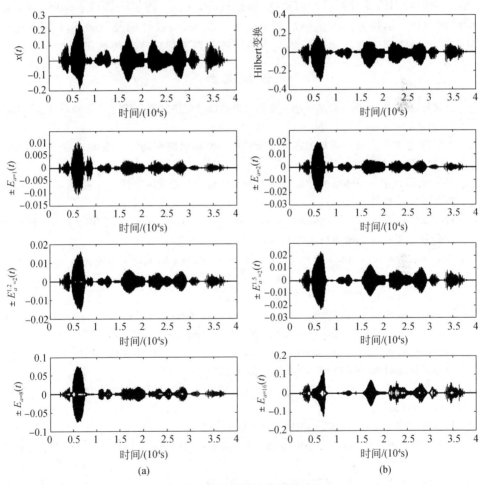

图 12.8　语音信号包络提取结果

12.6　本章小结

　　本章主要研究了基于复解析分数阶小波变换电路的信号包络提取方法。首先,介绍了复解析小波变换的定义和性质以及与 Hilbert 变换的关系;然后,阐述了基于 Hilbert 变换和解析小波变换的信号包络提取原理;再次,对开关电流复解析分数阶小波变换电路进行了设计与仿真分析;最后,以语言信号包络提取为例,研究了基于复分数阶小波变换电路的包络信号提取方法。分析了基于复分数阶小波变换电路的语音信号包络提取原理,并以 TIMIT 语音数据库中的语音信号作为实例,采用设计出的复分数阶小波变换电路对该语音信号的包络进行了提取,仿真实验结果验证了所提方法的正确性和有效性。此外,所设计的复分数阶小波变换电路可广泛地应用于移动通信设备和小型便携式高速故障诊断仪器研制中。

参 考 文 献

[1] 张家凡,易启伟,李季. 复解析小波变换与振动信号包络解调分析[J]. 振动与冲击,2010,29(9):93-96.

[2] 金少先,金中石. 齿轮振动的边带分布特征与故障诊断实例[J]. 振动工程学报,1999,12(3):429-432.

[3] 刘崇春,裘正定. 一种基于 Morlet 小波的振动信号包络提取方法[J]. 电路与系统学报,2000,5(1):68-71.

[4] Huang D S. A wavelet-based algorithm for the Hilbert transform[J]. Mechanical Systems and Signal Processing,1996,10(2):125-134.

[5] Nikolaou N G, Antoniadis I A. Demodulation of vibration signals generated by defects in rolling element bearings using complex shifted Morlet wavelets[J]. Mechanical Systems and Signal Processing,2002,16(4):677-694.

[6] Sheen Y T, Hung C K. Constructing a wavelet-based envelope function for vibration signal analysis[J]. Mechanical Systems and Signal Processing,2004,18(2):119-126.

[7] Andrzej K. Wavelet based signal demodulation technique for bearing fault detection[J]. Mechanics and Mechanical Engineering,2011,15(4):63-71.

[8] 程军圣,于德介. 一种基于小波变换的包络分析法[J]. 湖南大学学报(自然科学版),2000,27(4):76-80.

[9] 何岭松,李巍华. 用 Morlet 小波进行包络检波分析[J]. 振动与冲击,2002,15(1):119-122.

[10] 梁霖,徐光华. 基于自适应复平移 Morlet 小波的轴承包络解调分析方法[J]. 机械工程学报,2006,42(10):151-155.

[11] 于德介,成琼,程军圣. 基于复解析小波变换的瞬时频率分析方法[J]. 振动与冲击,2004,23(1):108-110.

[12] 石林锁. 滚动轴承故障检测的改进包络分析方法[J]. 轴承,2006,(2):36-39.

[13] 史东峰,鲍明,屈梁生. 小波包络分析在滚动轴承诊断中的应用[J]. 中国机械工程,2000,

　　11(12):1382-1386.

[14] 徐文明,张梅军,唐建,等 . Morlet 小波在振动信号包络检测中的应用[J]. 内燃机工程,2002,
　　23(2):81-84.

[15] 任春辉,魏平,肖先赐 . 改进的 Morlet 小波在信号特征提取中的应用[J]. 电波科学学报,
　　2003,18(6):633-637.

[16] Huang L F,Wu X P,Zhao X D. Genetic algorithm based analysis of envelope using complex
　　analytical wavelet transform[C]. International Conference on Computer Science & Education,
　　2014:287-290.

[17] 袁晓,虞厥邦 . 复解析小波变换与语音信号包络提取和分析[J]. 电子学报,1999,27(5):
　　142-144.

[18] Nezzari H,Charef A,Boucherma D. Analog circuit implementation of fractional order
　　damped sine and cosine functions[J]. IEEE Journal on Emerging and Selected Topics in
　　Circuits and Systems,2013,3(3):386-393.

[19] Djouambi A,Charef A,Besancon A V. Optimal approximation, simulation and analog
　　realization of the fundamental fractional order transfer function[J]. International Journal of
　　Applied Mathematics and Computer Science,2007,17(4):455-462.

[20] Mansouri R,Bettayeb M,Djennoune S. Approximation of high order integer systems by
　　fractional order reduced- parameters models[J]. Mathematical and Computer Modelling,
　　2010,51(1-2):53-62.

[21] Idiou D,Charef A,Djouambi A. Linear fractional order system identification using adjustable
　　fractional order differentiator[J]. IET Signal Processing,2014,8(4):398-409.

第 13 章 结 束 语

在信号处理领域中,小波变换因其良好的时频域局部特性而被广泛地应用于非平稳信号和瞬态信号的处理,已成为目前最有力的信号处理工具之一。随着小波分析理论的日臻成熟以及工程应用领域的不断拓展,小波变换的实用化成为备受关注的实际问题。传统的小波变换采用通用微型计算机、数字信号处理器或可编程逻辑器件等数字器件结合软件来实现,由于小波变换的计算量很大,系统实时性往往难以满足应用需求,同时,系统的功耗和体积与低压、低功耗、微型化的设备发展现实也不相适应。此外,上述器件属于数字系统,对模拟信号进行小波变换时需要增加 A/D 转换器,系统的处理速度、精度、体积和功耗进一步受到限制。为了满足低压、低功耗、高速、高精度和微型化的实际应用需求,拓展小波变换的应用范围,研究小波变换的模拟电路实现技术成为国内外学者研究的热点问题。

随着现代模拟电路设计技术和集成工艺水平的迅速发展,特别是具有低压、低功耗、高频和高速等优点的电流模电路的发展和广泛应用,将模拟电路设计推入一个新阶段。其中,以开关电流电路为代表的模拟取样数据信号处理电路与系统,因其优良的电路性能而受到广泛重视。采用开关电流电路实现小波变换与电流模式连续时间电路实现小波变换相比,具有两点明显优势:一是开关电流电路的时间常数只与器件参数的比值呈比例关系,集成元件比值的精度可达到很高,因此,所设计电路的精度容易保证;二是小波变换的多尺度特性使电路结构变得复杂,然而,开关电流电路可以通过调整时钟频率方便地改变时间常数,因此,可以在电路结构不变的情况下只通过调节电路系统时钟频率即可实现多尺度变化,极大地简化了电路设计。基于这两点,采用开关电流技术实现小波变换是一个不错的选择。

本书将小波变换理论与开关电流技术相结合,对小波变换的开关电流技术实现理论和方法及其应用进行了探索与研究,旨在较为系统地呈现出开关电流小波变换电路综合理论、设计方法和典型应用,为模拟小波变换电路的研制与应用提供理论支持和技术参考。本书研究工作的主要结论可归纳如下:

(1)分析和归纳了小波变换的模拟滤波器实现原理,提出了具体的实现方案和步骤,为模拟小波变换电路综合提供了清晰的设计思路和实施过程。同时,也为小波变换的模拟电路实现与应用的相关课题研究提供了切入点和创新思路。

(2)针对实小波函数的时域逼近问题,提出了基于傅里叶级数和基于差分进化算法的实小波函数时域逼近方法。首先,构建了傅里叶级数逼近模型,并给出了小波函数的逼近过程。该方法求解时域小波逼近函数具有算法相对简单、计算容易、无复杂的参数设置等优点;然后,推导和建立了时域实小波函数的通用逼近优化模型,并采用差分进化算法求解出该优化模型的参数获得小波逼近函数。该方法具有通用性,适合任意类型的实小波函数逼近,且具有逼近精度高、稳定性好等特点。由于小波函数通常以时域形式表示,所以,小波函数的时域逼近法具有广泛的用途。

(3)针对复小波函数的时域逼近问题,分析了复小波函数的逼近原理和逼近方案,提出了两种不同的逼近策略。①借助实小波函数的智能优化通用逼近方法,对复小波函数的实部和虚部分别建立通用逼近模型,并采用改进差分进化算法进行优化求解分别获得实部和虚部逼近函数。由于该逼近方法是分别独立获得实部和虚部逼近函数,所以,对应的小波变换电路结构比较复杂。②利用复小波函数的特性,建立实部和虚部具有相同包络的复小波逼近函数模型,并采用多目标差分进化算法进行优化求解。通过这种方法获得具有共极点的复小波实部和虚部逼近函数,并设计了共享结构的复小波滤波器实现复小波变换。同时,也为其他复函数的模拟电路实现提供了参考。

(4)将神经网络、频域函数拟合和奇异值分解算法引入小波频域函数逼近中,提出了基于函数链神经网络、频域函数拟合和奇异值分解的小波频域函数逼近新方法。所提出的频域逼近法的共同的优点是可直接获得小波频域函数,省去了时域逼近法中需要通过拉普拉斯变换转化为频域传递函数的过程。另外,基于函数链神经网络的小波函数逼近法最大的亮点是可以获得分子多项式非常简单的频域传递函数,为实现简单结构小波滤波器电路提供了基础;频域函数拟合法的计算过程简单,且逼近精度可达到很高;奇异值分解频域函数逼近法可直接获得状态空间描述的各个矩阵,特别适合离散时间电路设计,同时,可借助矩阵优化,达到状态空间优化的目的。这些方法的提出丰富和发展了小波函数逼近理论。

(5)提出了一种基于单开关电流积分器的小波变换实现方法。以某一带通滤波器的传递函数为对象,证明该函数满足小波函数的容许条件和稳定条件,即允许小波;然后,以开关电流积分器二阶节为电路结构单元设计冲激响应为该小波函数的滤波器,通过调节滤波器电路的时钟频率获得不同尺度小波函数实现小波变换。这种小波变换实现方法不需要进行小波函数逼近,因此,电路设计精度不受小波函数逼近精度的影响,同时,该方法中滤波器的设计只需单个开关电流积分器,所以电路结构简单、设计过程相对容易。

(6)以小波函数的时域通用优化逼近算法为基础,提出了小波变换的级联结构开关电流滤波器实现方法。采用时域通用优化逼近算法求解得到实、复小波的逼近函数,提出了基于开关电流积分器和微分器的串联结构实、复小波滤波器设计方法。虽然串联结构小波滤波器设计简单、模块化程度高,但是电路整体性能对各级单元电路要求较高,各级之间容易产生串扰,且信号延迟比较大。鉴于此,在对时域小波函数逼近模型进行变形的基础上,又提出了并联结构小波滤波器设计方法。由于级联设计方法具有通用性、数学分析简单,同时,级联结构设计易于对电路进行调整,所以级联结构设计方法对小波变换电路设计实现具有重要应用价值。

(7)针对级联结构开关电流小波变换电路对器件参数灵敏大的问题,提出了小波变换的多环反馈滤波器实现方法。首先,采用模拟退火算法和开关电流反相微分器提出了一种多环反馈 IFLF 结构小波滤波器设计方法;其次,采用函数链神经网络求得小波逼近函数,并以开关电流双线性积分器为单元电路提出了一种精简多环反馈 FLF 结构小波滤波器设计方法;最后,采用时域小波函数共极点逼近法获得复小波函数的实部和虚部逼近函数,并以开关电流双线性积分器为基本单元设计了共享结构复小波滤波器电路,由于实部和虚部电路共享极点电路,所以简化了网络结构。多环反馈结构开关电流小波滤波器具有结构简单、灵活性强、灵敏度低和参数求解容易的优点,特别适合高阶小波逼近函数的开关电流滤波器实现。此外,可方便地通过调节前馈和反馈网络中的晶体管参数实现新滤波器设计。

(8)针对小波变换在可植入式心脏起搏器等医用电子设备中的应用,提出了基于开关电流小波变换电路的心电图检测方法,设计了基于开关电流小波变换电路的心电图检测方案,并对小波变换电路及其他单元电路进行了设计。实验结果表明,该方法具有与软件方式很接近的检测结果。同时,该方法还能够满足低压、低功耗、高速和微型化的心电图检测应用需求,可对拓展小波变换的应用起到推动作用。

(9)针对小波变换被广泛应用于电力系统谐波检测中的实际情况,提出了基于小波变换电路的谐波检测方法。根据小波变换的尺度-幅值谐波检测理论,分析了基于小波变换电路的谐波检测原理,设计了检测不同谐波频率的多尺度 Morlet 小波滤波器实现小波变换。设计出的小波变换电路能够准确、快速地检测出不同频率的整次和非整次谐波分量。该方法对研制低压、低功耗、小型化便携式谐波检测仪具有很好的参考价值。

(10)提出了一种基于小波变换电路的模拟电路故障诊断方法。首先构造了分数阶小波函数,然后设计了分数阶小波变换电路,并提出了基于分数阶小波能量的模拟电路故障特征提取方法。实例验证了所提出的基于分数阶小波变换电路的小波能量故障特征提取方法具有较好的故障分辨率。该方法不但可以用于模拟电路故障诊断,同时也可以用于模拟电路内建自测试结构设计中。

(11)提出了基于复解析分数阶小波变换电路的信号包络提取方法。首先构造了复解析分数阶小波,然后设计了复解析分数阶小波变换电路,并提出了基于复解析分数阶小波变换电路的信号包络提取方法。以语言包络信号提取为例,采用设计的复解析分数阶小波变换电路对语言信号包络进行了提取,并与常用的 Hilbert 变换语言包络提取方法进行了比较。实验验证了所提出的方法能够较好地提取出语音信号包络,可用于移动通信设备和便携式高速故障诊断仪器的研制中。

模拟电路设计本身以及工艺水平和性能要求都在向前发展,而且随着器件尺寸不断缩减、电源电压降低,以及模数混合信号电路的出现,从而产生了许多设计问题,这些新趋势的涌现要求在分析和设计模拟电路时,应从技术的局限性出发,对电路有一个全面深刻的理解,而这恰恰是比较困难的,也充分说明了模拟电路设计的难度。对于小波变换的模拟开关电流技术实现及应用研究还处于起步阶段,因此,还有很多的理论与方法需要发展,还有很多问题需要继续深入研究。在本书研究的基础上,将从以下几个方面进一步深入研究:

(1)目前对小波变换的开关电流技术实现理论与方法及典型应用进行了研究,提出了一系列新的实现理论与方法或改进措施。但是,所提出的方法和应用都只进行了仿真分析研究。最终需要将小波变换电路进行版图设计和流片,研制出具有实用价值的小波变换芯片,并对其进行测试与评价。

(2)电路的低功耗设计问题由来已久,特别是随着亚微米、超深亚微米技术和系统芯片技术的广泛应用,采用电池供电的便携式电子产品得到了迅猛的发展和普及,使低功耗技术受到了极大的关注。目前典型的模拟电路低功耗设计技术包括轨对轨技术、亚阈值技术、衬底驱动技术、组合晶体管技术和电平位移技术等,因此,可采用这些技术对电流模开关电流小波变换电路进行低功耗设计。

(3)开关电流电路中的非理想性因素是客观存在的,目前仅对晶体管的一些非理想性因素如输出-输入电导比误差、寄生电容比误差等进行了研究,但还很不完善。因此,在开关电流电路设计中需要考虑更多的非理想性因素,并研究相应的抑制措施或补偿电路,提高所设计电路的整体性能。

(4)目前主要研究了一维小波变换的模拟开关电流电路实现理论与方法,但诸如图像处理中二维小波变换被广泛应用,因此,研究二维小波变换的模拟开关电流技术实现问题具有重要的意义。